国家骨干高职院校建设项目成果

电气自动化技术专业

单片机控制技术

主　编　戚本志

副主编　孙卫东　马　乐

参　编　刘万村　张　宇

主　审　刘卫民　蔡向东

机械工业出版社

本书是国家骨干高职院校哈尔滨职业技术学院电气自动化技术专业核心课程"单片机控制技术"的配套教材,本书是基于 CDIO 工程教育理念实施课程教学的需要,与企业人员共同研究编写而成的。本书主要针对单片机控制技术的应用,由浅入深地设计了控制台报警灯的设计与实现、LED 彩灯控制器的设计与实现、四路抢先器的设计与实现、工业计时器的设计与实现、串行呼号器的设计与实现和工业循迹小车的设计与实现六个项目,项目设置结合工程实际,注重项目设计与实现的过程,突出职业能力的培养,内容详实,图文并茂,实用性强。

　　本书既可作为高职高专院校电气自动化技术专业及其他机电类专业的教材,也可作为相关企业的培训教材和单片机应用系统工程项目开发人员的参考用书。

　　为方便教学,本书配有电子课件、模拟试卷及解答等,凡选用本书作为教材的学校,均可来电索取。咨询电话:010 – 88379375;电子邮箱:wangzongf@ 163. com。

图书在版编目(CIP)数据

单片机控制技术/ 戚本志主编. —北京:机械工业出版社,2015. 3
国家骨干高职院校建设项目成果. 电气自动化技术专业
ISBN 978-7-111-49481-2

Ⅰ. ①单… Ⅱ. ①戚… Ⅲ. ①单片微型计算机 – 计算机控制 – 高等职业教育 – 教材　Ⅳ. ①TP368. 1

中国版本图书馆 CIP 数据核字(2015)第 041326 号

机械工业出版社(北京市百万庄大街 22 号　邮政编码 100037)
策划编辑:王宗锋　责任编辑:王宗锋
版式设计:霍永明　责任校对:张玉琴
封面设计:鞠　杨　责任印制:李　洋
北京华正印刷有限公司印刷
2015 年 5 月第 1 版第 1 次印刷
184mm × 260mm · 16 印张　· 390 千字
标准书号:ISBN 978-7-111-49481-2
定价:35.00 元

专业教材编写说明

为更好地适应我国走新型工业化道路，实现经济发展方式转变、产业结构优化升级、建设人力资源强国发展战略的需要，国家教育部、财政部继续推进"国家示范性高等职业院校建设计划"实施工作，2010 年开始遴选了 100 所左右国家骨干高职院校，创新办学体制机制，增强办学活力；以提高质量为核心，深化教育教学改革，优化专业结构，加强师资队伍建设，完善质量保障体系，提高人才培养质量和办学水平；深化内部管理运行机制改革，增强高职院校服务区域经济社会发展的能力。

哈尔滨职业技术学院于 2010 年 11 月被教育部、财政部确定为国家骨干高职院校建设单位，创新办学体制机制，在推进校企合作办学、合作育人、合作就业、合作发展的进程中，以专业建设为核心，以课程改革为抓手，以教学条件建设为支撑，全面提升办学水平。电气自动化技术专业及专业群是国家骨干高职院校央财支持的重点专业，本专业借鉴世界先进的 CDIO 工程教育理念，与哈尔滨博实自动化设备有限公司等企业合作，创新"订单培养、德技并重"的人才培养模式，在人才培养的整个过程中，注重培养学生的职业道德、专业核心技术和岗位核心技能，学生在掌握扎实的理论知识和熟练的岗位技能的同时，具备良好的人文素养和职业素质，高超的系统工程技术能力，尤其是项目的构思、设计、实现和运行能力，以及较强的自学能力、组织沟通能力和协调能力。本专业通过毕业生跟踪调查，确定专业职业岗位（群）。通过调研，深入分析专业岗位（群），提炼出本专业的职业岗位核心能力，明确岗位对毕业生的知识、能力、素质具体需求，形成电气自动化技术专业人才培养质量要求和《电气自动化技术专业岗位调研报告》。围绕电气自动化技术专业电气技术、工业控制器技术、自动化系统集成技术三个核心技术，结合注重培养学生具有良好的可持续发展能力，与 CDIO 工程理念对接，创新构建注重专业核心技术和岗位核心技能培养的项目导向课程体系，以"机床电气设备及升级改造"、"单片机控制技术"、"电机与变频器安装和维护"、"PLC 控制系统的设计与应用"、"工业现场控制系统的设计与调试"、"供配电技术"、"自动化生产线安装与调试" 7 门核心课程改革为龙头带动专业核心课程建设。

CDIO 工程教育理念是近年来国际工程教育改革的最新成果，它以产品研发到运行的生命周期为载体，让学生以主动的、实践的、课程之间有机联系的方式学习工程的理论、技术与经验。CDIO 工程教育在高职院校开展较少，适用于 CDIO 项目式课程教学的高职教材更少。本专业在试点班级进行核心课程改革实施运行，课程实行"做中学"、"学中做"、"教、学、做一体化"教学模式，根据课程教学目标及课程标准要求安排若干个三级项目。学生 3~4 人构成团队，在项目实施的过程中，学生以团队内合作、团队间协作加竞争的方式进行自主探究式学习，教师仅起指导作用，促使学生完成构思、设计、实现和运行（CDIO）的全过程，每一组在项目完成后都要向全班作汇报，老师、同学要根据完成情况进行评价。本专业在核心课程改革试点总结的基础上，凝练课程改革成果，校企合作开发了《机床电气设备及升级改造》、《单片机控制技术》、《电机与变频器安装和维护》、《PLC 控制系统的设计与应用》、《工业现场控制系统的设计与调试》、《供配电技术》、《自动化生产线安装与调试》等 7 部 CDIO 项目式系列教材。为了更好地满足 CDIO 项目式课程教学需要，本系列教材均以生产实际项目为典型案例进行编写。项目实施过程按照构思、设计、实现、运行（CDIO）4 个基本环节进行，注重核心技术和岗位技能的培养，重点突出对学生职业技能的培养，使学生具有良好的人文素养、职业素质、就业能力以及具备可持续发展能力，满足社会与企业对高端技能型人才的需要，最大限度地实现学校与企业的零距离对接。

哈尔滨职业技术学院电气自动化技术专业教材编审委员会

前　言

随着国家骨干高职院校重点专业建设的深入和社会对高等职业教育应用型人才需求的增长，高等职业教育教学改革不断深化，编写高职特色教材已成为当前高等职业院校教学改革中的重要内容。

本书是根据教育部高等职业院校教育教学改革精神，按照高职院校高端技能型人才培养要求，为适应电气自动化技术专业"订单培养、德技并重"人才培养模式，满足电气自动化技术专业核心课程"单片机控制技术"课程改革需要而编写的。

本书是国家骨干高职院校哈尔滨职业技术学院重点建设专业——电气自动化技术专业CDIO课程体系改革和建设的成果，是"单片机控制技术"课程的配套教材。"单片机控制技术"是电气自动化技术专业注重专业核心技术和岗位核心技能培养的项目导向课程体系中一门重要的专业核心课程，整个教学过程中的项目均按照CDIO（构思、设计、实现、运行）四个步骤实施。

本书以电气自动化技术职业岗位需求为导向，采用了国外先进的CDIO工程教育理念，本着"学生主体、工学结合、项目导向"的开发思路，密切结合企业的实际需求，精选教学内容，突出实践应用，重在培养学生单片机应用系统工程项目开发设计的职业能力。本书适用于"项目导向、任务驱动"的教学模式，适用于采用"教、学、做"一体化的教学形式进行授课，在使用过程中教材内容可根据专业和教学条件进行取舍。本书配备多媒体辅助教学资源包，包含电子课件、电子教案、图片库、动画库、视频库等，为教师授课和学生学习提供有效的网络教学资源平台。

本书面向单片机控制技术的应用，由浅入深地设计了控制台报警灯的设计与实现、LED彩灯控制器的设计与实现、四路抢先器的设计与实现、工业计时器的设计与实现、串行呼号器的设计与实现和工业循迹小车的设计与实现六个项目，针对单片机的引脚功能、并行通信、中断系统、定时器、串行通信、外围电路扩展等的应用能力进行训练。每个项目包括项目构思、项目设计、项目实现、项目运行、知识拓展和工程训练六个部分，突出培养学生对单片机控制技术的实践应用能力。

本书共六个项目，编写分工如下：哈尔滨职业技术学院戚本志编写了项目二和项目三；哈尔滨优培电气有限公司孙卫东负责本书项目的选取工作，编写了项目四的项目实现、项目运行部分；哈尔滨职业技术学院马乐编写了项目四其他部分和项目五；哈尔滨职业技术学院的张宇编写了项目一和附录A；哈尔滨职业技术学院刘万村编写了项目六和附录B；全书由戚本志统稿。本书由哈尔滨职业技术学院电气自动化技术专业带头人刘卫民和新中新电子集团蔡向东主审，他们提出了许多宝贵建议，在此表示衷心的感谢。

本书在编写过程中，得到了哈尔滨职业技术学院刘敏副院长、教务处孙百鸣处长、教务处王莉力副处长、监测评定中心夏暎主任、电气工程学院雍丽英院长的关注和指导，他们提出了许多宝贵意见和建议，在此特表示衷心的感谢！

编　者

目 录

控制台报警灯的设计与实现

项目名称	控制台报警灯的设计与实现	参考学时	12 学时
项目引入	控制台报警灯广泛应用于机床生产、化工生产、电力设备、电讯设施、冶金、航空制造等多方面工业生产监控装置电路中。在工业生产过程中,当生产现场发生材料供应中断、生产设备故障、火灾等紧急情况时,报警传感器检测到的危险信号可以传送到工厂生产监控室的控制台起动报警电路,发出报警信号,达到报警目的,为实现工业生产远程监视、快速寻找故障点、紧急进行事故处理提供了便利条件。		
项目目标	1. 掌握单片机的基本组成和外部引脚功能; 2. 掌握单片机的定义、分类、发展和应用; 3. 掌握数据传送类、控制转移类指令的应用; 4. 具备熟练运用数据传送类、控制转移类指令的能力; 5. 具备单片机最小系统设计的能力; 6. 具备编写报警灯程序和进行程序调试的能力; 7. 具备获取新信息和查找相关资料的能力; 8. 具备按照要求进行项目设计及优化决策的能力; 9. 具备项目实施及解决问题的能力; 10. 具备良好的沟通能力和团队协作能力; 11. 具备良好的工艺意识、标准意识、质量意识和成本意识。		
项目要求	设计一个控制台报警灯单片机控制系统,硬件系统由单片机最小系统与 1 个发光二极管控制电路组成,通过程序设计实现报警功能,报警灯按规定的时间亮灭,起到报警的作用。项目具体要求如下: 1. 制订项目工作计划; 2. 完成硬件电路图的绘制; 3. 完成软件流程图的绘制; 4. 完成源程序的编写与编译工作; 5. 完成系统的搭建、运行与调试工作。		
项目实施	构思(C):项目构思与任务分解,建议参考学时为 3 学时; 设计(D):硬件设计与软件设计,建议参考学时为 3 学时; 实现(I):仿真调试与系统制作,建议参考学时为 4 学时; 运行(O):系统运行与项目评价,建议参考学时为 2 学时。		

【项目构思】

单片机应用系统是以单片机为核心,配以相应的外围电路和软件,能实现某种功能的应用系统,它由硬件部分和软件部分组成。硬件是系统的基础,软件是针对硬件资源而编写的程序，软硬件配合实现应用系统所要完成的任务目标。

单片机应用系统的研制过程主要包括总体构思、硬件设计、软件设计、仿真实现、调试运行等几个阶段。图 1-1 为单片机应用系统的研发过程框图。单片机应用系统一般要求可靠性好、系统具有自诊断功能、操作维修方便、性价比高。这些要求在进行应用系统设计的过程中要根据不同的需要和应用场合予以考虑。

在单片机应用系统中，利用单片机引脚的高低电平变化对外部部件实现控制的情况十分普遍，这也是单片机最基本的应用之一。

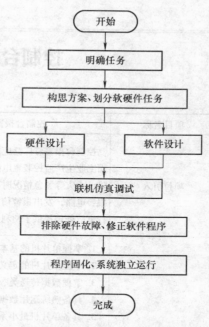

一、项目分析

报警灯也称为信号指示灯、警报器灯，是一种在生产生活中十分常见的通过光线亮灭来向人们发出示警信号的装置，如图 1-2 所示。

本项目要求是点亮一盏 LED，LED 的亮度适中，延时一段时间后熄灭 LED，再延时一段时间，以此循环往复。这里点亮 LED 是所需要完成的功能，LED 亮度适中和持续时间适中是这一功能所需要达到的具体指标。

图 1-1 单片机应用系统的研发过程框图

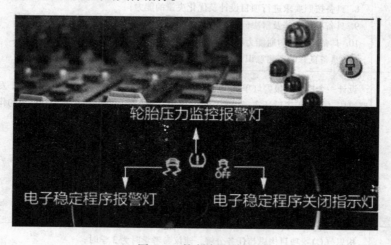

图 1-2 控制台报警灯

让我们首先了解一下单片机吧！

二、单片机的认知

单片机由哪几部分组成呢？

单片微型计算机（Single Chip Microcomputer）是大规模集成电路技术发展的产物，它将中央处理器（CPU）、存储器（ROM/RAM）、输入/输出接口、定时器/计数器等主要部件集成在一片芯片上，又称为单片机或微控制器。目前单片机是计算机家族中重要的一员。单片机配上适当的外围设备和软件，便可构成单片机应用系统。单片机具有集成度高、体积小、功耗低、控制功能强、扩展灵活、微型化、使用方便、价格低和抗干扰能力强等特点，被广泛应用于工农业生产、国防、科研及日常生活等各领域。

早期的单片机都是 4 位或 8 位的，其中最成功的是 Intel 的 8031，因为简单可靠且性能不错获得了好评，此后在 8031 基础上发展出了 MCS－51 系列单片机。MCS－51 系列单片机在功能上有基本型和增强型两类，用芯片型号的末位数来进行区分，即 1 为基本型，2 为增强型，如 8031/8051/8751 为基本型，8032/8052/8752 为增强型。8031、8051 和 8751 的结构基本相同，其主要差别反映在存储器的配置等方面，见表 1-1。在制造技术上，MCS－51系列单片机按两种工艺生产：一种是 HMOS 工艺（高密度短沟道 MOS 工艺），另一种是CHMOS 工艺（互补金属氧化物的 HMOS 工艺）。CHMOS 是 CMOS（互补金属氧化物半导体）和 HMOS 的结合，它既保持了 HMOS 高速的和高密度的特点，又具有 CMOS 低功耗的特点，如 8051 功耗约为 630mW，而 80C51 的功耗只有 120mW。在产品型号中凡带有字母 C的芯片即为 CHMOS 芯片，不带有字母 C 的即为 HMOS 芯片。

表 1-1　MCS－51 系列单片机技术参数表

子系列	片内 ROM 形式			片内 ROM	片内 RAM	寻址范围	I/O 特性			中断源
	无	ROM	EPROM				定时器	并行口	串行口	
51 子系列	8031	8051	8751	4KB	128B	2×64KB	2×16	4×8	1	5
	80C31	80C51	87C51	4KB	128B	2×64KB	2×16	4×8	1	5
52 子系列	8032	8052	8752	8KB	256B	2×64KB	3×16	4×8	1	6
	80C32	80C52	87C52	8KB	256B	2×64KB	3×16	4×8	1	6

由于单片机在各领域正得到越来越广泛的应用，世界上许多集成电路生产厂家相继推出了各种类型的单片机。在单片机家族的众多成员中，MCS－51 系列单片机以其优越的性能、成熟的技术及高可靠性和高性价比，迅速占领了工业测控和自动化工程应用的主要市场，成为国内单片机应用领域中的主流。目前 Atmel（爱特梅尔）、Philips（飞利浦）、Winbond（华邦）、Dallas、Siemens、STC 等公司都推出了基于 MCS－51 单片机的兼容机型，产品众多，因此有时也将所有具有兼容 Intel 8051 指令系统的单片机统称为 51 系列单片机，它们具有相同的基本内核。当前随着 Flash Rom 技术的发展，51 系列单片机取得了长足的发展，应用广泛，在目前乃至今后很长的一段时间内将占据大量市场。当前国内通常使用的 51 系列单片机是 Atmel 公司的 AT89 系列单片机产品，其在功能上较之 8051 也有一定的扩展，比如说 AT89S 系列都支持在线可编程（In－System Programming，ISP）功能，AT89S52 系列增设了内部看门狗（Watchdog Timer，WDT）功能。

单片机是一种采用超大规模集成电路技术把中央处理器（CPU）、随机存储器（RAM）、只读存储器（ROM）、多种 I/O 口和中断系统、定时器/ 计数器等功能集成到一块硅片上构成的一个小而完善的计算机系统。MCS－51 单片机的结构框图如图 1-3 所示。

各大功能部件为：

1 个由运算器和控制器组成的 8 位中央处理器 CPU；4KB（52 子系列为 8KB）的片内程

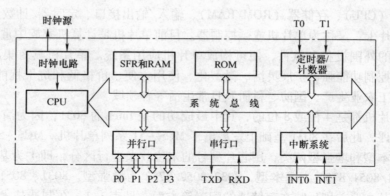

图 1-3   MCS - 51 单片机的结构框图

序存储器 ROM；128B（52 子系列为 256B）的片内数据存储器 RAM；128B 特殊功能寄存器区 SFR；2 个（52 子系列为 3 个）16 位定时器/计数器 T0、T1；1 个可编程全双工串行通信接口；4 个 8 位输入/输出接口 P0 ~ P3；1 个由 5 个中断源（52 子系列为 6 个）构成的中断系统；1 个片内振荡器及时钟电路。

1. 中央处理器

中央处理器（CPU）是单片机的运算控制中心，完成运算和控制功能，由运算器和控制器组成。CPU 字长有 4 位、8 位、16 位和 32 位之分，字长越长运算速度越快，数据处理能力也越强。8051 单片机的 CPU 字长为 8 位，能处理 8 位二进制数或指令代码。

（1）运算器   运算器由 8 位算术逻辑运算单元（Arithmetic Logic Unit，ALU）、8 位累加器（Accumulator，ACC）、8 位寄存器 B、程序状态字寄存器（Program Status Word，PSW）、8 位暂存寄存器 TMP1 和 TMP2 等组成。运算器的功能是进行算术运算和逻辑运算，例如，能完成加、减、乘、除、加 1、减 1 等算术运算和与、或、异或等逻辑操作，并将操作结果的状态信息送至状态寄存器。

（2）控制器   控制器主要由程序计数器 PC、指令寄存器 IR、指令译码器 ID、堆栈指针 SP、数据指针 DPTR、时钟发生器及定时与控制逻辑电路等部件组成，能根据不同的指令产生相应的操作时序和控制信号，控制单片机各部分的运行。PC 是一个 16 位计数器，具有自动加 1 功能，用来存放即将要执行指令的单元地址，CPU 执行指令时，根据 PC 中地址值从程序存储器中读取的指令代码送入指令寄存器，经译码后由定时与控制逻辑电路发出相应的控制信号完成指令功能，CPU 每读取一个字节的指令后 PC 自动加 1，即 PC 指向下一字节单元的地址，PC 可对 64KB 程序存储器直接寻址，也可以通过控制转移指令改变 PC 值，实现程序的转移。

2. 片内数据存储器

8051 芯片中共有 256B RAM 单元，其中后 128B 单元被专用寄存器占用，包含了一些外围电路的控制寄存器、状态寄存器以及数据输入/输出寄存器，所以能作为数据存储器供用户使用的只是前 128B 单元，用于存放可读写的数据。因此通常所说的片内数据存储器就是指前 128B RAM 单元，简称片内 RAM。

3. 片内程序存储器

8051 共有 4KB 掩膜 ROM，用于存放程序、原始数据或表格，因此通常将 4KB ROM 称

之为片内程序存储器，简称片内 ROM。

4. 定时器/计数器

既可用以对外部事件进行计数，也可用作单片机内部定时。8051 共有两个 16 位的定时器/计数器，可以实现定时或计数功能，并以其定时或计数结果对单片机系统实施相应控制。

5. 通信接口

MCS-51 共有 4 个 8 位可编程的并行 I/O（输入/输出）接口 P0、P1、P2、P3，1 个可编程全双工串行 I/O 接口，以实现单片机与其他设备之间的并行与串行通信。

6. 中断系统

8051 单片机具有 5 个中断源，2 个可编程优先级嵌套的中断系统，可以接受外部中断请求、定时器/计数器的中断请求和串行口中断请求，并根据情况予以处理。中断响应后能够自动执行预先设定好的中断服务程序。

想一想

学生通过搜集单片机、发光二极管等元器件相关资料，共同学习常用汇编语言指令与伪指令，经小组讨论，制定完成控制台报警灯的设计与实现项目的工作计划，填写在表1-2中。

表1-2　控制台报警灯的设计与实现项目的工作计划单

工 作 计 划 单				
项　　目				学时
班　　级				
组　　长		组　　员		
序号	内容	人员分工	备注	
学生确认			日期	

【项目设计】

本项目中的硬件部分电路设计采用单片机最小应用系统，利用单片机并行口输出引脚控制发光二极管不停闪烁，软件部分可以采用数据传送指令与控制转移指令来实现对 LED 的控制，发光二极管点亮后要延时一段时间，使人们可以清晰地观察到运行效果。

一、单片机最小系统设计

近年来随着计算机在社会领域的渗透，单片机的应用正在不断地走向深入，在实时检测和自动控制的单片机应用系统中，单片机往往是作为一个核心部件来使用。各种单片机应用系统的开发必然包含单片机最小系统的设计，单片机最小系统包括复位电路、时钟电路和电源电路。单片机最小系统无论对单片机初学人员还是开发人员都具有十分重要的意义，目前单片机最小系统电路板在单片机开发市场和大学生电子设计方面十分流行，如图1-4所示。

图1-4　单片机最小系统电路板

单片机的引脚有哪些呢?

MCS－51系列单片机集成电路芯片通常采用标准的40引脚双列直插式（DIP）封装，其引脚配置如图1-5所示。

1. 主电源引脚

VCC（40脚）：接 +5V 电源；

VSS（20脚）：接地端。

2. 外接晶振引脚

XTAL1（19脚）：内部振荡电路反相放大器的输入端，当使用芯片内部时钟时，此引脚用于外接石英晶体和微调电容。当使用外部时钟时，对 HMOS 单片机，此引脚接地；对 CHMOS 单片机，此引脚作为驱动端。

XTAL2（18脚）：内部振荡电路反相放大器的输出端，当使用芯片内部时钟时，此引脚用于外接石英晶体和微调电容。当使用外部时钟时，对 HMOS 单片机，此引脚接收振动器的信号；对 CHMOS 单片机，此引脚应悬浮。

图1-5　MCS－51单片机的引脚配置图

3. 控制或其他电源复用引脚

ALE/$\overline{PROG}$（30脚）：地址锁存信号输出端。该端输出的脉冲频率为系统时钟频率的1/6，在访问片外存储器时，其下降沿用于控制锁存 P0 口输出的低 8 位地址。ALE 引脚可以以不变的频率周期性地发出正脉冲信号，因此它可用作对外输出的时钟或用于定时目的，但要注意每当访问片外数据存储器时，将跳过一个 ALE 脉冲。对于 8751 单片机，在 EPROM 编程期间，$\overline{PROG}$ 用于接收对片内 EPROM 的编程脉冲。

$\overline{PSEN}$（29脚）：片外程序存储器读选通信号输出端，在从外部程序存储器取指令（或数据）期间，$\overline{PSEN}$ 在每个机器周期内两次有效。

RST/VPD（9脚）：复位信号输入端。当 RST 端出现持续两个机器周期以上的高电平时，即可实现复位操作。VPD 为备用电源输入端。VCC 掉电期间，VPD 端如果接有备用电源，可用于保存片内 RAM 中的数据。当 VCC 下降到某规定值以下，备用电源便向片内

RAM 供电。

$\overline{EA}$/VPP（31 脚）：片外程序存储器选用输入端。该引脚接高电平时，选用片内程序存储器，但当 PC 值超过片内程序存储器范围时，将自动转向片外程序存储器去执行程序；该引脚接低电平时，单片机选用片外程序存储器。对于 8751 单片机，在 EPROM 编程期间，VPP 用于输入 21V 编程电压。

4. 输入/输出引脚

P0.0 ~ P0.7（39 脚 ~ 32 脚）：P0 口 8 位双向 I/O 引脚。访问片外存储器时，P0 分时复用为低 8 位地址线和双向数据线。

P1.0 ~ P1.7（1 脚 ~ 8 脚）：P1 口 8 位双向 I/O 引脚。

P2.0 ~ P2.7（21 脚 ~ 28 脚）：P2 口 8 位双向 I/O 引脚。访问片外存储器时，P2 口用作高 8 位地址线。

P3.0 ~ P3.7（10 脚 ~ 17 脚）：P3 口 8 位双向 I/O 引脚，每个引脚还具有第二功能，P3 口的第二功能见表 1-3。

表 1-3　P3 口的第二功能

引脚名称	第 二 功 能
P3.0	RXD——串行输入（数据接收）引脚
P3.1	TXD——串行输出（数据发送）引脚
P3.2	INT0——外部中断 0 输入引脚
P3.3	INT1——外部中断 1 输入引脚
P3.4	T0——定时器 0 外部输入引脚
P3.5	T1——定时器 1 外部输入引脚
P3.6	WR——片外数据存储器写选通信号输出引脚
P3.7	RD——片外数据存储器读选通信号输出引脚

8051 单片机最小应用系统是如何构建的

在简单了解了什么是单片机之后，我们现在来构建单片机最小系统，单片机最小系统就是让单片机能正常工作并发挥其功能时所必需的组成部分，也可理解为是用最少的元器件组成的单片机可以工作的系统。从本质上讲，单片机本身就是一个最小应用系统。由于晶体振荡器、开关等元器件无法集成到芯片内部，这些元器件又是单片机工作所必需的，因而由单片机与晶振电路及按钮、电阻、电容等构成的复位电路搭建成单片机最小应用系统。因此对MCS-51 系列单片机来说，最小系统一般由时钟电路、复位电路、电源电路等部分组成，如图 1-6 所示。

1. 振荡电路

单片机应用系统里都有晶体振荡器，简称晶振，晶振是一种能把电能和机械能相互转化的晶体。晶振作用非常大，它结合单片机内部电路产生单片机所需的时钟频率，为系统提供基本的时钟信号。单片机晶振提供的时钟频率越高，那么单片机运行速度就越快，单片机的一切指令的执行都要按照单片机晶振所提供的时钟频率进行。通常一个系统共用一个晶振，便于各部分保持同步。有些通信系统的基频和射频使用不同的晶振，通过电子调整频率的方

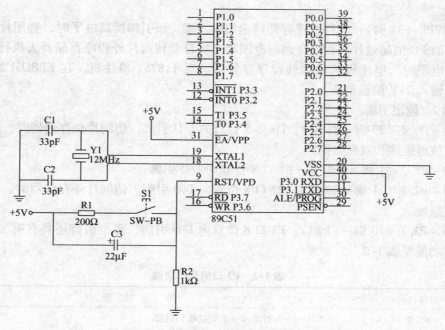

图 1-6 单片机最小应用系统电路图

法保持同步。由于单片机内部带有振荡电路，所以外部只要连接一个晶振和两个电容即可，一般来说晶振可以在 1.2 ~ 12MHz 之间任选，甚至可以达到 24MHz 或者更高，但是频率越高功耗也就越大。和晶振并联的两个电容的大小对振荡频率有微小影响，可以起到频率微调作用。当采用石英晶振时，电容可以在 20 ~ 40pF 之间选择；当采用陶瓷谐振器件时，电容要适当地增大一些，在 30 ~ 50pF 之间。通常选取 33pF 的陶瓷电容就可以了。

在设计单片机系统的印制电路板时，晶体和电容应尽可能与单片机芯片靠近，以减少引线的寄生电容，保证振荡器可靠工作。如果要检测晶振是否起振，可以使用示波器观察 XTAL2 端是否输出了十分漂亮的正弦波；也可以使用万用表测量，把挡位打到直流挡，这时测得的是 XTAL2 和地之间的电压有效值，可以看到 2V 左右的电压。

2. 复位电路

在单片机系统中，复位电路是非常关键的，当程序跑飞（运行不正常）或死机（停止运行）时，就需要进行复位。MCS – 51 系列单片机的复位引脚 RST（第 9 引脚）出现 2 个机器周期以上的高电平时，单片机就执行复位操作。如果 RST 持续为高电平，单片机就处于循环复位状态。

单片机复位电路原理是在单片机的复位引脚 RST 上外接按键复位电路，就是在复位电容上并联一个开关和电阻，当开关按下时电容被放电、RST 也被拉到高电平，当复位电平持续两个机器周期以上时复位有效。

单片机的复位是为了把单片机初始化到一个确定的状态，就单片机内部而言，复位就是把一些寄存器及存储设备装入厂商预设的值。

3. 电源供电电路

对于一个完整的电子设计来讲，首要问题就是为整个系统提供电源供电模块，电源模块的稳定可靠是系统平稳运行的前提和基础。MCS – 51 系列单片机虽然使用时间最早、应用范围最广，但是在实际使用过程中，一个典型的问题就是相比其他系列的单片机，MCS – 51 系列单片机更容易受到干扰而出现程序跑飞的现象，克服这种现象出现的一个重要手段就是为单片机系统配置一个稳定可靠的电源供电模块，电源供电电路图如图 1-7 所示。

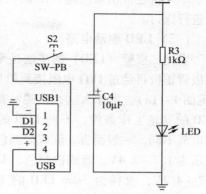

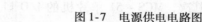

图 1-7　电源供电电路图

二、报警灯驱动电路设计

 让我们来了解一下发光二极管吧!

（一）LED 的外形与内部结构

发光二极管简称 LED（Light Emitting Diode），其外形如图 1-8 所示，它有红、绿、蓝等颜色，具有亮度高、色彩鲜艳、稳定性好、功耗低、发光效率高及寿命长等优点。

LED 的色彩很丰富，体积小、耐用、节能，非常适合于装饰用途，把它安装在电路板上或者柔性电缆上，可以用作字母灯、标志牌、轨道灯、灯管等的光源。大型 LED 显示屏作为信息的显示，广泛地用于体育场、机场、商业中心等场所。

LED 的内部是一个 PN 结的晶片，如图 1-9 所示，整个晶片被环氧树脂封装起来，起到保护内部芯线的作用，抗振性能好，短管脚是负极，长管脚是正极，当 PN 结处于正向导通状态时，电流从 LED 正极流向负极时，半导体晶体就发出不同颜色的光线，光的强弱与电流有关，光的颜色由半导体的材料决定，有红、绿、蓝、黄等颜色。

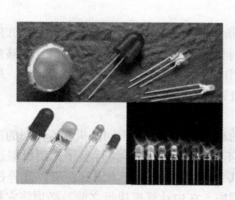

图 1-8　发光二极管外形图

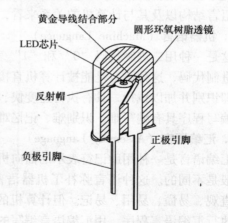

图 1-9　LED 的内部结构图

（二）LED 的发光电路

常见单管 LED 的工作电压为 1.7 ~ 3.6V，工作电流为 3 ~ 10mA，使用如图 1-10 的电路就可以点亮 LED。

LED 的工作电压取 1.7V，那么加在限流电阻上的电压为 3.3V，电流为 3.3mA。

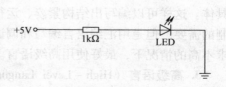

图 1-10　LED 发光电路图

单片机经常用来控制 LED 的亮灭转换，下面我们就如何用单片机来控制一只 LED 的亮灭进行探讨。

（三）LED 驱动电路

发光二极管（LED）的接法是采取了电源接到二极管正极再经过 1kΩ 电阻接到单片机 I/O 口上的（见图 1-11a）。为什么这么接呢？首先我们要知道 LED 的发光工作条件，不同 LED 的额定电压和额定电流不同，一般而言，红或绿颜色的 LED 的工作电压为 1.7 ~ 2.4V，蓝或白颜色的 LED 工作电压为 2.7 ~ 4.2V，直径为 3mm LED 的工作电流为 2 ~ 10mA。其次，MCS – 51 单片机的 I/O 口作为输出

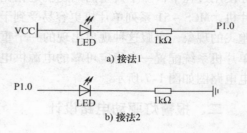

图 1-11　LED 驱动电路图

口时，拉电流（向外输出电流）的能力是 μA 级别，是不足以点亮一个发光二极管的。而灌电流（往内输入电流）的方式可高达 20mA，故采用灌电流的方式驱动发光二极管。当然，现今的一些增强型单片机，是采用拉电流输出（见图 1-11b）的，只要单片机的输出电流能力足够强即可。

三、报警灯程序流程图设计

 让我们来了解一下什么是程序设计语言吧！

（一）程序设计语言

程序设计语言是指计算机能理解和执行的语言，计算机程序可以用很多种语言来编写，但从语言结构以及其与计算机的关系来看，一般可分为三大类。

1. 机器语言（Machine Language）

这是一种用二进制代码"0"和"1"表示指令和数据的程序设计语言。计算机只能识别二进制代码，这种语言是能被计算机直接识别和执行的机器级语言。机器语言能够被计算机立即识别并加以执行，具有执行速度快、占用内存少等优点。但对于使用者来说，用机器语言编写程序具有编写难、识别难、记忆难、查错难、交流难等缺点。

2. 汇编语言（Assembly Language）

汇编语言是一种用助记符表示的面向机器的程序设计语言。不同的机器所使用的汇编语言一般是不同的。这种语言弥补了机器语言的不足，用汇编语言编写程序比用机器语言方便、直观、易懂、易用、易记。但计算机的 CPU 不能直接识别汇编语言，所以计算机不能立即执行汇编语言程序。用汇编语言编写的源程序，在由计算机执行之前，必须将它翻译成机器语言程序。

汇编语言和机器语言一样是面向机器的，它能把计算机的工作过程刻画得非常精细而又具体。这样可以编写出结构紧凑、运行时间精确的程序。所以，这种语言非常适合于实时控制的需要。但是用汇编语言编写和调试程序周期较长，程序可读性较差，因而在对实时性要求不高的情况下，最好使用高级语言。

3. 高级语言（High – Level Language）

高级语言是面向过程并能独立于计算机硬件结构的通用程序设计语言，是一种接近

人类语言和数学表达式的计算机语言。比如：BASIC、FORTRAN、COBOL、PASCAL、C语言等。它比汇编语言易学、易懂、具有通用性强、易于移植等优点。高级语言不能被计算机直接识别和执行，需要用编译程序或解释程序将高级语言编写的源程序翻译为机器语言。

高级语言的语句功能强，它的一条语句往往相当于许多条机器指令，因而翻译后的程序要占用较多的存储空间，而且执行时间长，不易精确掌握，故在高速实时控制中一般是不适用的。

综上所述，三种语言各自的特点是显而易见的。在目前单片机的开发应用中，经常采用C语言和汇编语言共同编写程序。要想很好地掌握和应用单片机首先要掌握汇编语言。

4. 程序设计的一般步骤

使用汇编语言作为程序设计语言的编程步骤与使用高级语言编程的步骤类似，但又略有差异。其程序设计步骤一般可分为以下几步：

1）分析工作任务，明确要达到的工作目的、技术指标等。

2）确定解决问题的算法。算法就是如何将实际问题转化成程序模块来处理，要对不同的算法进行分析、比较，找出最适宜的算法。

3）画程序流程图。其图形的符号规定均与高级语言流程图相同，如桶形框表示程序的开始或结束、矩形框表示需要进行的工作，菱形框表示需要判断的事情，指向线表示程序的流向等。

4）分配内存工作单元，确定程序与数据的存放地址。

5）编写源程序。

6）上机调试、修改源程序。

（二）汇编语言程序的基本结构

汇编语言程序具有四种结构形式，即顺序结构、循环结构、分支结构和子程序结构。

1. 顺序程序

顺序程序是一种最简单、最基本的程序结构，又称为简单程序或直接程序。程序按顺序一条一条地执行指令，程序流向不变。顺序程序流程图如图1-12所示。

2. 循环程序

循环程序是把需要多次重复执行的某段程序，利用条件转移指令反复转向执行，可减小整个程序的长度，优化程序结构。循环程序流程图如图1-13所示。

循环程序一般由循环初始化、循环处理、循环控制和循环结束四部分组成。

3. 分支程序

分支程序是根据条件进行判断决定程序的执行，满足条件则进行程序转移，不满足条件就顺序执行程序。判断是通过条件转移指令实现的。分支程序流程图如图1-14所示。

分支程序又分为单分支结构和多分支结构。

4. 子程序

子程序指完成某一确定任务并能被其他程序反复调用的程序段。使用子程序可以减小整个程序的长度，实现模块化程序结构。

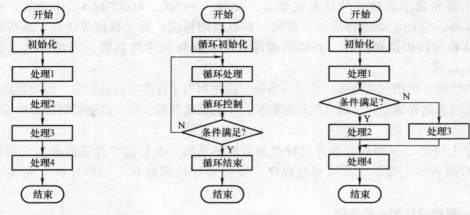

图 1-12　顺序程序流程图　　　图 1-13　循环程序流程图　　　图 1-14　分支程序流程图

（三）指令和指令系统

1. 指令系统分类

8051 单片机指令系统共有 111 条指令，按照指令占用的存储空间可分为单字节指令（49 条）、双字节指令（45 条）、三字节指令（17 条）；按照指令的执行时间可分为单周期指令（64 条）、双周期指令（45 条）、四周期指令（2 条，乘、除法指令）；按照指令的功能划分，可分为五类：数据传送类指令（29 条）、算术运算类指令（24 条）、逻辑运算和移位类指令（24 条）、控制转移类指令（17 条）、位操作类指令（17 条）。

2. 指令组成

一般情况下，单片机的每一条指令均包含操作码和操作数两个基本部分。操作码部分规定了指令所实现的操作功能，回答的是该指令实现什么操作的问题。操作数部分指出了参与操作的数据来源和操作结果存放的目的单元，回答的是该指令对何处数据进行操作的问题。一个指令中，操作数可以有一项或多项，或者包含在操作码中。操作数可以直接是一个数（立即数），或者是一个数据所在的单元地址，即在执行指令时从指定的地址空间取出操作数。

3. 汇编语言指令格式

汇编语言的指令格式为：

［标号：］操作码助记符［目的操作数］［，源操作数］［；注释］

在汇编语言的指令中，标号代表该指令存放在程序存储器单元的首地址，一般是由字母开头的字母数字串。操作码部分是以助记符表示的，助记符用英语单词的缩写表明该指令的功能，如 ADD 助记符表明该指令是一条加法指令。标号与操作码之间要用冒号间隔，操作码和操作数之间要用空格分开，如果指令中有多项操作数，则操作数之间要用逗号间隔，操作数与注释之间要用分号间隔，注释是写给人看的，不会像操作码和操作数一样翻译成 0、1 代码存入程序存储器。

4. 机器语言指令格式

机器语言中的操作码和操作数都是二进制代码形式。我们可以将汇编语言书写的指令翻译成 0、1 代码表示的指令，即机器语言的指令，反之亦然。8051 单片机机器语言指令由若干字节组成。对于不同的指令，指令的字节数不同。8051 单片机指令系统中，有单字节、双字节或三字节指令之分。

（1）单字节指令（49 条）　单字节指令只有一个字节，这一个字节的机器码既包含操作码的信息，也包含操作数的信息，这种指令又有两种不同的情况。

第一种情况操作数固定，指令操作码既说明了执行什么操作，又表明了对那个寄存器操作。例如，累加器加 1 指令：INC　A

其机器语言指令格式为：00000100B

这一个字节的机器码，既说明了该指令是一条加 1 指令，又说明了该指令是对累加器 A 加 1。

第二种情况操作数为某一个寄存器，由指令码中的后 3 位的不同编码指定该寄存器。此时操作码占一个字节的前 5 位，操作数占一个字节的后 3 位。例如，工作寄存器向累加器 A 传送数据指令：MOV　A，Rn

其机器语言指令格式为：11101rrr

其中，前 5 位为操作码内容，说明是一条数据传送指令，最后 3 位 rrr 为 Rn 的编码，rrr 的不同组合代表 R0 ~ R7 不同的寄存器，相应的机器指令代码为 E8H ~ EFH。

（2）双字节指令（45 条）　双字节指令用一个字节表示操作码，另一个字节表示操作数或操作数所在的地址。例如：

片内 RAM 30H 单元内容加 1 指令：INC　30H

其机器语言指令格式为：00000101　00110000B

（3）三字节指令（17 条）　三字节指令用一个字节表示操作码，两个字节表示操作数或操作数所在的地址。例如，将片内 RAM 30H 单元内容传送给 40H 单元的指令：MOV 40H，30H

其机器语言指令格式为：10000101　00110000　01000000B

5. 汇编语言寻址方式

在带有操作数的指令中，数据可能就在指令中，也有可能在寄存器或存储器中。寻址就是寻找指令中操作数或操作数所在地址。寻址方式就是找到存放操作数的地址，并把操作数提取出来的方法，即寻找操作数或者操作数地址的方法。要正确理解指令的功能一定要分析指令中操作数是如何获取的，也就是要清楚寻址方式。寻址方式的多少及寻址功能强弱是反映指令系统性能优劣的重要指标。在汇编语言程序设计时，要针对系统的硬件环境编程，数据的存放、传送、运算都要通过指令来完成，编程者必须自始至终都十分清楚操作数的位置。8051 单片机寻址方式共有 7 种：立即数寻址、直接寻址、寄存器寻址、寄存器间接寻址、变址寻址、相对寻址和位寻址。

（1）立即数寻址　立即数寻址就是操作数在指令中直接给出，或者说指令操作码后面立即给出一字节或两字节操作数。指令中给出的操作数是立即数，表示形式为数值前加"#"号，以区别直接寻址中的直接地址。例如，指令"MOV A, #data"就是一条立即数寻址指令，假设立即数为 4FH，则指令为"MOV A, #4FH"，该指令表示把 4FH 这个数本身送累加器 A。

还有一条 16 位立即数传送指令"MOV DPTR, #data16"，其中#data16 是一个 16 位立即数。例如，指令"MOV DPTR, #9A3BH"的功能是将 16 位立即数 9A3BH 传送给 16 位寄存器数据指针 DPTR。

（2）直接寻址　在指令中直接给出操作数所在的存储单元地址，称为直接寻址方式。此时，指令中操作数部分是操作数所在地址。例如，指令"MOV A，4FH"的功能是将片内 RAM 中 4FH 单元的内容传送至累加器 A。注意指令"MOV A，#4FH"和"MOV A，4FH"两条指令的区别。前者是把一个数 4FH 传送给累加器 A，源操作数采用了立即数寻址，后者是把片内 RAM 4FH 单元的内容传送给累加器 A，源操作数采用了直接寻址。

直接寻址方式的寻址范围是片内 RAM 的 128 个单元和所有的特殊功能寄存器。对于特殊功能寄存器，既可以使用它们的地址，也可以使用它们的名字。例如，指令"MOV A，P0"是把 SFR 中 P0 口的内容传送给 A，它又可以写成"MOV A，80H"，其中 80H 是 P0 口的地址。用直接寻址访问累加器时，累加器的名字写为 Acc。直接寻址的地址占一个字节，所以，一条直接寻址方式的指令至少占两个程序存储器单元。

（3）寄存器寻址　寄存器寻址就是操作数存放在寄存器中，指令中指定的寄存器的内容就是操作数。在寄存器寻址方式中以符号名称来表示寄存器，在翻译成机器语言时该寄存器对应的地址不用译成 0、1 代码，而是做隐含给定。例如，指令"MOV A，R3"的功能是把寄存器 R3 的内容传送给累加器 A，源操作数存放在寄存器 R3 中，其对应的机器指令格式为：11101011，指令中给出的累加器 A、寄存器 R3 所对应的地址都不用译出。

寄存器寻址方式的寻址范围包括：

1）通用工作寄存器。8051 单片机一共有 32 个通用工作寄存器，分为 4 组，每组名称均为 R0～R7。由于名称相同，每一时刻只能有一组工作寄存器组处于工作状态，当前工作寄存器组的选择由 PSW 中的 RS1、RS0 确定。

2）部分专用寄存器。累加器 A、乘除法运算时的 B 寄存器、DPTR 寄存器都可以用寄存器寻址访问。

（4）寄存器间接寻址　在寄存器间接寻址中，操作数的地址事先存放在某个寄存器中，寄存器间接寻址时把指定寄存器的内容作为操作数地址，该地址所指定的单元内容作为操作数。因为操作数是通过寄存器间接得到的，所以称为寄存器间接寻址。寄存器 R0、R1 和数据指针 DPTR 可以作为间接寻址寄存器。通过间接寻址寄存器 R0 或 R1，可寻址片内 RAM 低位地址的 128B 单元或者是片外 RAM 的 256B 单元。采用数据指针 DPTR 作为间接寻址寄存器，可寻址片外数据存储器的 64KB 空间。

要注意寄存器寻址和寄存器间接寻址的区别。在寄存器寻址中，寄存器中存放的是操作数；而在寄存器间接寻址中，寄存器中存放的是操作数的地址，在寻址时要根据这个地址找到相应的存储单元，其内的数值才是操作数。为了区分寄存器寻址和寄存器间接寻址，在寄存器间接寻址中，所用到的寄存器的前面要加间接寻址符"@"，在翻译成机器语言时该寄存器对应的地址不用译成 0、1 代码，而是做隐含给定。

例如，寄存器 R0 内容为 6FH，片内 RAM 6FH 单元的内容为 4BH，指令"MOV A，R0"的功能是将 R0 的内容 6FH 传送给累加器 A，指令执行结束后累加器 A 中的内容为 6FH。而指令"MOV A，@R0"的功能是将 R0 的内容 6FH 作为操作数的地址，根据这一地址找到片内 RAM 6FH 单元，将其内容 4BH 传送至累加器 A，指令执行结果是累加器 A 中内容为 4BH。

（5）变址寻址　变址寻址是为了访问程序存储器中的数据表格而设计的。变址寻址是

以 DPTR 或者 PC 作为基址寄存器，其内容为基地址，以累加器 A 作为变址寄存器，其内容为变址，并将两个寄存器内容也就是基址和变址相加，形成 16 位操作数地址，然后在程序存储器中找到该地址所对应的单元，其内容即为操作数。

例如，指令"MOVC A，@ A + DPTR"是变址寻址。假设 DPTR 的内容为 0800H，累加器 A 的内容为 0FH，该指令的功能是将 0800H 和 0FH 相加，得到 080FH 作为操作数地址，在程序存储器中找到 080FH 单元，将其内容送至累加器 A。

（6）相对寻址　相对寻址只出现在相对转移指令中，以修正 PC 的方式来控制程序的转移目的。相对转移指令执行时，是以当前的 PC 值加上指令中规定的偏移量 rel 而形成实际的转移地址。这里所说的 PC 的当前值是执行完相对转移指令后的 PC 值。一般将相对转移指令操作码所在的地址称为源地址，转移以后的地址称为目的地址。于是有：

目的地址 = 源地址 + 相对转移指令本身字节数 + rel

指令系统中的转移指令既有双字节的，也有三字节的。所以上式中的相对转移指令本身字节数根据实际情况可以是 2 或 3。

例如，在程序存储器中 0800H 单元有一双字节的相对转移指令"SJMP　75H"，CPU 在取指令后，由于该指令是双字节指令，PC 的当前值已是原 PC 内容加 2 即 0802H，由于该指令是一条无条件转移指令，所以 CPU 转向（PC）+ 75H 单元去执行，即转移目的地址是 0877H，程序转移并开始执行 0877H 单元的指令。

（7）位寻址　单片机可以对数据存储器中的某一位进行单独操作，进行位操作时采用的是位寻址方式。位寻址指令中给出的是位地址，在指令中用 bit 表示。例如：位清 0 指令"CLR　bit"。

8051 单片机片内 RAM 有两个区域可以位寻址。

1）片内 RAM 中的位寻址区。该区共有 16 个单元，单元地址是 20H ~ 2FH，一共有 128 位，位地址为 00 ~ 7FH。该区域的可寻址位在指令中有两种表示方法：一种是位地址，如 20H 单元的 0 ~ 7 位位地址是 00H ~ 07H，而 21H 的 0 ~ 7 位位地址是 08H ~ 0FH，……，依此类推；另一种是单元地址加位号，如 20H.7 表示 20H 单元的第 7 位。

2）特殊功能寄存器的可操作位。在特殊功能寄存器中有 11 个单元地址能被 8 整除的寄存器，它们都可以进行位寻址，实际可寻址位为 83 个。这些可寻址位在指令中可以用以下四种方式表示：

① 直接使用位地址。例如 PSW 寄存器的第 5 位的地址为 D5H。

② 用位名称表示。例如 PSW 寄存器的第 5 位的名称是 F0。

③ 单元地址加位号表示。例如 PSW 寄存器的第 5 位可表示成 D0H.5。D0H 是 PSW 的单元地址。

④ 可以用寄存器名称加位号表示。例如 PSW 寄存器的第 5 位还可以表示为 PSW.5。

在选择寻址方式中需要注意，程序存储器中的数据表格只能采用变址寻址，特殊功能寄存器只能采用直接寻址，片外 RAM 只能采用寄存器间接寻址，片内 RAM 使用很频繁，可以采用直接寻址和寄存器间接寻址方式。总的来说源操作数寻址方式多，目的操作数寻址方式较少。源操作数有立即寻址、直接寻址、寄存器寻址、间接寻址、变址寻址和位寻址 6 种寻址方式。目的操作数有直接寻址、寄存器寻址、间接寻址和位寻址 4 种寻址方式。

（8）常用符号

Rn（n = 0 ~ 7）：当前选中的工作寄存器组 R0 ~ R7。它们在片内数据存储器中的地址有 PSW 中的 RS1 和 RS0 确定，可以是 00H ~ 07H（第 0 组）、08H ~ 0FH（第 1 组）、10H ~ 17H（第 2 组）或 18H ~ 1FH（第 3 组）。

Ri（i = 0，1）：当前选中的工作寄存器组中可以用于寄存器间接寻址的两个工作寄存器 R0、R1。它们在片内数据存储器中的地址由 RS1、RS0 确定，分别有 00H，01H；08H，09H；10H，11H 和 18H，19H。

#data：8 位立即数，即包含在指令中的 8 位操作数。

#data16：16 位立即数，即包含在指令中的 16 位操作数。

direct：8 位片内 RAM 单元（包括 SFR）的地址。

Addr11：11 位目的地址，用于 ACALL 和 AJMP 指令中。

Addr16：16 位目的地址，用于 LCALL 和 LJMP 指令中。

rel：补码形式的 8 位地址偏移量，地址偏移量在 −128 ~ +127 范围内。

bit：片内 RAM 或 SFR 中可寻址位的位地址。

@：间接寻址方式中，表示间接寻址的符号。

/：位操作指令中，表示对该位先取反再参与操作，但不影响该位原值。

（X）：某一个寄存器或者存储单元 X 中的内容。

（（X））：由 X 间接寻址的单元的内容，即 X 指向的地址单元中的内容。

←：指令中数据的传送方向，将箭头右边的内容送入箭头左边的地址单元。

（四）报警灯程序流程图

根据设计要求编制报警灯的程序流程图，如图 1-15 所示。

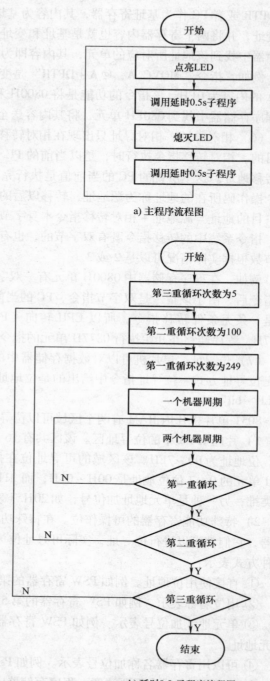

a) 主程序流程图

b) 延时0.5s子程序流程图

图 1-15　程序流程图

【项目实现】

 做一做

一、源程序的编写、编译与调试

根据流程图，结合硬件结构进行软件程序的编写工作，按要求实现控制台报警灯的设计，在 Keil 或 WAVE 软件中编写程序，检查无误后编译生成 HEX 文件，结合 Proteus 软件进行仿真调试。参考程序如下：

```
            ORG  0000H        ;指定下一条指令的代码的偏移地址为 0000H
START:      CLR  P1.0         ;对 P1 口的第 0 位（引脚）清零
            LCALL  DELAY      ;调用语句，跳转到 DELAY 子程序执行
            SETB  P1.0        ;把 P1 的第 0 位（引脚）置为高电平
            LCALL  DELAY
            LJMP  START       ;无条件跳转到 START 标号处执行
DELAY:      MOV  R5, #5       ;延时 0.5s 子程序
D1:         MOV  R6, #100
D2:         MOV  R7, #249
            NOP               ;空操作，浪费一个机器周期
D3:         NOP
            NOP
            DJNZ  R7, D3      ;将 R7 中的数减"1"，判断结果是否为"0"，
                             ;不为"0"程序就跳转到行标为 D3 的地方执
                             ;行，否则结果为"0"就不转移，继续执行下
                             ;一条指令。
            DJNZ  R6, D2
            DJNZ  R5, D1
            RET               ;子程序的返回指令
            END               ;编译结束伪指令
```

（一）建立新程序

在桌面上启动 WAVE6000 软件，如图 1-16 所示。

在"文件"菜单中，如图 1-17 所示，先选择"关闭项目"命令，再选择"新建文件"命令，出现一个文件名为"NONAME1"的源程序窗口。在此窗口中输入预先编写好的程序（注意，在实际输入过程中，要使用半角状态的标点符号），如图1-18所示。

（二）保存程序

在"文件"菜单中，选择"保存文件"命令或"另存为"命令，出现对话框如图 1-19

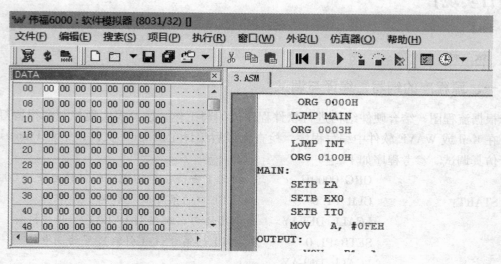

图1-16　WAVE6000软件界面

所示。首先给出文件所保存的位置，例如"C：/WAVE6000/SAMPLES"文件夹，然后在"文件名"一栏中填写"项目一.ASM"（注意，不要遗漏文件扩展名.ASM），最后单击"保存"按钮。文件保存后，程序窗口上的文件名变为"项目一.ASM"，如图1-20所示，这时数字呈现为红色，指令功能符和寄存器名称呈现为蓝色，一般字符呈现为黑色，注释文字呈现为绿色。

（三）设置项目选择"仿真器"

使用"仿真器设置"命令或"仿真器设置"快捷键图标或双击项目窗口的第一行来打开"仿真器设置"对话框。在"仿真器"选项卡中，选择仿真器类型和配置的仿真头以及所要仿真的单片机，如图1-21所示。

在"语言"选项卡中，"编译器选择"根据本例的程序选择"伟福汇编器"。如果程序是C语言或英特尔格式的汇编语言，可根据安装的Keil编译器版本选择"Keil C（V4或更低）"或"Keil C（V5或更高）"单击"好"按钮确定，如图1-22所示。

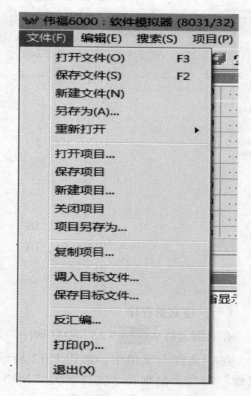

图1-17　"文件"菜单

18

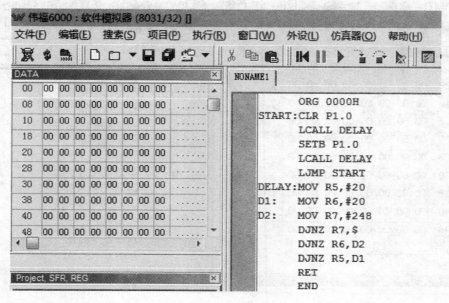

图 1-18 编写程序

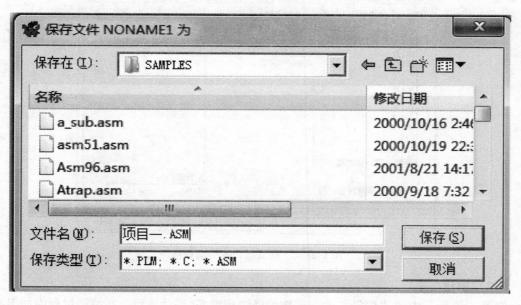

图 1-19 保存文件

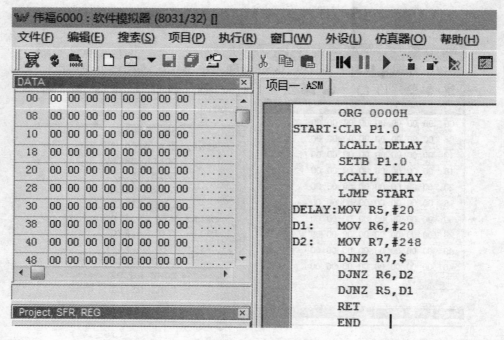

图 1-20　保存后程序变化

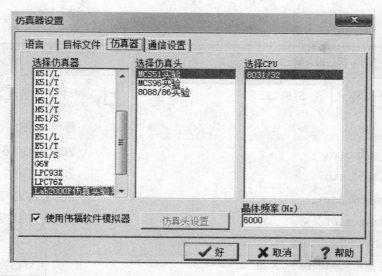

图 1-21　"仿真器设置"对话框

（四）编译程序

选择"项目"中的"编译"命令或按编译快捷键 F9 编译项目。在编译过程中如果有错可以在信息窗口中显示出来，双击错误信息，可以在源程序中定位所在行。纠正错误后，再次编译，直至没有错误。在编译之前，软件会自动将项目和程序存盘。在编译没有错误后，会生成"项目一.BIN"或"项目一.HEX"文件，如图 1-23 所示。

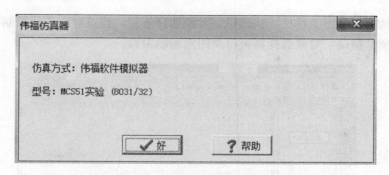

图 1-22 仿真器设置完成窗口

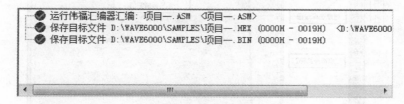

图 1-23 信息窗口

二、报警灯的 Proteus 仿真实现

学生可以根据自己所绘制的硬件电路图采用单片机专用虚拟软件 Proteus，将元器件布置好，为下一步进行仿真操作做准备。

（一）绘图主要操作

1. 进入 Proteus ISIS

双击桌面上的 ISIS 6 Professional 图标或者单击屏幕左下方的"开始"→"程序"→"Proteus 6 Professional"→"ISIS 6 Professional"，出现如图 1-24 所示屏幕，表明进入 Proteus ISIS 集成环境。

图 1-24 ISIS 启动时的屏幕

2. 工作界面

Proteus ISIS 的工作界面是一种标准的 Windows 界面，如图 1-25 所示，包括标题栏、主

菜单、标准工具栏、绘图工具栏、状态栏、对象选择按钮、预览对象方位控制按钮、仿真进程控制按钮、预览窗口、对象选择器窗口及图形编辑窗口。

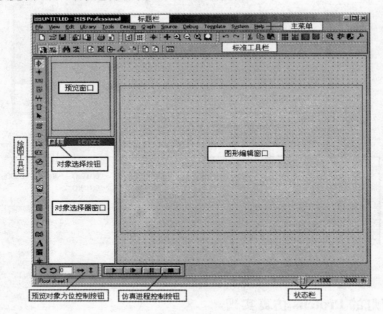

图 1-25　Proteus ISIS 的工作界面

3. 编辑区域的缩放

图 1-25 是一个标准 Windows 窗口，除具有选择执行各种命令的顶部菜单和显示当前状态的底部状态条外，菜单下方有两个工具条，包含与菜单命令一一对应的快捷按钮，窗口左部还有一个工具箱，包含添加所有电路元器件的快捷按钮。工具条、状态条和工具箱均可隐藏。

Proteus 的缩放操作多种多样，极大地方便了工程项目的设计。常见的几种方式有：完全显示（或者按"F8"）、放大按钮（或者按"F6"）和缩小按钮（或者按"F7"），拖放、取景、找中心（或者按"F5"）。

4. 点状栅格和刷新

编辑区域的点状栅格，是为了方便元器件定位用的。鼠标指针在编辑区域移动时，移动的步长就是栅格的尺度，称为"Snap（捕捉）"。这个功能可使元器件依据栅格对齐。

（1）显示和隐藏点状栅格　点状栅格的显示和隐藏可以通过工具栏的按钮或者按快捷键"G"来实现。鼠标移动的过程中，在编辑区的下面将出现栅格的坐标值，即坐标指示器，它显示横向的坐标值。因为坐标的原点在编辑区的中间，有的地方的坐标值比较大，不利于进行比较。此时可通过单击菜单命令"View"下的"Origin"命令，也可以单击工具栏的按钮或者按快捷键"O"来自己定位新的坐标原点。

（2）刷新　编辑窗口显示正在编辑的电路原理图，可以通过执行菜单命令"View"下的"Redraw"命令来刷新显示内容，也可以单击工具栏的刷新命令按钮或者快捷键"R"，与此同时预览窗口中的内容也将被刷新。它的用途是当执行一些命令导致显示错乱时，可以使用该命令恢复正常显示。

5. 对象的放置和编辑

（1）对象的添加和放置 单击工具箱的元器件按钮，使其选中，再单击 ISIS 对象选择器左边中间的按钮"P"，出现"Pick Devices"对话框，在这个对话框里可以选择元器件和一些虚拟仪器。下面以添加单片机 AT89C51 为例来说明怎么把元器件添加到编辑窗口的。在"Category（器件种类）"下面找到"MicroprocessorIC"选项，鼠标左键单击一下，在对话框的右侧，会显示大量常见的各种型号的单片机芯片型号。找到单片机 AT89C51，双击"AT89C51"，情形如图 1-26 所示。

这样在左边的对象选择器就有了 AT89C51 这个元件了。单击一下这个元件，然后把鼠标指针移到右边的原理图编辑区的适当位置，单击鼠标的左键，就把 AT89C51 放到了原理图区。

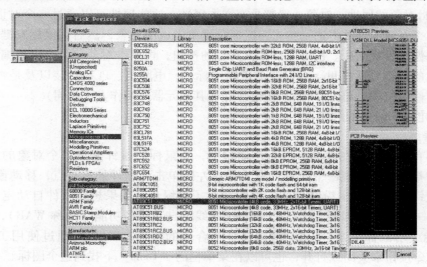

图 1-26 选取元器件窗口中的元器件列表

（2）放置电源及接地符号 单击工具箱的终端按钮，对象选择器中将出现一些接线端，如图 1-27 所示。在对象选择器里分别单击图 1-27 左侧的"TERMINALS"栏下的"POWER"与"GROUND"，再将鼠标移到原理图编辑区，左键单击一下即可放置电源符号；同样也可以把接地符号放到原理图编辑区。

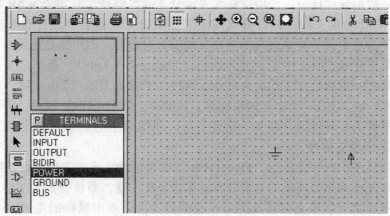

图 1-27 放置电源和接地符号

（3）对象的编辑　调整对象的位置和放置方向以及改变元器件的属性等，有选中、删除、拖动等基本操作。

1）拖动标签：许多类型的对象有一个或多个属性标签附着，可以很容易地移动这些标签使电路图看起来更美观。移动标签的步骤如下：首先单击右键选中对象，然后用鼠标指向标签，按下鼠标左键。一直按着左键就可以拖动标签到需要的位置，释放鼠标即可。

2）对象的旋转：许多类型的对象可以调整旋转为 0、90、270、360（角度）或通过 x 轴 y 轴镜像旋转。当该类型对象被选中后，"旋转工具按钮"图标会从蓝色变为红色，然后就可以改变对象的放置方向。旋转的具体方法是：首先单击右键选中对象，然后根据要求用鼠标左键单击旋转工具的 4 个按钮。

3）编辑对象的属性：对象一般都具有文本属性，这些属性可以通过一个对话框进行编辑。编辑单个对象的具体方法是：先用鼠标右键单击选中对象，然后用鼠标左键单击对象，此时出现属性编辑对话框。也可以单击工具箱的按钮，再单击对象，也会出现编辑对话框。在电阻属性的编辑对话框里，可以改变电阻的标号、电阻值、PCB 封装以及是否把这些东西隐藏等，修改完毕，单击"OK"按钮即可（其他元器件操作方法相同）。

（二）电路图线路的绘制

1. 画导线

Proteus 的智能化可在画线时进行自动检测，当鼠标的指针靠近一个对象的连接点时，跟着鼠标的指针就会出现一个"×"号，鼠标左键单击元器件的连接点，移动鼠标（不用一直按着左键）就出现了粉红色的连接线变成了深绿色。如果想让软件自动定出线路径，只需单击另一个连接点即可。这就是 Proteus 的线路自动路径功能（简称 WAR），如果只是在两个连接点用鼠标单击，WAR 将选择一个合适的线径。WAR 可通过使用工具栏里的"WAR"命令按钮来关闭或打开，也可以在菜单栏的"Tools"下找到这个图标。

2. 画总线

为了简化原理图，可用一条导线代表数条并行的导线，这就是所谓的总线。单击工具箱的总线按钮，即可在编辑窗口画总线。

3. 画总线分支线

单击工具栏中的画分支线按钮，画总线分支线，它是用来连接总线和元器件引脚的。画总线时为了与一般的导线区分，一般用斜线表示分支线，但是这时如果 WAR 功能打开是不行的，需要把 WAR 功能关闭。画好分支线还需要给分支线起名字。右键单击分支线选中它，接着左键单击选中的分支线就会出现分支线编辑对话框。相同端是连接在一起的，放置方法是用鼠标单击连线工具条中图标或者执行"Place→Net Label"菜单命令，这时光标变成十字形并且带有一虚线框在工作区内移动，再按一下键盘上的［Tab］键，系统弹出网络标号属性对话框，在"Net"项定义网络标号，如 PB0，单击［OK］按钮，将设置好的网络标号放在先前放置的短导线上（注意一定是上面），单击鼠标左键即可将之定位。

4. 总线与总线分支连接

单击放置工具条中图标或执行"Place→Bus"菜单命令，这时工作平面上将出现十字形光标，将十字形光标移至要连接的总线分支处单击鼠标左键，系统弹出十字形光标并拖着一条较粗的线，然后将十字形光标移至另一个总线分支处，单击鼠标的左键，一条总线就画好了。

注意使用技巧：当电路中多根数据线、地址线、控制线并行时应使用总线设计。

5. 放置线路节点

如果在交叉点有电路节点，则认为两条导线在电气上是相连的，否则就认为它们在电气上是不相连的。Proteus ISIS 在画导线时能够智能地判断是否要放置节点。但在两条导线交叉时是不放置节点的，这时要想两个导线电气相连，只有手工放置节点了。单击工具箱的节点放置按钮，把鼠标指针移到编辑窗口，单击左键就能放置一个节点。

（三）模拟调试

（1）电路设计　设计一个简单的单片机仿真电路，如图 1-28 所示。仿真电路所用元器件见表 1-4。电路的核心是单片机 AT89C51，C1、C2 和晶振 X1 构成晶振电路，C3、R2、R3 和按键构成按键复位电路，P1.0 引脚接发光二极管，二极管的正极通过限流电阻接到电源的正极。当单片机启动时，二极管按程序设定的时间闪烁。

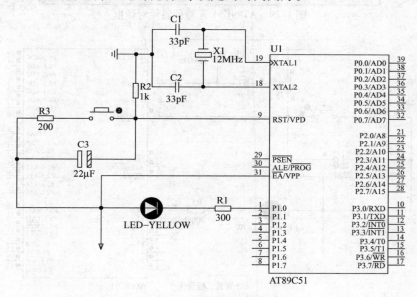

图 1-28　Proteus 仿真电路图

表 1-4　仿真电路所用元器件

名称	选用元器件	名称	选用元器件
单片机	AT89S51	电阻	RES 220Ω
晶体振荡器	CRYSTAL 12MHz	瓷片电容	CAP 33pF
发光二极管	LED – YELLOW	电解电容	CAP – ELEC
按键	SWITCH		

（2）模拟调试　选中单片机 AT899C51，左键单击 AT89C51，出现的元器件属性对话框如图 1-29 所示，在对话框里单击"Program File"右侧按钮，装入经过编译得到的 HEX 文件，然后单击"OK"按钮。

单击模拟调试运行按钮，进入运行调试状态，系统仿真演示如图 1-30 所示。

当仿真调试结果达到设计要求后，就可以进行项目实际系统的搭建了。

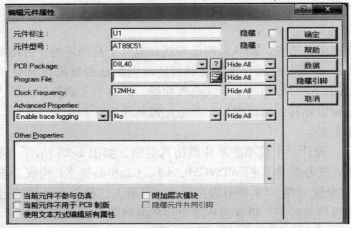

图 1-29　AT89C51 元器件属性对话框

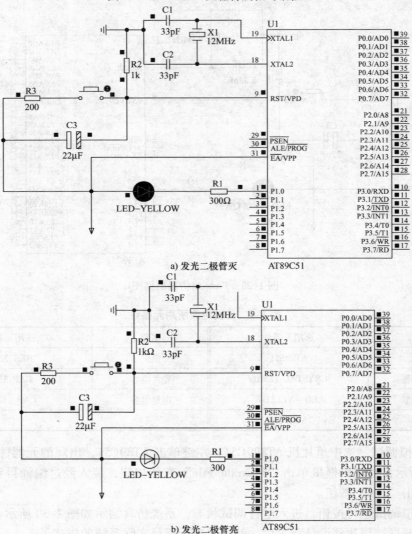

a) 发光二极管灭

b) 发光二极管亮

图 1-30　仿真演示图

三、实际硬件电路搭建及系统调试

（一）搭建硬件电路

用实际元器件搭建电路，电路的元器件清单见表1-5。

表1-5　元器件清单

元器件名称	参数	元器件图片	数量
单片机	AT89S51		1
晶体振荡器	12MHz		1
发光二极管	LED		1
IC 插座	DIP40		1
电阻	200Ω、300Ω、1kΩ		3
电解电容	22μF		1
瓷片电容	33pF		2
按键	轻触式		1

电路搭建完成后，计算机连接仿真器，实现单片机程序在线下载，联机调试，在结果正确的情况下通过编程器将 HEX 格式文件下载到单片机芯片，使系统独立运行并观测结果。

（二）编程器 Easypro 的应用

当单片机应用系统的软、硬件通过仿真调试，运行无误后，就可以将应用系统的程序写入目标 AT8951 单片机中，然后将目标 AT89C51 单片机插入电路板的单片机插座正式运行。

1. 编程器的连接

编程器 Easypro80B 如图 1-31 所示。将编程器与计算机相连，电源指示灯（红色）点亮，双击桌面上的 Easypro 图标，运行编程器软件。

将要编程的 AT89C51 单片机插入编程器的 DIP 锁紧插座中。注意：芯片与插座底线对齐插入，1 脚在左上方。

2. 选择目标编程型号

单击工具栏中的"选择"图标，在弹出的"选择器件"对话框中选择目标芯片的器件类型、厂商名称和器件名称，如图 1-32 所示。此处选择器件类型为"MCU"，厂商名称为"ATMEL"，器件名称为"AT89S51"，最后单击"确定"按钮。

3. 装入目标文件

选择"文件"中"打开文件"命令，弹出"打开文件"对话框，如图 1-33 所示，选择

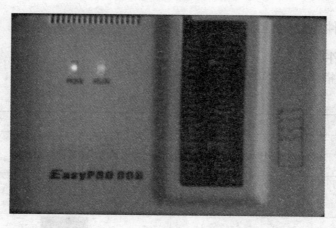

图 1-31　编程器

图 1-32　"选择器件"对话框

需要装入的文件。该文件应该是可执行的目标文件,例如,伟福仿真器生成的 ∗.BIN 或 ∗.HEX 文件。

装入文件后,紧接着弹出如图 1-34 所示的"调入选择"对话框,根据上一步所选择的文件来确定文件类型。如果前面装入的文件是 HEX 文件,则在文件格式中选择"Intel Hex";如果前面装入的文件是 BIN 文件,则在文件格式中选择"Binary",最后单击"确定"按钮。

如果装入文件成功,则出现文件装入缓冲区的界面,共分三部分:左边为地址,中间为十六进制的程序代码,右边为 ASCII 符号。

4. 目标程序下载

放置好文件及装入目标文件后,可以单击工具栏中的"编程"、"校验"、"擦除"、"查空"等图标执行相应的操作,也可以单击"运行"图标来完成这些操作。建议初学者单击"运行"图标来学习这方面操作。单击"运行"图标后,会弹出"器件操作"对话框,用户

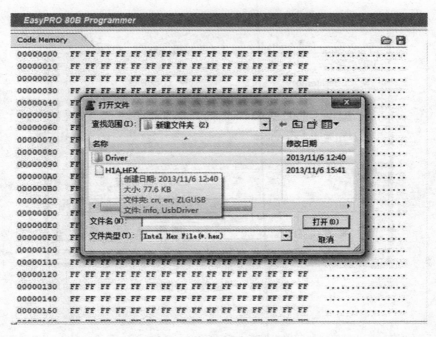

图1-33 "打开文件"对话框

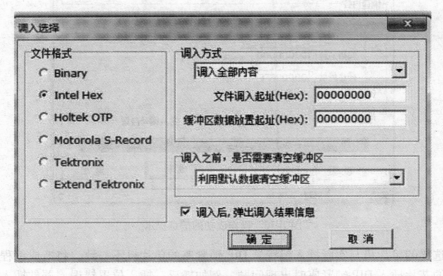

图1-34 "调入选择"对话框

可以在"功能"列表中选择有关操作,例如"Erase(擦除)"、"Blank – check(查空)"、"Program(编程)"等。也可以选择"Auto(自动)"功能,自动进行有关操作。建议初学者选择"Auto(自动)"功能。例如选择"Program(编程)"功能,如图1-35所示。

单击"编程"按钮开始相关的操作,操作成功后,会显示相关操作成功的信息,如图1-36所示。

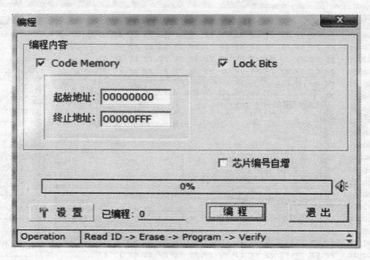

图 1-35　"编程"对话框

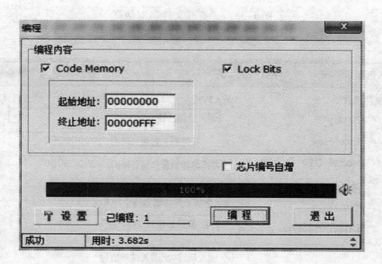

图 1-36　操作成功的信息提示

　　如果选择的单片机与实际插入编程器 DIP 锁紧座的单片机不一致，将造成编程失败。如果被烧写的芯片插入 DIP 锁紧座时出现问题，例如插反、插入位置错误、器件插入引脚接触不良、选择的器件与实际器件引脚不同，则会直接弹出相关错误提示信息，改正问题后重复下载操作即可。

（三）实施记录

　　认真观察并且记录项目实施情况，如实填写项目实施记录单，见表 1-6。

表 1-6　项目实施记录单

课程名称	单片机控制技术		总学时	84
项目一	控制台报警灯的设计与实现		学时	12
班级		团队负责人	团队成员	
项目概述				
工作结果				
相关资料及学习资源				
总结收获				
注意事项				
备注				

【项目运行】

在实训设备上搭建电路或直接制作电路板成品，运行程序，使报警灯遇到紧急情况时闪烁，运行情况如图 1-37 所示。

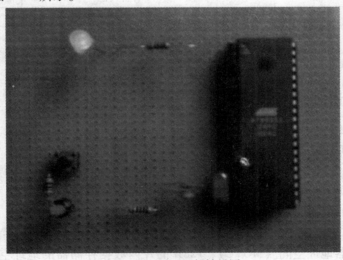

图 1-37　项目运行效果图

观测运行情况，进一步调试直到系统可以稳定运行。项目完成后，各小组推选一名主讲上台讲解任务的完成情况并演示项目成果，老师和每组组长填写评价表，对各组完成情况进行验收和评定，具体验收指标包括：

1）硬件设计；

2）软件设计；

3）程序调试；

4）整机调试。

项目评价见表1-7。

表1-7　评价表

序号	考核内容	考核要求	评分标准	配分	扣分	得分
1	单片机硬件设计	根据项目要求焊接电路板	（1）元器件摆放不整齐，扣10分 （2）走线不工整扣5分 （3）出现接触不良、脱焊等现象扣10分	25分		
2	单片机软件设计	根据控制要求编制源程序	（1）程序编制错误，扣10分 （2）程序繁琐，扣5分 （3）程序编译错误，扣10分	25分		
3	调试（程序调试和系统调试）	输入程序、编译调试；设备整机调试运行	（1）程序运行错误，调试无效果，扣10分 （2）整机调试一次不成功，扣5分 （3）整机调试二次不成功，扣10分	25分		
4	安全文明生产	按生产规程操作	违反安全文明生产规程，扣10～25分	25分		
项目名称					合计：	
项目负责人		评价人签字		年　月　日		

【知识拓展】

一、硬件知识拓展

（一）MCS-51单片机的存储器配置

1. 存储器空间分配

MCS-51单片机的芯片内部有RAM和ROM两类存储器，即所谓的片内RAM和片内ROM。MCS-51单片机在物理结构上有四个存储空间：片内程序存储器、片外程序存储器、片内数据存储器和片外数据存储器，如图1-38所示。

但在逻辑上，即从用户的角度上，8051单片机有三个存储空间：片内外统一编址的64KB的程序存储器地址空间（MOVC）、128B的片内数据存储器的地址空间（MOV）以及64KB片外数据存储器的地址空间（MOVX）。在访问三个不同的逻辑空间时，应采用不同形式的指令（在后面的指令系统学习时详细讲解），以产生不同的存储器空间的选通信号。

2. 片内程序存储器

MCS-51单片机的程序存储器用于存放编好的程序和表格常数。程序和数据一样，都是由机器码组成的代码串。8051片内有4KB的ROM，8751片内有4KB的EPROM，8031片内无程序存储器。MCS-51单片机的片外最多能扩展64KB程序存储器，片内外的ROM是

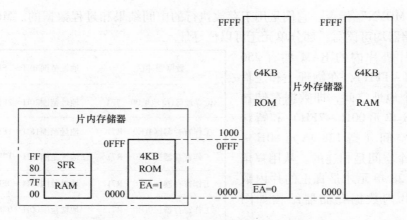

图 1-38 MCS-51 单片机的存储器配置图

统一编址的，寻址范围是 0000H ~ FFFFH。当 $\overline{EA}$ 端保持高电平时，8051 的程序计数器 PC 在 0000H ~ 0FFFH 地址范围内（即前 4KB 地址）时执行片内 ROM 中的程序，当 PC 在 1000H ~ FFFFH 地址范围时，自动执行片外程序存储器中的程序；当 $\overline{EA}$ 端保持低电平时，只能寻址片外程序存储器，片外存储器可以从 0000H 开始编址。

MCS-51 单片机的程序存储器中有些单元具有特殊功能，使用时应予以注意。其中一组特殊单元是 0000H ~ 0002H。单片机系统复位后，程序计数器（PC）=0000H，所以单片机将从 0000H 单元开始取指令执行程序。如果真正的程序不是从 0000H 单元开始，则应在这三个单元中存放一条无条件转移指令，以便让 CPU 直接转去执行用户指定的程序。还有一组特殊单元是 0003H ~ 002AH，共 40 个单元。这 40 个单元被均匀地分为 5 段，各有用途，分别作为 5 个中断源的中断地址区。其中：

0003H ~ 000AH 外部中断 0 中断地址区；

000BH ~ 0012H 定时器/计数器 0 中断地址区；

0013H ~ 001AH 外部中断 1 中断地址区；

001BH ~ 0022H 定时器/计数器 1 中断地址区；

0023H ~ 002AH 串行中断地址区。

可见以上的 40 个单元是专门用于存放中断处理程序的地址单元，中断响应后，按中断的类型，自动转到各自的中断地址区去执行程序，因此中断响应的地址区中不能用于存放程序的其他内容，只能存放中断处理程序。从上面可以看出，每个中断响应的地址区只有 8 个字节单元，但通常情况下，8 个单元难以存下一个完整的中断处理程序，因此一般情况下，也是在中断响应的地址区首地址单元开始存放一条无条件转移指令，指向程序存储器的其他真正存放中断处理程序的空间，以便中断响应后，CPU 通过中断地址区读到这条转移指令，便转向其他地方去继续执行真正的中断处理程序。

3. 片内数据存储器

数据存储器也称为随机存取数据存储器。数据存储器分为片内数据存储器和片外数据存储器。MCS-51 单片机内部有 128B 或 256B 的数据存储器 RAM（不同的型号有分别），片外最多可扩展 64KB 的 RAM，构成两个地址空间，访问片内 RAM 用"MOV"指令，访问片外 RAM 用 "MOVX" 指令。它们是用于存放执行的中间结果和过程数据的。MCS-51 单片机的数据存储器均可读写，部分单元还可以位寻址。

8051 单片机片内的 RAM 共有 256 个单元（00H~FFH），在物理上和逻辑上都分为两个地址空间，即数据存储器空间（低 128 单元 00H~7FH）和特殊功能寄存器空间（高 128 单元 80H~FFH），这两个空间是相连的。从用户角度而言，低 128 单元才是真正的片内数据存储器，片内数据存储器结构如图 1-39 所示。

数据缓冲区	地址范围30H~7FH
位寻址区(位地址00~7F)	地址范围20H~2FH
工作寄存器区3(R0~R7)	地址范围18H~1FH
工作寄存器区2(R0~R7)	地址范围10H~17H
工作寄存器区1(R0~R7)	地址范围08H~0FH
工作寄存器区0(R0~R7)	地址范围00H~07H

图 1-39 片内数据存储器结构

（1）通用寄存器区（00H~1FH）

通用寄存器区共 32 个单元，地址范围为 00H~1FH，被均匀地分为四块，每块包含 8 个单元，均以 R0~R7 来命名，R0~R7 通常被称为通用寄存器，所以单片机片内数据存储器中就存在四组通用寄存器 R0~R7，那么在程序中怎么区分和使用它们呢？工程师们安排了一个寄存器——程序状态字寄存器 PSW 来管理它们，CPU 只要定义这个寄存器 PSW 的 D3 和 D4 位（RS0 和 RS1），即可以随意选用这四组通用寄存器。对应的编码关系见表 1-8。若程序中并不需要用 4 组，那么剩余的单元可用作一般的数据缓冲器，CPU 在复位后，选中第 0 组工作寄存器。

表 1-8 工作寄存器地址表

组号	RS1	RS0	R0	R1	R2	R3	R4	R5	R6	R7
0	0	0	00H	01H	02H	03H	04H	05H	06H	07H
1	0	1	08H	09H	0AH	0BH	0CH	0DH	0EH	0FH
2	1	0	10H	11H	12H	13H	14H	15H	16H	17H
3	1	1	18H	19H	1AH	1BH	1CH	1DH	1EH	1FH

（2）位寻址区（20H~2FH） 位寻址区共 16 个单元，地址范围为 20H~2FH，既可作为一般单元用字节寻址，也可对它们的位进行寻址。位寻址区共有 16 个字节，128 个位，位地址为 00H~7FH。位地址分配见表 1-9。

表 1-9 RAM 寻址区位地址分配

字节地址	位 地 址							
	D7	D6	D5	D4	D3	D2	D1	D0
2FH	7F	7E	7D	7C	7B	7A	79	78
2EH	77	76	75	74	73	72	71	70
2DH	6F	6E	6D	6C	6B	6A	69	68
2CH	67	66	65	64	63	62	61	60
2BH	5F	5E	5D	5C	5B	5A	59	58
2AH	57	56	55	54	53	52	51	50
29H	4F	4E	4D	4C	4B	4A	49	48

（续）

字节地址	位　地　址							
	D7	D6	D5	D4	D3	D2	D1	D0
28H	47	46	45	44	43	42	41	40
27H	3F	3E	3D	3C	3B3	3A	39	38
26H	37	36	35	34	33	32	31	30
25H	2F	2E	2D	2C	2B	2A	29	28
24H	27	26	25	24	23	22	21	20
23H	1F	1E	1D	1C	1B	1A	19	18
22H	17	16	15	14	13	12	11	10
21H	0F	0E	0D	0C	0B	0A	09	08
20H	07	06	05	04	03	02	01	00

从表中可知有 20H～2FH 共 16 个单元，每个单元 8 位，总计 128 位，给每一位起一个名字，即 00H～7FH，刚好 128 个位地址。每个位有两种表述方法，一是字节地址位表示法；二是位地址表示法。如 28H.7 和 47H 表示的就是同一位。CPU 能直接寻址这些位，执行位置"1"、清"0"、求"反"、传送和逻辑运算等操作。我们常称 MCS - 51 系列单片机具有布尔处理功能，布尔处理的存储空间指的就是这些位寻址区。

（3）用户 RAM 区（30H～7FH）　在 128B 片内 RAM 单元中，通用寄存器占去 32 个单元，位寻址区占去 16 个单元，剩下的 80 个单元就是供用户使用的一般 RAM 区了，被称为用户 RAM 区，地址为 30H～7FH。对这部分区域的使用不作任何规定和限制，但应说明的是堆栈一般开辟在这个区域。

4. 特殊功能寄存器区

在 MCS - 51 系列单片机片内的 RAM 中高 128B 单元是特殊功能寄存器区，51 子系列单片机有 21 个特殊功能寄存器 SFR（Special Function Register），52 子系列单片机有 26 个特殊功能寄存器。它们离散地分布在 80H～FFH 的地址空间中，用于存放相应功能部件的控制命令、状态或数据。这些特殊功能寄存器大体上分为两类：一类与芯片的引脚有关；另一类用作片内功能部件的控制。程序计数器 PC 在物理上是独立存在的，它不在特殊功能寄存器区中，PC 本身并没有地址，因而不可寻址，用户无法直接对它进行读写。51 子系列单片机特殊功能寄存器的地址分配见表 1-10。

表 1-10　51 子系列单片机特殊功能寄存器地址分配

符号	名称	字节地址
* ACC	累加器	E0H
* B	B 寄存器	F0H
* PSW	程序状态字	D0H
SP	堆栈指针	81H
DPTR	数据指针（包括高 8 位 DPH 和低 8 位 DPL）	83H，82H
* P0	P0 口锁存寄存器	80H
* P1	P1 口锁存寄存器	90H
* P2	P2 口锁存寄存器	A0H
* P3	P3 口锁存寄存器	B0H

（续）

符号	名称	字节地址
* IP	中断优先级控制寄存器	B8H
* IE	中断允许控制寄存器	A8H
TMOD	定时器/计数器方式寄存器	89H
* TCON	定时器/计数器控制寄存器	88H
TH0	定时器/计数器 0（高字节）	8CH
TL0	定时器/计数器 0（低字节）	8AH
TH1	定时器/计数器 1（高字节）	8DH
TL1	定时器/计数器 1（低字节）	8BH
* SCON	串行口控制寄存器	98H
SBUF	串行数据缓冲寄存器	99H
PCON	电源控制及波特率选择寄存器	87H

注：* 表示该寄存器可位寻址。

如果寄存器对应的字节地址正好能够被 8 整除，则该寄存器可以按位访问，位地址定义见表 1-11。

表 1-11　SFR 中位地址分布表

SFR	MSB			位地址/位定义				LSB	字节地址
B	F7	F6	F5	F4	F3	F2	F1	F0	F0H
ACC	E7	E6	E5	E4	E3	E2	E1	E0	E0H
PSW	D7	D6	D5	D4	D3	D2	D1	D0	D0H
	CY	AC	F0	RS1	RS0	OV	—	P	
IP	BF	BE	BD	BC	BB	BA	B9	B8	B8H
	—	—	—	PS	PT1	PX1	PT0	PX0	
P3	B7	B6	B5	B4	B3	B2	B1	B0	B0H
	P3.7	P3.6	P3.5	P3.4	P3.3	P3.2	P3.1	P3.0	
IE	AF	AE	AD	AC	AB	AA	A9	A8	A8H
	EA	—	V	ES	ET1	EX1	ET0	EX0	
P2	A7	A6	A5	A4	A3	A2	A1	A0	A0H
	P2.7	P2.6	P2.5	P2.4	P2.3	P2.2	P2.1	P2.0	
SCON	9F	9E	9D	9C	9B	9A	99	98	98H
	SM0	SM1	SM2	REN	TB8	RB8	TI	RI	
P1	97	96	95	94	93	92	91	90	90H
	P1.7	P1.6	P1.5	P1.4	P1.3	P1.2	P1.1	P1.0	
TCON	8F	8E	8D	8C	8B	8A	89	88	88H
	TF1	TR1	TF0	TR0	IE1	IT1	IE0	IT0	
P0	87	86	85	84	83	82	81	80	80H
	P0.7	P0.6	P0.5	P0.4	P0.3	P0.2	P0.1	P0.0	

下面介绍几个常用特殊功能寄存器的功能及用法。

（1）累加器 A（ACC 或 E0H）　累加器 A 是一个最常用的特殊功能寄存器，常用来进行算术、逻辑运算和存放运算结果。大部分单操作数指令的操作数取自累加器，很多双操作数指令中的一个操作数也取自累加器。加、减、乘、除算术运算指令的运算结果都存放在累加器 A 或累加器 A、寄存器 B 中。大部分的数据操作都会通过累加器 A 进行，它就像一个交通要道，在程序比较复杂的运算中，累加器成了制约软件效率的"瓶颈"，它的功能较多，地位也十分重要。以至于后来发展的单片机，有的集成了多累加器结构，或者使用寄存器阵列来代替累加器，即赋予更多寄存器以累加器的功能，目的是解决累加器的"交通堵塞"问题，提高单片机的效率。

（2）程序状态字 PSW（D0H）　程序状态字 PSW 是一个 8 位寄存器，用于存放程序的状态信息。每一位均可用软件置位或清零，有些位可以在硬件运行时自动设置。各位排列如图 1-40 所示。

位序	PSW.7	PSW.6	PSW.5	PSW.4	PSW.3	PSW.2	PSW.1	PSW.0
位标志	CY	AC	F0	RS1	RS0	OV	—	P

图 1-40　程序状态字 PSW

CY（PSW.7）：进位标志位。执行加/减运算时，表示运算结果是否有进/借位。1 表示有进/借位，0 表示无进/借位。进行布尔操作时，CY 作为位累加器使用。

AC（PSW.6）：辅助进位标志位。执行加/减运算时，低半字节向高半字节有进/借位，则 AC 置 1，否则清 0。

F0（PSW.5）：用户标志位。可以由用户定义的一个状态标志。

RS1、RS0（PSW.4、PSW.3）：工作寄存器组选择位。在选择工作寄存器组时，可通过软件对它们置 1 和清 0。

OV（PSW.2）：溢出标志位。在做带符号数加/减运算时，当 8 位运算结果超出 −128 ~ +127 范围时，产生溢出由硬件置 1，否则清零。即当执行加/减运算时，位 6（D6）向位 7（D7）有进/借位而位 7 向 CY 无进/借位时，或位 6 向位 7 无进/借位而位 7 向 CY 有进/借位时，溢出标志 OV 置 1，否则清 0。

P（PSW.0）：奇偶标志位。CPU 根据 A 中的内容对 P 自动置 1 或清 0。当累加器 A 中"1"的个数为奇数时，P 置 1；当 A 中"1"的个数为偶数时，P 清 0。

（3）寄存器 B（0F0H）　寄存器 B 是乘/除法运算指令中常用的寄存器，也可作为一般寄存器使用。乘法指令中的两个操作数分别取自累加器 A 和寄存器 B，其结果存放于累加器 A、寄存器 B 中。除法指令中，被除数取自累加器 A，除数取自寄存器 B，结果商存放于累加器 A，余数存放于寄存器 B 中。

（4）堆栈指针寄存器 SP（81H）　堆栈指针寄存器 SP 是一个 8 位的特殊功能寄存器，用来指示出堆栈顶部在片内 RAM 中的位置。系统复位后，SP 初始化为 07H，使得堆栈事实上由 08H 单元开始。考虑到 08H ~ 1FH 单元属于工作寄存器区，20H ~ 2FH 单元属于位寻址区，程序设计中常要用到这些单元，所以最好把 SP 值改为 30H 或更大的值，SP 的初始值越小，堆栈深度就可以越深，堆栈指针的值可以由软件改变，因此堆栈在片内 RAM 中的位置比较灵活，原则上设在任何一个区域均可，但一般设在 30H ~ 7FH 之间较为适宜。

堆栈的设立是为了中断操作和子程序的调用时用于保存地址和数据的，即常说的断点保护和现场保护，这些在下面的项目中会进一步阐述。

（5）数据指针寄存器 DPTR（83H、82H）　DPTR 是 16 位特殊功能寄存器，它由高位字节寄存器 DPH（83H）和低位字节寄存器 DPL（82H）两个 8 位寄存器组成，作为访问片外 RAM 或外部 I/O 口的地址指针，也可分成两个 8 位寄存器 DPH 和 DPL 来使用。DPTR 主要用于存放 16 位地址，当对 64KB 外部存储器寻址时，可作为间址寄存器用。

（6）寄存器 P0、P1、P2、P3（80H、90H、A0H、B0H）　特殊功能寄存器 P0、P1、P2、P3 与并行 I/O 口 P0、P1、P2、P3 同名，分别是 MCS - 51 系列单片机的四组并行 I/O 口锁存器，与普通寄存器的操作方法一样。单片机并没有专门的 I/O 口操作指令，而是把 I/O 口也当作一般的寄存器来使用，数据传送都统一使用 MOV 指令来进行，这样的好处在于四组 I/O 口还可以当作寄存器直接寻址方式参与其他操作。

（7）串行数据缓冲器 SBUF（99H）　串行数据缓冲器 SBUF 用于存放需发送或已接收的串行数据，它实际上由两个独立的寄存器组成，一个是发送缓冲器，另一个是接收缓冲器。串行数据的发送和接收的操作其实都是对串行数据缓冲器 SBUF 进行，当要发送的数据传送到 SBUF 时，进入的是发送缓冲器；当要从 SBUF 读数据时，则取自接收缓冲器，取走的是刚接收到的数据。

（8）定时器/计数器（8AH、8BH、8CH、8DH）　8051 单片机中有两个 16 位定时器/计数器 T0 和 T1，两个 16 位定时器/计数器是完全独立的。它们各由两个独立的 8 位寄存器组成，共有 4 个 8 位寄存器：TH0、TL0、TH1、TL1。可以单独对这 4 个寄存器进行寻址，但不能把 T0、T1 当作一个 16 位寄存器来寻址。

（二）CPU 的时序

1. 单片机的时钟电路

单片机本身如同一个复杂的同步时序电路，为了确保同步工作方式的实现，电路应在统一的时钟信号控制下按时序进行工作。MCS - 51 系列单片机具有片内振荡器和时钟电路，并以此作为单片机工作所需要的时钟信号。单片机时钟电路通常有两种形式，如图 1-41 所示。

（1）内部振荡方式　MCS - 51 系列单片机片内有一个用于构成振荡器的高增益反相放大器，引脚 XTAL1 和 XTAL2 分别是此放大器的输入端和输出端。把放大器与作为反馈元件的晶体振荡器或陶瓷谐振器连接，就构成了内部自激振荡器并产生振荡时钟脉冲，其发出的脉冲直接送入内部时钟电路，如图 1-41a 所示，两个引脚（XTAL1、XTAL2）用于外接石英晶体和微调电容构成振荡器，电容 C1、C2 对振荡频率有稳定作用，其容量的选择一般在 15pF 至 50pF 之间。这两个电容对频率有微调的作用，晶振的振荡频率的选择范围为 1.2 ~ 12MHz。为了减少寄生电容，更好地保证振荡器稳定、可靠地工作，振荡器和电容应尽可能安装得与单片机芯片靠近。

（2）外部振荡方式　单片机可以使用外部时钟。外部振荡方式就是把外部已有的时钟信号引入单片机内。此方式是利用外部振荡脉冲接入 XTAL1 或 XTAL2。HMOS 和 CHMOS 单片机外时钟信号接入方式不同，HMOS 型单片机（例如 8051）外时钟信号由 XTAL2 端脚接入后直接送至内部时钟电路，输入端 XTAL1 应接地。由于 XTAL2 端的逻辑电平不是 TTL 的，故建议外接一个上拉电阻。对于 CHMOS 型的单片机（例如 80C51），因内部时钟发生器的信号取自反相器的输入端，故采用外部时钟源时，接线方式为外时钟信号接到 XTAL1，而 XTAL2 悬空，如图 1-41b 所示。外接时钟信号通过一个二分频的触发器而成为内部时钟信号，要求高、低电平的持续时间都大于 20ns，一般为频率低于 12MHz 的方波。

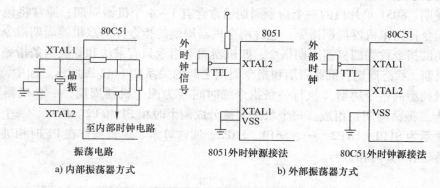

图 1-41　振荡器方式

2. 时序的基本概念

单片机工作时，是在统一的时钟脉冲控制下一拍一拍地进行的。由于指令的字节数不同，取这些指令所需要的时间也就不同，即使是字节数相同的指令，由于执行操作有较大的差别，不同的指令执行时间也不一定相同，即所需的节拍数不同。为了便于对 CPU 时序进行分析，一般按指令的执行过程规定了几种周期，即振荡周期、状态周期、机器周期和指令周期，也称为时序定时单位，描述 MCS－51 系列单片机时序的基本单位有节拍、状态、机器周期和指令周期。

（1）振荡周期　是为单片机提供时钟信号的振荡源的周期，也称为时钟周期，定义为单片机外接晶振频率的倒数，是单片机中最基本的、最小的时间单位。振荡脉冲由单片机内部的振荡电路产生，一个振荡周期称为一个节拍，用 P 表示。在一个时钟周期内，CPU 仅完成一个最基本的动作。由于时钟脉冲是计算机的基本工作脉冲，它控制着计算机的工作节奏，使单片机的每一步都统一到它的步调上来。显然，对同一种机型的单片机，时钟频率越高，单片机的工作速度就越快。

（2）状态周期　是振荡源信号经二分频后形成的时钟脉冲信号，可简称为状态，用 S 表示。这样看来一个状态就有两个节拍，前半周期相应的节拍定义为 P1，后半周期对应的节拍定义为 P2。

（3）机器周期　通常将完成一个基本操作所需的时间称为机器周期。它是单片机的基本操作周期。在单片机中，为了便于管理，常把一条指令的执行过程划分为若干个阶段，每一阶段完成一项工作。例如，取指令、存储器读、存储器写等，这每一项工作称为一个基本操作。一般情况下，一个机器周期由若干个 S 周期（状态周期）组成，8051 单片机的一个机器周期由 6 个状态周期组成，依次表示为 S1～S6。所以，8051 单片机的一个时钟周期定义为一个节拍，两个节拍定义为一个状态周期，六个状态周期定义为一个机器周期，即 1 个机器周期 = 6 个状态周期 = 12 个时钟周期。

（4）指令周期　是指 CPU 执行一条指令所需要的时间，一般由若干个机器周期组成。指令周期是时序中最大的时间单位。由于执行不同的指令所需要的时间长短不同，所需的机器周期数也不同。通常以指令消耗的机器周期的多少为依据来确定指令周期，对于一些简单的单字节指令，在取指令周期中，指令取出到指令寄存器后，立即译码执行，不再需要其他的机器周期。对于一些比较复杂的指令，例如转移指令、乘法指令，则需要两个或者两个以上的机器周期。8051 单片机的一个指令周期通常含有 1 ~ 4 个机器周期，通常将包含一个机器周期的指令称为单机器周期指令，包含两个机器周期的指令称为双机器周期指令，包含四个机器周期的指令称为四机器周期指令，四机器周期指令只有乘法和除法两条指令。

振荡周期、状态周期、机器周期和指令周期之间的关系如 1-42 图所示。图中，MCS－51 系列单片机典型的指令周期（执行一条指令的时间）为两个机器周期，一个机器周期由六个状态（十二振荡周期）组成。每个状态又被分成两个时相 P1 和 P2。所以，一个机器周期可以依次表示为 S1P1、S1P2、…、S6P1、S6P2。通常算术、逻辑操作在 P1 时相进行，而内部寄存器传送在 P2 时相进行。

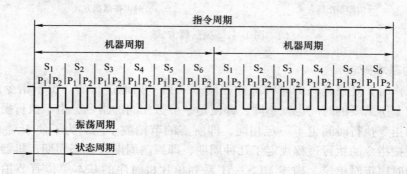

图 1-42　单片机的时序单位

若 MCS－51 系列单片机外接晶振为 12MHz 时，则单片机的四个周期的具体值为：

振荡周期 $= 1/12\text{MHz} = 1/12\mu s = 0.0833\mu s$

状态周期 $= 1/6\mu s = 0.167\mu s$

机器周期 $= 1\mu s$

指令周期 $= 1 \sim 4\mu s$

3. MCS－51 系列单片机指令时序

MCS－51 系列单片机指令系统中，按它们的长度可分为单字节指令、双字节指令和三字节指令。执行这些指令需要的时间是不同的，也就是它们所需的机器周期是不同的。所以就出现了单字节单机器周期指令、单字节双机器周期指令、双字节单机器周期指令、双字节双机器周期指令、三字节双机器周期指令、单字节四机器周期指令等多种指令形式。MCS－51 系列单片机的指令时序如图 1-43 所示。

图中给出的是单周期和双周期取指令及执行时序，ALE 脉冲是锁存地址的选通信号，每出现一次该信号单片机即进行一次读指令操作。从时序图中可看出，该信号是时钟频率 6 分频后得到的，在一个机器周期中，ALE 信号两次有效，第一次在 S1P2 和 S2P1 期间，第二次在 S4P2 和 S5P1 间。接下来分别对几个典型的指令时序加以说明。

（1）单字节单周期指令　这类指令只进行一次读指令操作，当第二个 ALE 信号有效时，PC 并不加 1，那么读出的还是原指令，属于一次无效的读操作。

（2）双字节单周期指令　这类指令两次的 ALE 信号都是有效的，只是第一个 ALE 信号

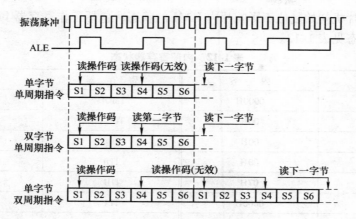

图 1-43　MCS－51 系列单片机的指令时序图

有效时读的是操作码，第二个 ALE 信号有效时读的是操作数。

（3）单字节双周期指令　这类指令两个机器周期需进行四次读指令操作，但只有一次读操作是有效的，后三次的读操作均为无效操作。

（三）单片机复位电路及复位状态

单片机复位是使 CPU 和系统中的其他功能部件都处在一个确定的初始状态，并从这个状态开始工作，例如复位后（PC）=0000H，使单片机从第一个单元取指令。无论是在单片机刚开始接上电源时，还是断电后或者发生故障后都要复位，所以我们必须弄清楚 MCS－51 系列单片机复位的条件、复位电路和复位后状态。

1. 复位电路

单片机复位电路包括片内、片外两部分。外部复位电路就是为内部复位电路提供两个机器周期以上的高电平而设计的。MCS－51 系列单片机通常采用上电自动复位和按键手动复位两种方式，如图 1-44 所示。

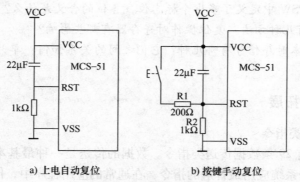

a) 上电自动复位　　　　b) 按键手动复位

图 1-44　复位电路

2. 单片机复位后的状态

单片机运行出错或进入死循环时，可按复位键重新运行。只要 RST 引脚保持两个机器周期以上的高电平，系统可靠复位，21 个特殊功能寄存器的状态为复位确定值。复位后，P0～P3 口输出高电平，初值 07H 写入栈指针 SP，清"0"其余的特殊功能寄存器和程序计数器 PC。当单片机复位引脚 RST 由高变低、返回低电平以后，单片机 CPU 从 0000H 地址开始执行程序。单片机初始复位不影响片内 RAM 的状态,包括工作寄存器 R0 ~ R7。复位后,各内部寄存器状态见表 1-12。

表 1-12 内部寄存器状态

寄 存 器	内 容	寄 存 器	内 容
PC	0000H	TMOD	00H
ACC	00H	TCON	00H
B	00H	TH0	00H
PSW	00H	TL0	00H
SP	07H	TH1	00H
DPTR	0000H	TL1	00H
P0 ~ P3	FFH	SCON	00H
IP	XXX00000	SBUF	不定
IE	0XX00000	PCON	0XXXXXXX

练习题:

1. MCS–51 系列单片机的存储器从物理上和逻辑上各可以划分为几个空间?

2. MCS–51 系列单片机如何确定和改变当前工作寄存器?8051 复位后工作寄存器位于哪一组?

3. 8051 单片机包含哪些主要逻辑功能部件?8051 是低电平复位还是高电平复位?

4. DPTR 是什么寄存器?它的作用是什么?它由哪几个寄存器组成?

5. 在 8051 单片机的存储器结构中,片内数据存储器可分为几个区域?

6. 位地址 7CH 和字节地址 7CH 有什么区别?位地址 7CH 位于内存中什么位置?

7. 堆栈指针 SP 的作用是什么?8051 单片机的堆栈容量不能超过多少字节?

8. 程序状态字 PSW 中定义了多少个标志位,各位的含义是什么?

9. 单片机复位有几种方法?复位操作对寄存器有哪些影响?

10. 单片机的基本时序信号有哪几种?它们之间的关系如何?单片机的一个指令周期包括多少个时钟周期?

二、软件知识拓展

(一) 数据传送类指令

8051 单片机共有 29 条数据传送类指令。数据的传送是一种最基本、最主要的操作,数据传送类指令是指令系统应用最普遍的指令,在通常的应用程序中,传送指令占有极大的比例。数据传送是否灵活、迅速,对整个程序的执行起着很大的作用。所谓"传送",是把源地址单元的内容传送到目的地址单元中去,而源地址单元内容不变;属于复制性质,而不是搬运性质。数据传送指令分为片内 RAM 数据传送指令、累加器和片外 RAM 传送指令、查表指令、堆栈操作指令等。片外 RAM 数据传送指令只能通过累加器 A 进行,没有两个片外 RAM 单元之间直接传送数据的指令。堆栈操作指令可以将某一直接寻址单元内容入栈,也可以把栈顶单元弹出到某一直接寻址单元,入栈和出栈要遵循"后入先出"的存储原则。

数据传送类指令中还包含了一种交换指令，其作用是将两个存储单元的内容互换。数据传送类指令用到的助记符有 MOV、MOVX、MOVC、XCH、XCHD、PUSH 和 POP。数据传送类指令见表 1-13。

表 1-13　数据转送类指令

指令	说　　明		字节数	周期数
MOV　A，Rn	寄存器内容送累加器	A←（Rn）	1	1
MOV　A，direct	直接寻址字节内容送累加器	A←（direct）	2	1
MOV　A，@Ri	间接寻址 RAM 内容送累加器	A←（（Ri））	1	1
MOV　A，#data	立即数送累加器	A←#data	2	1
MOV　Rn，A	累加器内容送寄存器	Rn←（A）	1	1
MOV　Rn，direct	直接寻址内容送寄存器	Rn←（direct）	2	2
MOV　Rn，#data	立即数送寄存器	Rn←#data	2	1
MOV　direct，A	累加器内容送直接寻址单元	direct←（A）	2	1
MOV　direct，Rn	寄存器内容送直接寻址单元	direct←（Rn）	2	2
MOV　direct1，direct2	直接寻址内容送直接寻址单元	direct1←（direct2）	3	2
MOV　direct，@Ri	间接寻址 RAM 内容送直接寻址单元	direct←（（Ri））	2	2
MOV　direct，#data	立即数送直接寻址单元	direct←#data	3	2
MOV　@Ri，A	累加器内容送间接寻址单元	（Ri）←（A）	1	1
MOV　@Ri，direct	直接寻址内容送间接寻址单元	（Ri）←（direct）	2	2
MOV　@Ri，#data	立即数送间接寻址单元	（Ri）←#data	2	1
MOV DPTR，#data16	16 位立即数送数据指针	DPRT←#data16	3	2
MOVC　A，@A+DPTR	变址寻址内容送累加器	A←（（A）+（DPTR））	1	2
MOVC　A，@A+PC	变址寻址内容送累加器	A←（（A）+（PC））	1	2
MOVX　A，@Ri	片外 RAM 内容送累加器（8 位地址）	A←（（Ri））	1	2
MOVX　A，@DPTR	片外 RAM 内容送累加器（16 位地址）	A←（（DPTR））	1	2
MOVX　@Ri，A	累加器内容送片外 RAM（8 位地址）	（Ri）←（A）	1	2
MOVX　@DPTR，A	累加器内容送片外 RAM（16 位地址）	（DPTR）←（A）	1	2
PUSH　direct	直接寻址内容压入栈顶	SP←（SP）+1，（SP）←（direct）	2	2
POP　direct	栈顶内容弹至直接寻址字节	direct←（（SP）），SP←（SP）−1	2	2
XCH　A，Rn	寄存器与累加器内容交换	（A）←→（Rn）	1	1
XCH　A，direct	直接寻址内容与累加器内容交换	（A）←→（direct）	2	1
XCH　A，@Ri	间接寻址内容与累加器内容交换	（A）←→（（Ri））	1	1
XCHD　A，@Ri	两个单元内容低 4 位交换	$(A)_{3\sim0}\longleftrightarrow((Ri))_{3\sim0}$	1	1
SWAP　A	累加器半字节交换	$(A)_{7\sim4}\longleftrightarrow(A)_{3\sim0}$	1	1

1. 片内 RAM 数据传送指令

片内 RAM 数据传送指令共有 15 条，用于单片机片内数据存储器和寄存器之间的数据传送。所采用的寻址方式有：立即数寻址、直接寻址、寄存器寻址、寄存器间接寻址。MOV 是传送（MOVE，移动）指令的操作助记符。常见的指令格式为：

MOV　目的操作数，源操作数

目的操作数可以是累加器 A、通用寄存器 R0 ~ R7、直接寻址单元、间接寻址单元。源操作数可以是累加器 A、通用寄存器 R0 ~ R7、直接寻址单元、间接寻址单元和立即数。二者相差只有一个立即数。这是因为，我们可以把一个数据送给一个存储单元保存，但是不能把一个数据送给另一个数据。

（1）以累加器 A 为目的操作数的指令

汇编指令格式	机器指令格式	操作
MOV　A，Rn	E8H ~ EFH	A←(Rn)
MOV　A，direct	E5H direct	A←(direct)
MOV　A，@Ri	E6H ~ E7H	A←((Ri))
MOV　A，#data	74H data	A←#data

上述指令是将源操作数所指定的工作寄存器 Rn（即 R0 ~ R7）内容、直接寻址或间接寻址（Ri 为 R0 或 R1）所得到的片内 RAM 单元或特殊功能寄存器中的内容、立即数传送到由目的操作数所指定的累加器 A 中。上述操作不影响源操作数和任何其他寄存器内容，只影响 PSW 的 P 标志位。

在机器指令格式中，E8 ~ EFH 对应 Rn 的不同情况，当 n = 0 时，机器指令为 E8H；当 n = 7 时，机器指令为 EFH。E6 ~ E7H 对应 Ri 的不同状态，当 i = 0 时，机器指令为 E6H；当 i = 1 时，机器指令为 E7H。后面所有涉及 Rn、@Ri 的指令的机器码格式都有相似的情况。

（2）以寄存器 Rn 为目的操作数的指令

汇编指令格式	机器指令格式	操作
MOV　Rn，A	F8H ~ FFH	Rn←(A)
MOV　Rn，direct	A8H ~ AFH direct	Rn←(direct)
MOV　Rn，#data	78H ~ 7FH data	Rn←#data

这组指令的功能是把源操作数所指定的内容传送给当前工作寄存器组 R0 ~ R7 中的某个寄存器。源操作数有寄存器寻址、直接寻址和立即数寻址三种寻址方式。

【例1-1】　(A) = 78H，(R5) = 47H，(70H) = 62H，分析执行相关指令后的结果。

执行下列各条指令的结果为：

```
MOV   R5，A      ; R5←(A)，       结果：(R5) = 78H
MOV   R5，70H    ; R5←(70H)，     结果：(R5) = 62H
MOV   R5，#A3H   ; R5←A3H，       结果：(R5) = A3H
```

注意，8051 指令系统中没有 "MOV　Rn，@Ri"、"MOV Rn，Rn" 和 "MOV @Ri，@Ri" 指令。

（3）以直接地址为目的操作数的指令

汇编指令格式	机器指令格式	操作
MOV direct, A	F5H direct	direct←(A)
MOV direct, Rn	88H～8FH direct	direct←(Rn)
MOV direct2, direct1	85H direct1 direct2	direct2←(direct1)
MOV direct, @Ri	86H～87H direct	direct←((Ri))
MOV direct, #data	75H direct data	direct←#data

这组指令的功能是把源操作数的内容送入由直接地址 direct 所指定的片内 RAM 单元中。源操作数有寄存器寻址、直接寻址、寄存器间接寻址和立即数寻址等方式。

（4）以间接地址为目的操作数的指令

汇编指令格式	机器指令格式	操作
MOV @Ri, A	F6H～F7H	(Ri)←(A)
MOV @Ri, direct	A6H～A7H direct	(Ri)←(direct)
MOV @Ri, #data	76H～77H data	(Ri)←#data

（Ri）表示以 Ri 中的内容为地址所指定的 RAM 单元。

如果设（30H）=6FH，（R1）=40H，执行"MOV @R1，30H"后，30H 单元中数据取出送入 R1 间接寻址的 40H 单元，即（40H）=6FH。

（5）以 DPTR 为目的操作数的指令

汇编指令格式	机器指令格式	操作
MOV DPTR, #data16	90H dataH dataL	DPTR←#data16

执行"MOV DPTR，#2000H"后结果为（DPTR）=2000H

这是唯一的 16 位立即数传送指令，其功能是把 16 位常数送入 DPTR。DPTR 由 DPH 和 DPL 组成。这条指令执行的结果是将高 8 位立即数 dataH 送入 DPH，低 8 位立即数 dataL 送入 DPL。在译成机器码时，也是高位字节在前，低位字节在后。例如执行"MOV DPTR，#1234H"（机器码是 90 12 34）后结果为（DPH）=12H，（DPL）=34H。

2. 片外 RAM 传送指令

在 8051 指令系统中，CPU 对片外 RAM 的访问只能用寄存器间接寻址的方式，且只能通过累加器 A 进行数据传送。片外 RAM 数据传送指令仅有 4 条。

汇编指令格式	机器指令格式	操作
MOVX @DPTR, A	F0H	(DPTR)←(A)
MOVX A, @DPTR	E0H	A←((DPTR))
MOVX @Ri, A	F2H～F3H	(Ri)←(A)
MOVX A, @Ri	E2H～E3H	A←((Ri))

前两条指令用 DPTR 作为片外数据存储器 16 位地址指针，寻址范围达 64KB，其功能是在以 DPTR 为地址指针的片外数据存储器与累加器 A 之间传送数据。后两条指令是用 R0 或 R1 作为片外数据存储器 8 位地址指针，寻址范围是 256B，其功能是在以 R0 或 R1 为地址指针的片外数据存储器与累加器 A 之间传送数据。8051 没有专门的输入/输出指令，在访问外

部的设备时，可以采用这种方式与外部设备之间传送数据。

3. 查表指令

在 8051 单片机指令系统中，有两条极为有用的查表指令，被用来查阅存放在程序存储器中的表格。

汇编指令格式	机器指令格式	操作
MOVC A，@A + DPTR	93H	PC←(PC) +1，A←((A) +(DPTR))
MOVC A，@A + PC	83H	PC←(PC) +1，A←((A) +(PC))

上述两条指令采用的是变址寻址，也就是基址寄存器加变址寄存器的间接寻址。在执行指令"MOVC A，@A + PC"时，CPU 读取该单字节指令后 PC 的内容先自动加 1，作为基址，累加器 A 中的内容作为变址，将新的 PC 内容（基址）与累加器 A 中的 8 位无符号数（变址）相加形成操作数地址，取出程序存储器中该地址单元中的内容传送累加器 A。这种查表操作很方便，但由于 PC 的内容不能人为干预，只能查找指令所在位置以后 256B 范围内的代码或常数，称为近程查表。指令"MOVC A，@A + DPTR"以 DPTR 为基址寄存器进行查表。使用前，可以先给 16 位寄存器 DPTR 赋予任意地址，所以查表范围可达整个程序存储器的 64KB 空间，称为远程查表。

【例 1-2】 在程序存储器中，有一数据表格为：

1010H：01H
1011H：04H
1012H：09H
1013H：10H
1014H：19H
1015H：24H
1016H：31H

分析执行下面程序后的结果为：

```
1000H：MOV   A，#0FH        ；查表的偏移量，A←0FH
1002H：MOVC  A，@A + PC     ；A←(0FH +1003H)，即 A←(1012H)
1003H：MOV   R0，A          ；R0←(A)
```

执行结果为 (A) =09H，(R0) =09H，(PC) =1004H。

在上题中，如果要查找表格第 5 项内容可以采用下面的命令：

```
MOV    DPTR，#1010H        ；送表格首地址
MOV    A，#04H             ；送查找项的序号
MOVC   A，@A + DPTR        ；查表
```

4. 交换指令

（1）字节交换指令

汇编指令格式	机器指令格式	操作
XCH A，Rn	C8H ~ CFH	(A)←→(Rn)
XCH A，direct	C5H	(A)←→(direct)
XCH A，@Ri	C6H ~ C7H	(A)←→((Ri))

将第二操作数所指定的工作寄存器 Rn（R0 ~ R7）中的内容、直接寻址或间接寻址的单

元中的内容与累加器 A 中的内容互换。

（2）半字节交换指令

汇编指令格式	机器指令格式	操作
XCHD　A，@Ri	D6H ~ D7H	$(A)_{3\sim0}\longleftrightarrow((Ri))_{3\sim0}$

这条指令为低半字节交换指令。该指令将累加器 A 的低 4 位与 R0 或 R1 所指出的片内 RAM 单元的低 4 位数据相互交换，各自的高 4 位不变，该操作只影响标志位 P。

（3）累加器半字节交换指令

汇编指令格式	机器指令格式	操作
SWAP　A	C4H	$(A)_{3\sim0}\longleftrightarrow(A)_{7\sim4}$

这条指令的功能是将累加器 A 的高低两半字节交换，不影响标志位。如果（A）= 69H，执行指令"SWAP A"的结果为（A）= 96H。

【例 1-3】　已知片内 60H 单元中有一个 0 ~ 9 的数，试编程把它变为相应的 ASCII 码。

解：因为 0 ~ 9 的 ASCII 码为 30H ~ 39H，故程序段编写如下：

```
MOV   R0，#60H
MOV   A，#30H
XCHD  A，@ R0
MOV   @ R0，A
```

5. 堆栈操作指令

在 8051 单片机内部 RAM 的 128B 单元中，可设定一个区域作为堆栈，一般开辟在用户区 30H ~ 7FH 单元中。堆栈的数据存储原则是"先入后出、后入先出"，堆栈的入栈和出栈由堆栈指针 SP 管理，堆栈指针 SP 指向栈顶单元。8051 单片机复位后，（SP）= 07H，一般应先将 SP 赋予 30H 或者更大的值。

（1）入栈指令

汇编指令格式	机器指令格式	操作
PUSH direct	C0H direct	SP←(SP) + 1，(SP)←(direct)

入栈操作进行时，堆栈指针 SP 先加 1，并指向栈顶的上一个空单元，然后再将直接寻址的单元内容压入当前 SP 所指示的堆栈单元中。本操作不影响标志位。

（2）出栈指令

汇编指令格式	机器指令格式	操作
POP direct	D0H direct	direct←((SP))，SP←(SP) - 1

出栈操作先将堆栈指针 SP 所指示的片内 RAM（栈顶）单元中内容送入由直接地址寻址的单元中，然后再将栈指针（SP）减 1 并送回 SP。本操作不影响标志位。

由上述入栈和出栈的操作过程可以看出，堆栈中数据的压入和弹出遵循"先入后出、后入先出"的规律。

【例 1-4】　使用不同的指令将累加器 A 的内容传送至片内 RAM 的 50H 单元。

解：可以通过下面的指令采用不同寻址方式实现。

（1）MOV 50H, A   ；目的操作数采用直接寻址，源操作数采用寄存器寻址
（2）MOV R0, #50H
    MOV @R0, A   ；目的操作数采用寄存器间接寻址，源操作数采用寄存器寻址
（3）MOV 50H, 0E0H   ；目的操作数和源操作数都采用直接寻址
（4）PUSH ACC   ；利用栈操作，直接寻址
    POP 50H

8051 单片机一共有 7 种寻址方式，尤其是在访问内部 RAM 时，可以有多种寻址方式供选择，在实际应用中要注意根据实际情况选择合适的寻址方式来进行数据传送。

【例1-5】 已知（A）=2BH，（R0）=30H，片内 RAM（30H）=50H，（40H）=60H，试分析分别执行下列指令后累加器 A 的内容，并写出源操作数的寻址方式。
MOV A, R0
MOV A, @R0
MOV A, 40H
MOV A, #80H

解：这 4 条指令代表了数据传送指令中常用的 4 种寻址方式，在使用时要注意不同寻址方式的区别，搞清楚谁是最终的操作数。尤其要特别注意第一条指令与第二条指令，第三条指令与第四条指令的区别。

指令	结果	寻址方式
MOV A, R0	（A）=30H	寄存器寻址
MOV A, @R0	（A）=50H	寄存器间接寻址
MOV A, 40H	（A）=60H	直接寻址
MOV A, #80H	（A）=80H	立即数寻址

【例1-6】 将片外 RAM 5000H 单元的内容传送至片外 RAM 7000H 单元。

解：8051 单片机指令系统中没有片外 RAM 两个单元直接传送数据的指令，只有片外 RAM 和累加器之间的传送指令，要想实现题目中要求的功能，必须通过累加器 A 进行。具体程序段如下：
MOV DPTR, #5000H   ；源操作数地址传送至 DPTR
MOVX A, @DPTR   ；源操作数内容送累加器
MOV DPTR, #7000H   ；目的操作数地址传送至 DPTR
MOVX @DPTR, A   ；累加器内容传送至目的单元

【例1-7】 （A）=3BH，（B）=50H，分析执行下面指令以后的结果。
PUSH ACC
PUSH B
POP ACC
POP B

解：根据堆栈的"先入后出、后入先出"操作原则进行分析，执行上面指令以后结果为：（A）=50H，（B）=3BH。

程序执行结果和初始状态比较，两个寄存器内容进行了互换，正是由"先入后出、后入先出"的存储原则造成的。在子程序调用时，堆栈经常用来保护现场，利用 PUSH 保护现

场，利用 POP 恢复现场。恢复现场时，一定要注意 POP 指令的顺序要和 PUSH 指令对称，后压入的数据先弹出，先压入的数据后弹出，使现场正确恢复到原来状态。

练习题：

1. 什么是指令系统？8051 单片机的指令按照功能分为几种？分别有多少条指令？

2. 什么是寻址方式？8051 单片机有哪几种寻址方式？

3. 简述 8051 单片机汇编语言指令格式。

4. 指出下列指令中源操作数的寻址方式。

MOV　A，#55H

MOV　A，2AH

MOV　C，20H

MOV　@R0，A

MOV　A，R0

MOVX　A，@DPTR

MOV　DPTR，#0123H

MOVC　A，@A+PC

5. 写出完成下列操作的指令。

（1）R0 的内容送到 R1 中。

（2）片内 RAM 的 20H 单元内容送到片内 RAM 的 40H 单元中。

（3）片内 RAM 的 30H 单元内容送到片外 RAM 的 50H 单元中。

（4）片内 RAM 的 50H 单元内容送到片外 RAM 的 3000H 单元中。

（5）片外 RAM 的 2000H 单元内容送到片外 RAM 的 20H 单元中。

（6）片外 RAM 的 1000H 单元内容送到片外 RAM 的 4000H 单元中。

（7）ROM 的 1020H 单元内容送到片内 RAM 的 50H 单元中。

（8）ROM 的 1230H 单元内容送到片外 RAM 的 1230H 单元中。

6. 已知（A）=7BH，（R0）=34H，（34H）=F5H，请写出分别执行下面各条指令后累加器 A 的内容。

（1）MOV　A，R0

（2）MOV　A，@R0

（3）MOV　A，34H

（4）MOV　A，#34H

7. 设（R0）=3AH，（A）=49H，片内 RAM 中（3AH）=60H，（40H）=9AH。请指出在执行下列程序段后上述各单元内容的变化。

MOV　A，@R0

MOV　@R0，40H

MOV　40H，A

MOV　R0，#40H

8. 设片内 RAM 的（30H）=40H，（40H）=10H，（10H）=50H，（P1）=0C9H，分析下列指令执行后片内 RAM 的 30H、40H、10H 单元以及 A、P1、P3 中的内容。

```
MOV   R0，#30H
MOV   A，@R0
MOV   R1，A
MOV   A，@R1
MOV   @R0，P1
MOV   P3，P1
MOV   10H，A
MOV   30H，10H
```

9. 说明下段程序执行过程中，SP 的内容及堆栈中内容的改变过程。

```
MOV SP，#5FH
MOV 50H，#5BH
MOV 40H，#6DH
PUSH 50H
PUSH 40H
POP 50H
POP 40H
```

（二）控制转移类指令

计算机运行过程中，有时因为实际需要，程序不能按顺序逐条执行指令，需要改变程序运行方向，将程序跳转到某个指定的地址再执行下去，从而实现分支、循环等复杂的程序结构，控制转移类指令就是用来控制程序流程的，使程序变得巧妙、实用、高效。

前面已介绍过 8051 单片机对程序的控制是通过程序计数器 PC 来实现的。在 8051 单片机指令系统中，某些指令具有修改程序计数器 PC 内容的功能，因为 PC 的内容是 CPU 将要执行的下一条指令的地址，所以单片机执行这类指令就能控制 CPU 转移到新的程序存储器地址去执行，这类指令为控制转移类指令。

8051 单片机共有 17 条控制转移类指令，包括无条件转移指令、条件转移指令、调用指令及返回指令等。所有这些指令的作用空间都是 64KB 程序存储器，这些指令的特点就是能够修改 PC 值，形成新的程序转移目的地址。在使用转移指令和调用指令时要注意转移范围和调用范围。绝对转移和绝对调用的范围是该指令下一个存储单元所在的 2KB 空间。长转移和长调用的范围是 64KB 空间。采用相对寻址的转移指令转移范围是 256B。控制转移类指令用到的助记符有 LJMP、AJMP、SJMP、JMP、JZ、JNZ、CJNE、DJNZ、LCALL、ACALL、RET、RETI 和 NOP。控制转移类指令见表 1-14。

表 1-14　控制程序转移指令

指令	说　　明		字节数	周期数
LJMP addr16	长转移	PC←addr16	3	2
AJMP addr11	绝对转移	$PC_{10\sim0}$←addr11	2	2
SJMP rel	短转移（相对偏移）	PC←（PC）+rel	2	2
JMP@ A + DPTR	相对 DPTR 的间接转移	PC←（A）+（DPTR）	1	2
JZ rel	累加器为零则转移 PC←（PC）+2，若（A）=0 则 PC←（PC）+rel		2	2

（续）

指令	说　　明	字节数	周期数
JNZ rel	累加器为非零则转移 $PC\leftarrow(PC)+2$，若 $(A)\neq0$ 则 $PC\leftarrow(PC)+rel$	2	2
CJNE A，direct，rel	直接寻址内容和 A 中内容不相等则转移 $PC\leftarrow(PC)+3$，若 $(A)\neq(direct)$ 则 $PC\leftarrow(PC)+rel$	3	2
CJNE A，#data，rel	立即数和 A 中内容不相等则转移 $PC\leftarrow(PC)+3$，若 $(A)\neq data$ 则 $PC\leftarrow(PC)+rel$	3	2
CJNE Rn，#data，rel	立即数和寄存器中内容不相等则转移 $PC\leftarrow(PC)+3$，若 $(Rn)\neq data$ 则 $PC\leftarrow(PC)+rel$	3	2
CJNE @Ri，#data，rel	立即数和间接寻址内容不相等则转移 $PC\leftarrow(PC)+3$，若 $((Ri))\neq data$ 则 $PC\leftarrow(PC)+rel$	3	2
DJNZ Rn，rel	寄存器内容减1不为零则转移 $PC\leftarrow(PC)+2$，$Rn\leftarrow(Rn)-1$， 若 $(Rn)\neq0$，则 $PC\leftarrow(PC)+rel$	2	2
DJNZ direct，rel	直接寻址内容减1不为零则转移 $PC\leftarrow(PC)+3$ $direct\leftarrow(direct)-1$ 若 $(direct)\neq0$，则 $PC\leftarrow(PC)+rel$	3	2
ACALL addr11	绝对调用子程序 $PC\leftarrow(PC)+2$，$SP\leftarrow(SP)+1$，$SP\leftarrow(PC)_L$ $SP\leftarrow(SP)+1$，$(SP)\leftarrow(PC)_H$，$PC_{10\sim0}\leftarrow addr11$	2	2
LCALL addr16	长调用子程序 $PC\leftarrow(PC)+3$，$SP\leftarrow(SP)+1$，$(SP)\leftarrow(PC)_L$ $SP\leftarrow(SP)+1$，$(SP)\leftarrow(PC)_H$，$PC_{15\sim0}\leftarrow addr16$	3	2
RET	从子程序返回　　　　　　$PC_H\leftarrow((SP))$，$SP\leftarrow(SP)-1$ $PC_L\leftarrow((SP))$，$SP\leftarrow(SP)-1$	1	2
RETI	从中断返回　　　　　　　$PC_H\leftarrow((SP))$，$SP\leftarrow(SP)-1$ $PC_L\leftarrow((SP))$，$SP\leftarrow(SP)-1$	1	2
NOP	空操作	1	1

1. 无条件转移指令

无条件转移指令是指当程序执行到该指令时，程序无条件转移到指令所提供的地址处执行。无条件转移指令有绝对转移、长转移、相对转移（短转移）和间接转移（散转指令）等。

（1）绝对转移指令

汇编指令格式	机器指令格式	操作
AJMP addr11	a10a9a800001 a7～a0	$PC\leftarrow(PC)+2$，$PC_{10\sim0}\leftarrow addr11$

本条指令提供 11 位地址，可在该指令后面储存单元所在的 2KB 区域内无条件转移。具

体操作过程是：首先将 PC 进行修正（PC）+2，从而指向该指令后面一个存储单元，然后用指令中的 11 位地址替换 PC 的低 11 位，PC 的高 5 位保持不变。由于该指令只修改 PC 的 11 位内容，所以通过该指令形成的转移目的地址只在 2KB 内变化，也就是该指令转移的目的地址在指令后面一个存储单元所在的 2KB 区间内。由于本指令机器码格式中操作码部分有一部分是 11 位转移地址中的 a10a9a8 位，所以 AJMP 指令根据转移目的地址的不同，有 8 种操作码，所以 2KB 区域又分为 8 页，每页 256B。

（2）长转移指令

汇编指令格式	机器指令格式	操作
LJMP addr16	02H addr16	PC←addr16

本条指令提供 16 位目的地址，执行时，将指令的第二、第三字节即指令中的 16 位地址，分别转入 PC 的高 8 位中和低 8 位中，即用 addr16 替换 PC 的原有值，程序无条件转向指定的目的地址去执行。由于直接提供 16 位目的地址，所以程序可转向 64KB 程序存储器地址空间的任何单元。

（3）相对转移（短转移）指令

汇编指令格式	机器指令格式	操作
SJMP rel	80H rel	PC←（PC）+2，PC←（PC）+rel

本条指令的操作数是相对地址，rel 是一个带符号的偏移量（补码），其范围为 −128 ~ +127。负数表示负向转移，正数表示正向转移。该指令为双字节指令，执行时先将 PC 内容加 2，再加相对地址 rel，就得到了转移目的地址，转移范围共 256B。假设在（PC）= 0100H 地址单元有条指令"SJMP rel"，若 rel =55H（正数），则正向转移到 0102H + 0055H = 0157H 地址处；若 rel = F6H（负数），则反向转移到 0102H + FFF6H = 00F8H 地址处。

在用汇编语言编写程序时，转移目的地址包括 addr16、addr11、rel，都可以用转移目的地址的标号来替代，汇编程序在汇编过程中会自动计算偏移地址或者指令机器码，并且填入指令代码中。

在手工汇编时，可根据指令所在地址和转移目的地址计算偏移量 rel。计算方法是转移目的地址减转移指令所在源地址，再减转移指令字节数 2，即可得到偏移字节数 rel。假设在程序存储器 0100H 单元有一条指令"SJMP NEXT"，如果标号 NEXT 的地址值为 0123H，则相对地址偏移量 rel =0123H − （0100H +2）=21H。

如果指令中偏移量 rel =FEH，因为 FEH 是 −2 的补码，所以转移目的地址 = PC +2 −2 = PC，结果转向自己，导致无限循环。这条指令称为原地踏步指令，即程序执行到这条指令时，不再向下执行，而在该指令处原地踏步。这种原地踏步指令经常用于程序调试过程中使程序终止在原地踏步指令处，进行程序的分段调试。该指令有以下两种形式：HERE: SJMP HERE 或 SJMP $。

（4）间接转移指令（散转指令）

汇编指令格式	机器指令格式	操作
JMP @ A + DPTR	73H	PC←（A）+（DPTR）

该指令采用的是变址寻址方式，转移目的地址由数据指针 DPTR 的内容 16 位基地址和

累加器 A 的内容 8 位变址进行无符号数相加形成，并直接送入 PC。指令执行过程对 DPTR、A 和标志位均无影响。这条指令可以根据累加器 A 中值的不同实现多个方向的转移，可代替众多的判断跳转指令，具有散转功能，故又称散转指令。

2. 条件转移指令

8051 单片机同样有丰富的条件转移指令。根据给出的条件进行判断，若条件满足，则程序转向由偏移量确定的目的地址处去执行。如果条件不满足，程序将不会转移，而是按原顺序执行。

（1）累加器判零转移指令

汇编指令格式	机器指令格式	操作
JZ rel	60H rel	PC←（PC）+2 若（A）=0，则程序转移 PC←（PC）+ rel 若（A）≠0，则程序往下顺序执行
JNZ rel	70H rel	PC←（PC）+2 若（A）≠0，则程序转移 PC←（PC）+ rel 若（A）=0，则程序往下顺序执行

JZ 和 JNZ 指令分别对累加器 A 的内容为零和不为零进行检测并转移，当不满足各自的条件时，程序继续往下执行。当各自的条件满足时，程序转向指定的目的地址。其目的地址是以下一条指令第一个字节的地址为基础，加上本指令的第二个字节中的相对偏移量。相对偏移量为一个带符号的 8 位数，数值范围为 −128 ~ +127。本指令不改变累加器 A 的内容，也不影响任何标志位。

（2）比较转移指令　指令系统中有一类两个数比较的指令，它的格式为：

CJNE　目的操作数，源操作数，rel

它的功能是对指定的目的字节和源字节进行比较，若它们的值不相等则转移，转移的目的地址为当前的 PC 值加 3 后再加上指令的第三字节偏移量 rel，若目的字节内的数据大于源字节内的数据，则将进位标志位 CY 清 0，若目的字节内的数据小于源字节内的数据，则将进位标志位 CY 置 1；若二者相等则往下执行。这类指令共有 4 条：

汇编指令格式	机器指令格式	操作
CJNE　A，direct，rel	B5H direct rel	累加器内容和直接寻址内容比较
CJNE　A，#data，rel	B4H data rel	累加器内容和立即数比较
CJNE　Rn，#data，rel	B8H ~ BFH data rel	寄存器内容和立即数比较
CJNE　@Ri，#data，rel	B6H ~ B7H data rel	间接寻址单元内容和立即数比较

这 4 条指令都是三字节指令，指令执行过程是这样的，首先 PC 加 3 后回送给 PC，使 PC 指向下条指令的第一个字节的地址，然后对源字节数据和目的字节数据进行比较：若目的操作数 = 源操作数，程序顺序执行，（CY）=0；若目的操作数 > 源操作数，程序转移，PC←（PC）+ rel，并且（CY）=0；若目的操作数 < 源操作数，程序转移，PC←（PC）+ rel，并且（CY）=1。本指令执行后不影响任何操作数原值。

（3）减 1 非 0 转移指令（循环转移指令）

汇编指令格式	机器指令格式	操作
DJNZ　Rn，rel	D8H～DFH　rel	PC←(PC)+2，Rn←(Rn)-1 若(Rn)≠0，则程序转移 PC←(PC)+rel 若(Rn)=0，则程序往下顺序执行
DJNZ　direct，rel	D5H direct rel	PC←(PC)+3，direct←(direct)-1 若(direct)≠0，则程序转移 PC←(PC)+rel 若(direct)=0，则程序往下顺序执行

在一般的应用中，经常把 rel 设为负值，使得程序负向跳转，程序每执行一次本指令，将第一操作数的字节内容减 1，并判断字节内容是否为 0。若不为 0，则转移到目的地址，继续执行刚才的循环程序段；若为 0，则不往回跳转，终止循环程序段的执行，程序向下顺序执行。通过改变指令中 Rn 或者 direct 单元的内容，就可以控制程序负向跳转的次数，也就控制了程序循环的次数，所以该指令又称为循环转移指令。

3. 调用、返回、空指令

在程序设计中，有时因操作需要而反复执行某段程序。这时，应使这段程序能被公用，以减少程序编写和调试的工作量，于是引入了主程序和子程序的概念。通常把具有一定功能的公用程序段作为子程序，子程序的最后一条指令为子程序返回指令 RET。

8051 单片机指令系统中有两条调用指令，分别是绝对调用和长调用指令。前者为双字节指令，用于目的地址在当前指令 2KB 范围内的子程序调用；后者为三字节指令，可调用 64KB 程序存储器空间内的任一目的地址的子程序。

（1）绝对调用指令　绝对调用指令提供 11 位子程序目的地址，调用地址的形成方法和绝对转移指令类似，被调用子程序限定在 2KB 地址空间内。

汇编指令格式	机器指令格式	操作
ACALL addr11	a10a9a810001　a7～a0	PC←(PC)+2 SP←(SP)+1，(SP)←(PC)_{0~7} SP←(SP)+1，(SP)←(PC)_{8~15} PC_{0~10}←addr11，PC_{11~15}不变

本指令为双字节、双周期指令。执行本指令，程序计数器内容先加 2，指向下一条指令的地址，然后将 PC 值（断点）压入堆栈保存（先压入低位字节，后压入高位字节），栈指针 SP 加 2，接着将 11 位目的地址送程序计数器的低 11 位，高 5 位不变，即由指令的第一字节的高 3 位（a10 a9 a8）、第二字节（a7～a0）共 11 位和当前 PC 值的高 5 位组成 16 位子程序入口地址。由于该指令只能部分更改 PC 值，而 2^{11}B=2KB，所以调用的子程序首地址必须在 ACALL 指令后面一个存储单元所在的 2KB 范围内的程序存储器中。

（2）长调用指令

汇编指令格式	机器指令格式	操作
LCALL addr16	12H addr16	PC←(PC)+3 SP←(SP)+1，(SP)←(PC)_{7~0} SP←(SP)+1，(SP)←(PC)_{15~8} PC←addr16

LCALL 指令提供 16 位调用目的地址，以调用 64KB 范围内所指定的子程序。执行本指令时，首先将 PC 加 3 送 PC，以获得下一条指令的地址，然后把 PC 值（断点）压入堆栈保存，栈指针 SP 加 2 指向栈顶，接着将 16 位目的地址 addr16 送入程序计数器 PC，从而使程序转向目的地址 addr16 去执行被调用的子程序，而 $2^{16}B = 64KB$，所以子程序的首地址可设置在 64KB 程序存储器地址空间的任意位置。

（3）返回指令

汇编指令格式	机器指令格式	操作
RET	22H	$PC_{15\sim8}\leftarrow((SP))$，弹出断点高 8 位 $SP\leftarrow(SP)-1$ $PC_{7\sim0}\leftarrow((SP))$，弹出断点低 8 位 $SP\leftarrow(SP)-1$

RET 指令的作用是从子程序返回。当程序执行到本指令时，表示结束子程序的执行，返回调用指令（ACALL 或 LCALL）的下一条指令处（断点）继续往下执行。因此，它的主要操作是将栈顶的断点地址送 PC，然后，子程序返回主程序继续执行。

RETI 指令是中断返回指令，机器指令为 32H，除具有 RET 指令的功能外，还具有开放中断、恢复中断逻辑等功能。在编程时不能将两种返回指令混用，中断返回指令一定要安排在中断服务程序的最后。

（4）空操作指令

汇编指令格式	机器指令格式	操作
NOP	00H	$PC\leftarrow(PC)+1$

这是一条单字节指令，除 PC 加 1 指下一条指令以外，它不执行其他任何操作，不影响其他寄存器和标志位。NOP 指令常用来产生一个机器周期的延迟，用来编写软件延时程序。

【例 1-8】　在累加器 A 中保存有命令键键值，编写程序使程序根据键值不同而转向不同的子程序入口。

解：本题可以采用散转指令，程序如下：

```
KEY: CLR   C                        ;清进位
     RLC   A                        ;键值乘2
     MOV   DPTR，#KEYT              ;DPTR 指向命令键跳转表首址
     JMP   @A+DPTR                  ;散转到命令键入口
KEYT:AJMP  KEYPR0                   ;转向 0 号键处理程序
     AJMP  KEYPR1                   ;转向 1 号键处理程序
     AJMP  KEYPR2                   ;转向 2 号键处理程序
      ：
```

从程序中看出，当（A）＝00H 时，散转到 KEYPR0；当（A）＝01H，散转到 KEYPR1；……。由于 AJMP 是双字节指令，转移表中相邻的 AJMP 指令地址相差两个字节，所以散转前应先将 A 中键值乘以 2。

【例1-9】 编程判断内部 RAM 70H 单元中的数据是奇数还是偶数，如果是偶数程序转向 PROG0 处，如果是奇数程序转向 PROG1 处（0 按照偶数对待）。

解： 程序如下：

```
MOV    A, 70H            ; 数据送累加器
ANL    A, #01H           ; 高 7 位清 0, 保留最低位
JZ     PROG0             ; 如果全为 0 说明是偶数, 转向 PROG0
SJMP   PROG1             ; 否则数据为奇数, 转向 PROG1
```

【例1-10】 利用 DJNZ 指令和 NOP 指令编写一个循环程序，实现延时 1ms，晶振频率为 12MHz。

解： 程序如下：

```
DELAY: MOV R3, #0AH      ; 1μs
LOOP:  MOV R4, #30H      ; 1μs
       DJNZ R4, $        ; 2μs
       DJNZ R3, LOOP     ; 2μs
       NOP               ; 1μs
       NOP               ; 1μs
       NOP               ; 1μs
       NOP               ; 1μs
       RET               ; 2μs
```

总的延时时间为：$1\mu s + (1 + 2 \times 48 + 2) \ \mu s \times 10 + 7\mu s = 998\mu s$，若再加上调用本子程序的调用指令所用的时间 2μs 共 1000μs，即 1ms。

练习题：

1. 编写一段程序，当累加器 A 的内容（无符号数）小于 10 时，程序转 NEXT 处，否则顺序执行。

2. 编写一段程序，将内部 RAM 30H ~ 3FH 单元中的内容全部清 0，要求使用循环转移指令 DJNZ。

【工程训练】

练一练

单片机的 P0.0 ~ P0.3 端口连接四个开关 S1 ~ S4，P3.0 ~ P3.3 端口连接四个发光二极管 VL1 ~ VL4，请大家自行设计，实现将开关的拨动状态反映到发光二极管上（开关闭合，对应的灯亮，开关断开，对应的灯灭）。仿真效果图如图 1-45 所示，当 S1 和 S3 开关闭合时，对应的 VL1 和 VL3 发光二极管点亮。

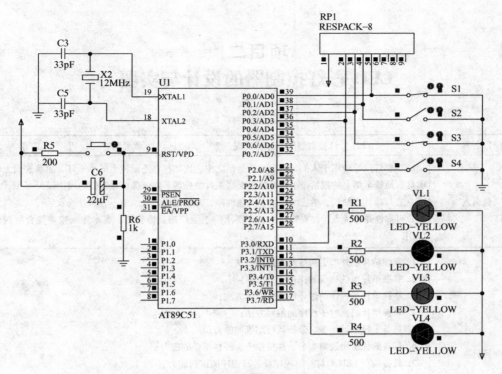

图 1-45　多路开关状态指示仿真电路

项目二
LED 彩灯控制器的设计与实现

项目名称	LED 彩灯控制器的设计与实现	参考学时	12 学时
项目引入	LED 彩灯广泛应用于人们日常的生产生活之中。比如挂在圣诞树上的小彩灯、建筑表面上的轮廓灯、地铁车辆上的报站指示灯及各种交通工具的外观装饰灯等，在我们的周围随处可见，并且 LED 彩灯以其寿命长、响应时间快、光色纯净、光线集中、光线中不含紫外线及运行成本低、环保、可靠性高等优点，在有特殊性生产要求的工业厂房、博物馆、美术陈列馆等场合得到广泛应用。		
项目目标	1. 掌握单片机外部引脚线路的连接方法； 2. 掌握单片机伪指令的作用； 3. 掌握单片机程序的编译环境及调试方法； 4. 掌握单片机延时子程序的编写方法； 5. 具备上机调试指令、分析运行结果的能力； 6. 具备熟练运用逻辑指令、移位指令、转移指令的能力； 7. 具备编写 LED 彩灯控制程序及进行程序调试的能力； 8. 具备根据项目要求，设计硬件控制电路图的能力； 9. 具备获取新信息和查找相关资料的能力； 10. 具备项目实施及解决问题的能力； 11. 具备良好的沟通能力和团队协作能力； 12. 具备良好的工艺意识、标准意识、质量意识和成本意识。		
项目要求	设计一个 LED 彩灯单片机控制系统，系统包括主控器、驱动器与 8 个发光二极管，通过程序设计主控器可以实现多种亮灯方式，如 8 只彩灯间隔 1s 反复闪烁，8 只彩灯间隔 1s 顺次循环点亮，8 只彩灯间隔 1s 逆序循环点亮等方式。项目具体要求如下： 1. 制订项目工作计划； 2. 完成硬件电路图的绘制； 3. 完成软件流程图的绘制； 4. 完成源程序的编写与编译工作； 5. 完成系统的搭建、运行与调试工作。		
项目实施	构思（C）：项目构思与任务分解，建议参考学时为 3 学时； 设计（D）：硬件设计与软件设计，建议参考学时为 3 学时； 实现（I）：仿真调试与系统制作，建议参考学时为 4 学时； 运行（O）：系统运行与项目评价，建议参考学时为 2 学时。		

【项目构思】

在单片机应用系统中，利用单片机对发光二极管实现控制的情况十分普遍，这也是单片机最基本的应用之一。项目一中已经实现了单片机对单个发光二极管的控制，但是如果要实

58

现单片机对多个 LED 的"流动"或"碰撞"控制，最有效的途径是使用逻辑操作指令与移位指令来进行变换设置。

一、项目分析

在上一个项目中大家点亮了一只 LED，并使其不停闪烁，这是不是让大家联想到了繁华的街区上流动的霓虹，交通工具上的指示彩灯，如图 2-1 所示。我们是不是也可以让几只 LED 彩灯按设定的规则点亮呢？答案是肯定的！

图 2-1　LED 彩灯

本项目中的硬件部分可以延续上一项目的电路设计，用单片机组成一个最小应用系统，利用单片机并行口控制 8 个发光二极管，按照规律点亮它们，软件部分可以采用各种逻辑、移位指令来实现对 8 个 LED 的控制，发光二极管点亮后要延时一段时间，可以产生左移、右移、高低半字节互换及碰撞等效果。

 让我们首先了解一下逻辑运算与移位类指令吧！

二、逻辑运算与移位类指令

 逻辑运算与移位类指令有哪些呢？

8051 单片机共有 24 条逻辑运算与移位类指令。逻辑运算与移位类指令可以实现包括清 0、置 1、取反、逻辑与、逻辑或、逻辑异或等逻辑运算和累加器左右循环移位操作。逻辑运算是将对应的存储单元按位进行逻辑操作，将结果保存在累加器 A 中或者某一个直接寻址存储单元中。如果保存结果的直接寻址单元是并行口 P0～P3，则为"读－改－写"指令，即：将 P0～P3 锁存器的内容读入 CPU 进行逻辑运算，然后再写回到 P0～P3 锁存器。逻辑运算与移位类指令用到的助记符有 ANL、ORL、XRL、CLR、CPL、RL、RR、RLC 和 RRC。逻辑运算与移位类指令见表 2-1。

表 2-1　逻辑运算与移位类指令

指令	说明		字节数	周期数
ANL A, Rn	寄存器内容"与"到累加器	$A \leftarrow (A) \wedge (Rn)$	1	1
ANL A, direct	直接寻址内容"与"到累加器	$A \leftarrow (A) \wedge (direct)$	2	1
ANL A, @Ri	间接寻址内容"与"到累加器	$A \leftarrow (A) \wedge ((Ri))$	1	1
ANL A, #data	立即数"与"到累加器	$A \leftarrow (A) \wedge data$	2	1
ANL direct, A	累加器内容"与"到直接寻址	$direct \leftarrow (direct) \wedge (A)$	2	1
ANL direct, #data	立即数"与"到直接寻址	$direct \leftarrow (direct) \wedge data$	3	2
ORL A, Rn	寄存器内容"或"到累加器	$A \leftarrow (A) \vee (Rn)$	1	1
ORL A, direct	直接寻址内容"或"到累加器	$A \leftarrow (A) \vee (direct)$	2	1
ORL A, @Ri	间接寻址内容"或"到累加器	$A \leftarrow (A) \vee ((Ri))$	1	1
ORL A, #data	立即数"或"到累加器	$A \leftarrow (A) \vee data$	2	1
ORL direct, A	累加器内容"或"到直接寻址	$direct \leftarrow (direct) \vee (A)$	2	1
ORL direct, #data	立即数"或"到直接寻址	$direct \leftarrow (direct) \vee data$	3	2
XRL A, Rn	寄存器内容"异或"到累加器	$A \leftarrow (A) \oplus (Rn)$	1	1
XRL A, direct	直接寻址内容"异或"到累加器	$A \leftarrow (A) \oplus (direct)$	2	1
XRL A, @Ri	间接寻址内容"异或"到累加器	$A \leftarrow (A) \oplus ((Ri))$	1	1
XRL A, #data	立即数"异或"到累加器	$A \leftarrow (A) \oplus data$	2	1
XRL direct, A	累加器内容"异或"到直接寻址	$direct \leftarrow (direct) \oplus (A)$	2	1
XRL direct, #data	立即数"异或"到直接寻址	$direct \leftarrow (direct) \oplus data$	3	2
CLR A	累加器内容清零	$A \leftarrow 0$	1	1
CPL A	累加器内容求反	$A \leftarrow (\overline{A})$	1	1
RL A	累加器内容循环左移	A 循环左移一位	1	1
RLC A	带进位位的累加器内容循环左移	A、CY 循环左移一位	1	1
RR A	累加器内容循环右移	A 循环右移一位	1	1
RRC A	带进位位的累加器内容循环右移	A、CY 循环右移一位	1	1

1. 逻辑与指令

汇编指令格式	机器指令格式	操作
ANL A, Rn	58H～5FH	$A \leftarrow (A) \wedge (Rn)$
ANL A, direct	55H direct	$A \leftarrow (A) \wedge (direct)$
ANL A, @Ri	56H～57H	$A \leftarrow (A) \wedge ((Ri))$
ANL A, #data	54H data	$A \leftarrow (A) \wedge data$
ANL direct, A	52H direct	$direct \leftarrow (direct) \wedge (A)$
ANL direct, #data	53H direct data	$direct \leftarrow (direct) \wedge \quad data$

　　这组指令中前四条指令是将累加器 A 的内容和源操作数所指的内容按位进行逻辑"与"，结果存放在 A 中。后两条指令是将直接寻址单元中的内容和源操作数所指的内容按位进行逻辑"与"，结果存放在直接地址单元中。若直接寻址正好是并行口 P0～P3，则是针对并行口 P0～P3 的"读－改－写"操作。

2. 逻辑或指令

汇编指令格式	机器指令格式	操作
ORL　A, Rn	48H ~ 4FH	A←(A) ∨ (Rn)
ORL　A, direct	45H direct	A←(A) ∨ (direct)
ORL　A, @Ri	46H ~ 47H	A←(A) ∨ ((Ri))
ORL　A, #data	44H data	A←(A) ∨ data
ORL　direct, A	42H direct	direct←(direct) ∨ (A)
ORL　direct, #data	43H direct data	direct←(direct) ∨ data

这组指令的功能是将两个指定的操作数按位进行逻辑"或"。前四条指令的操作结果存放在累加器 A 中，后两条指令的操作结果存放在直接寻址单元中，针对并行口 P0 ~ P3 也具有"读 – 改 – 写"操作功能。

3. 逻辑"异或"操作指令

汇编指令格式	机器指令格式	操作
XRL　A, Rn	68H ~ 6FH	A←(A) ⊕ (Rn)
XRL　A, direct	65H direct	A←(A) ⊕ (direct)
XRL　A, @Ri	66H ~ 67H	A←(A) ⊕ ((Ri))
XRL　A, #data	64H data	A←(A) ⊕ data
XRL　direct, A	62H direct	direct←(direct) ⊕ (A)
XRL　direct, #data	63H direct data	direct←(direct) ⊕ data

这组指令的功能是将两个指定的操作数按位进行"异或"。前四条指令的结果存放在累加器 A 中，后两条指令的操作结果存放在直接寻址单元中，针对并行口 P0 ~ P3 也具有"读 – 改 – 写"操作功能。

当结果存放在累加器 A 中时，逻辑"与"、"或"、"异或"指令的操作影响标志位 P。

4. 累加器 A 清 0 指令

汇编指令格式	机器指令格式	操作
CLR　A	E4H	A←0

将累加器 A 的内容清 0，只影响标志位 P。

5. 累加器 A 取反指令

汇编指令格式	机器指令格式	操作
CPL　A	F4H	A←($\overline{\text{A}}$)

对累加器 A 的内容逐位取反。

6. 累加器 A 循环左移指令

汇编指令格式	机器指令格式
RL　　A	23H

7. 累加器 A 循环右移指令

汇编指令格式	机器指令格式
RR　　A	03H

8. 累加器 A 带进位位循环左移指令

汇编指令格式	机器指令格式
RLC A	33H

9. 累加器 A 带进位位循环右移指令

汇编指令格式	机器指令格式
RRC A	13H

RL 和 RR 两条指令的功能分别是将累加器 A 的内容循环左移或循环右移一位；RLC 和 RRC 两条指令的功能分别是将累加器 A 的内容连同进位标志位 CY 一起循环左移或循环右移一位。此外，通常使用指令"RLC　A"将累加器 A 的内容做乘以 2 运算，因为二进制数的权恰好是 2。

【例 2-1】 将 P1 口的 P1.1，P1.3，P1.5，P1.6 清零，其他位保持不变。

解： ANL　P1，#10010101B

【例 2-2】 利用逻辑运算指令将 P1 口的 P1.1，P1.3，P1.5，P1.7 置 1，其他位保持不变。

解： ORL P1，#10101010B

【例 2-3】 利用逻辑运算指令将内部 RAM 中 40H 单元的 1、3、5 位取反，其他位保持不变。

解： XRL 40H，#00101010B

利用上述三例中的逻辑运算方法可以将某一个寄存器的部分位清 0、置 1 或取反，其他位保持不变。

【例 2-4】 利用逻辑运算指令将当前工作寄存器设定第 3 组工作寄存器。

解： ORL PSW，#00011000B

【例 2-5】 无符号 8 位二进制数（A）= 00111101B = 3DH，（CY）= 0。试分析执行 "RLC A" 指令后累加器 A 的内容。

解： 执行指令 "RLC A" 的结果为（A）= 01111010B = 7AH，（CY）= 0。7AH 正是 3DH 的 2 倍，该指令执行的是乘以 2 操作。

想一想

学生通过搜集单片机、发光二极管等元器件相关资料、共同学习常用汇编语言指令与伪指令，经小组讨论，制定完成 LED 彩灯控制器的设计与实现项目的工作计划，填写在表 2-2 中。

表 2-2　LED 彩灯控制器的设计与实现项目工作计划单

工作计划单				
项　目				学时：
班　级				
组　长		组　员		
序号	内容		人员分工	备注
学生确认			日期	

【项目设计】

本项目中的硬件部分电路设计采用单片机并行口（P0、P1、P2、P3）控制 8 个发光二极管，引脚输出变化控制发光二极管的亮灭，软件部分采用逻辑运算与移位指令来实现对 LED 彩灯的控制，使发光二极管的亮灭按照设定的规律变化，产生彩灯移动及碰撞等效果。

 做一做

一、LED 彩灯控制器的电路设计

学生可以根据已掌握的单片机最小系统硬件电路，加入发光二极管控制电路，设计彩灯控制器整体电路图。利用软件 Protel 绘制电路图，单片机的 P1 口控制 8 只发光二极管，参考硬件电路图如图 2-2 所示。在实际应用中 8 只发光二极管会根据大家设计的花样彩灯控制程序呈现出千变万化的显示效果。

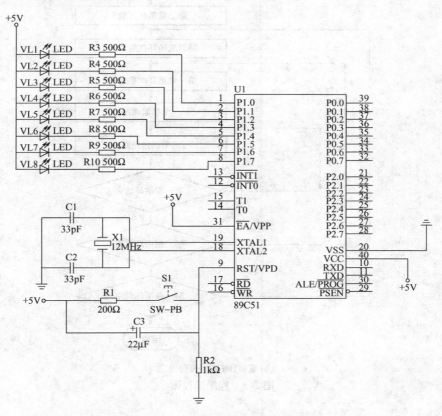

图 2-2　LED 彩灯控制器硬件电路图

二、程序流程图设计

根据设计要求，编制 8 只 LED 彩灯间隔 1s 逆序循环点亮的程序流程图，如图 2-3 所示。

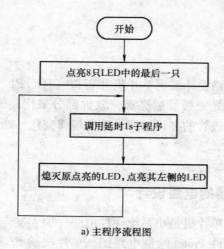

a) 主程序流程图

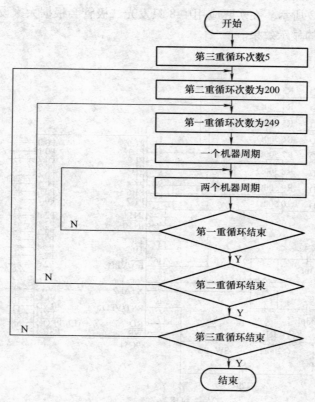

b) 延时1s子程序流程图

图 2-3　程序流程图

【项目实现】

做一做

　　根据流程图，结合硬件结构进行软件程序的编写工作，按要求实现 LED 彩灯控制器的设计，在 Keil 或 WAVE 软件中编写程序，检查无误后编译生成 HEX 文件，结合 Proteus 软件进行仿真调试。

一、源程序的编写、编译与调试

参考程序如下：
; 程序功能：8 只彩灯逆序循环点亮，间隔1s。

```
        ORG   0000H
        LJMP   MAIN
        ORG   0100H
MAIN:   MOV   A, #11111110B
    K：  MOV   P1, A
        LCALL  DELAY
        RL  A
        LJMP   K
        ORG   0200H
DELAY：MOV  R2, #5
LOOP0：MOV  R3, #200
LOOP1：MOV  R4, #249
        NOP
LOOP2：NOP
        NOP
        DJNZ  R4, LOOP2
        DJNZ  R3, LOOP1
        DJNZ  R2, LOOP0
        RET
        END
```

学生自行编写 8 只彩灯间隔 1s 反复闪烁和 8 只彩灯间隔 1s 顺次循环点亮的汇编源程序。

在桌面上启动 WAVE6000 软件，在此窗口中输入预先编写好的程序，保存文件命名为"项目二. ASM"（注意，不要遗漏文件扩展名. ASM），如图 2-4 所示。

选择"项目"中的"编译"命令或按编译快捷键 F9 编译项目。在编译过程中如果有错误，可以在信息窗口中显示出来，双击错误信息，可以在源程序中定位错误所在

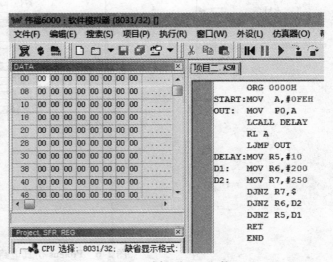

图 2-4　编辑项目二文件

行。纠正错误后，再次编译，直到没有错误。在编译之前，软件会自动将项目和程序存盘。在编译没有错误后，将会生成"项目二．BIN"或"项目二．HEX"文件，如图2-5所示。

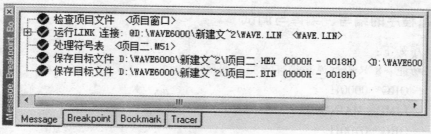

图2-5 信息窗口

二、硬件电路仿真

学生可以根据自己所绘制的硬件电路图采用单片机专用虚拟软件 Proteus，将元器件布置好，为下一步进行仿真操作做好准备。该项目仿真时可采用单片机 P0 口来控制 8 个发光二极管，如图 2-6 所示，所用元器件见表 2-3。模拟仿真效果如图 2-7 所示。

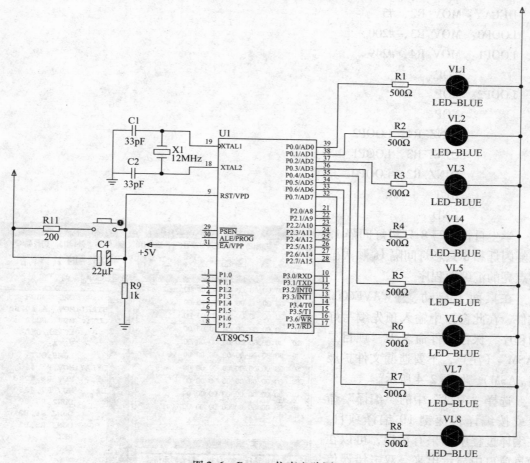

图2-6 Proteus 仿真电路图

表 2-3　仿真电路所用元器件

名称	选用元器件	名称	选用元器件
单片机	AT89C51	电阻	RES 200Ω 500Ω 1kΩ
晶体振荡器	CRYSTAL 12MHz	瓷片电容	CAP 33pF
发光二极管	LED – RED	电解电容	CAP – ELEC

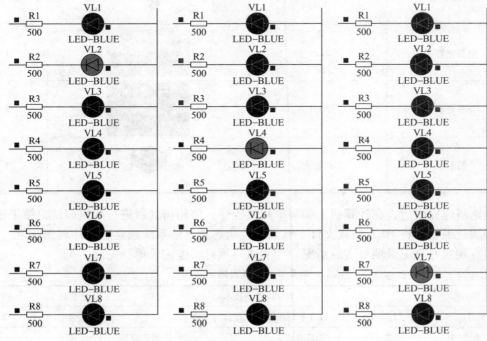

图 2-7　仿真演示截图

三、实际硬件电路搭建及系统调试

当仿真调试结果达到设计要求时，学生可以进入项目实现阶段，用实际元器件搭建电路，电路的元器件清单见表 2-4 所示。

表 2-4　元器件清单

元器件名称	参数	元器件图片	数量
单片机	AT89S51		1
晶体振荡器	12MHz		1
发光二极管	LED		8

（续）

元器件名称	参数	元器件图片	数量
IC 插座	DIP40		1
电阻	200Ω　500Ω 1kΩ		10
电解电容	22μF		1
瓷片电容	33pF		2
按键	轻触式		1

电路搭建完成后，在计算机上编写单片机程序，使用仿真器进行联机调试，结果正确的情况下通过编程器将 HEX 格式文件下载到单片机芯片，使系统独立运行并观测结果。

认真观察并且记录项目实施情况，如实填写项目实施记录单，见表 2-5。

表 2-5　项目实施记录单

课程名称	单片机控制技术		总学时	84
项目二	LED 彩灯控制器的设计与实现		学时	12
班级		团队负责人	团队成员	
项目概述				
工作结果				
相关资料 及学习资源				
总结收获				
注意事项				
备注				

【项目运行】

在实训设备上搭建电路或直接制作电路板成品，运行程序，观测运行情况，进一步调试直到系统可以稳定运行。项目完成后，各小组推选一名主讲上台讲解任务完成情况并演示项目成果，老师和每组组长填写评价表，对各组完成情况进行验收和评定，具体验收指标包括：

1）硬件设计；
2）软件设计；
3）程序调试；
4）整机调试。

项目评价见表 2-6。

表 2-6 评价表

序号	考核内容	考核要求	评分标准	配分	扣分	得分
1	单片机硬件设计	根据项目要求焊接电路板	（1）元器件摆放不整齐，扣 10 分 （2）走线不工整扣 5 分 （3）出现接触不良、脱焊等现象扣 10 分	25 分		
2	单片机软件设计	根据控制要求编制源程序	（1）程序编制错误，扣 10 分 （2）程序繁琐，扣 5 分 （3）程序编译错误，扣 10 分	25 分		
3	调试（程序调试和系统调试）	输入程序、编译调试；设备整机调试运行	（1）程序运行错误，调试无效果，扣 10 分 （2）整机调试一次不成功，扣 5 分 （3）整机调试二次不成功，扣 10 分	25 分		
4	安全文明生产	按生产规程操作	违反安全文明生产规程，扣 10 ~ 25 分	25 分		
项目名称				合计：		
项目负责人			评价人签字	年 月 日		

【知识拓展】

一、算术运算类指令

8051 单片机共有 24 条算术运算类指令，可以完成加、减、乘、除、加 1 和减 1 等运算。算术运算类指令中很多都是通过累加器 A 进行操作的，累加器 A 的内容一般作为第一操作数，并将操作后的结果存放在 A 中；第二操作数可以是立即数、工作寄存器内容、寄存器 Ri 间接寻址单元内容或直接寻址单元内容。很多算术运算指令除了影响 PSW 中奇偶标志位 P 以外，还会影响 PSW 中进位标志位 CY、辅助进位标志位 AC、溢出标志位 OV 等三个标志位，使之根据加、减、乘、除等算术运算结果自动置位或清零，只有加 1 和减 1 指令不影响这些标志位。借助溢出标志，可进行有符号数的补码运算。借助进位标志，可进行多精度加、减运算；乘除运算只能通过累加器 A 和寄存器 B 进行。如果是进行 BCD 码运算，在加法指令后面还要紧跟一条十进制调整指令 "DA　A"，它可以根据运算结果自动进行十进制调整，借助该指令可以对压缩 BCD 数进行加法运算，保证结果满足 BCD 码运算原则。算术运算类指令用到的助记符有 ADD、ADDC、SUBB、MUL、DIV、INC、DEC 和 DA。算术运算类指令见表 2-7。

表 2-7 算术运算类指令

指令	说明		字节数	周期数
ADD A, Rn	寄存器内容加到累加器	A←(A)+(Rn)	1	1
ADD A, direct	直接寻址内容加到累加器	A←(A)+(direct)	2	1
ADD A, @ Ri	间接寻址内容加到累加器	A←(A)+((Ri))	1	1
ADD A, #data	立即数加到累加器	A←(A)+ #data	2	1
ADDC A, Rn	寄存器内容加到累加器（带进位）	A←(A)+(Rn)+(CY)	1	1
ADDC A, direct	直接寻址内容加到累加器（带进位）	A←(A)+(direct)+(CY)	2	1
ADDC A, @ Ri	间接寻址内容加到累加器（带进位）	A←(A)+((Ri))+(CY)	1	1
ADDC A, #data	立即数加到累加器（带进位）	A←(A)+ #data+(CY)	2	1
SUBB A, Rn	累加器内容减去寄存器内容（带借位）	A←(A)−(Rn)−(CY)	1	1
SUBB A, direct	累加器内容减去直接寻址（带借位）	A←(A)−(direct)−(CY)	2	1
SUBB A, @ Ri	累加器内容减去间接寻址（带借位）	A←(A)−((Ri))−(CY)	1	1
SUBB A, #data	累加器内容减去立即数（带借位）	A←(A)− #data−(CY)	2	1
INC A	累加器内容加 1	A←(A)+1	1	1
INC Rn	寄存器内容加 1	Rn←(Rn)+1	1	1
INC direct	直接寻址内容加 1	direct←(direct)+1	2	1
INC @ Ri	间接寻址内容加 1	(Ri)←((Ri))+1	1	1
INC DPTR	DPTR 寄存器内容加 1	DPTR←(DPTR)+1	1	2
DEC A	累加器内容减 1	A←(A)−1	1	1
DEC Rn	寄存器内容减 1	Rn←(Rn)−1	1	1
DEC direct	直接寻址内容减 1	direct←(direct)−1	2	1
DEC @ Ri	间接寻址内容减 1	(Ri)←((Ri))−1	1	1
MUL AB	累加器 A 内容和寄存器 B 内容相乘	AB←(A)*(B)	1	4
DIV AB	累加器 A 内容除以寄存器 B 内容	AB←(A)/(B)	1	4
DA A	对累加器 A 内容进行十进制调整		1	1

1. 加法类指令

汇编指令格式	机器指令格式	操作
ADD A, Rn	28H～2FH	A←(A)+(Rn)
ADD A, direct	25H direct	A←(A)+(direct)
ADD A, @ Ri	26H～27H	A←(A)+((Ri))
ADD A, #data	24H data	A←(A)+ #data

这些指令是将工作寄存器、内部 RAM 单元内容或立即数与累加器 A 中的内容相加，所得的和存放于累加器 A 中。当运算结果的 D3 位或 D7 位有进位时，分别将 AC、CY 标志位置 1，否则清 0。如果 D6 位向 D7 位有进位而 D7 位没有向前进位，或者 D7 位向前有进位而 D6 位没有向 D7 位进位，则 OV 置 1，否则 OV 清 0。当然，溢出标志位 OV 只有在有符号数运算时才有用。

2. 带进位加指令

汇编指令格式	机器指令格式	操作
ADDC A, Rn	38H ~ 3FH	A←(A) + (Rn) + (CY)
ADDC A, direct	35H direct	A←(A) + (direct) + (CY)
ADDC A, @ Ri	36H ~ 37H	A←(A) + ((Ri)) + (CY)
ADDC A, #data	34H data	A←(A) + #data + (CY)

这组指令的功能是把源操作数所指出的内容和进位标志位 CY 的值都与累加器 A 中的内容相加，结果存放在 A 中，其余的功能和 ADD 指令相同。

本指令的执行将影响标志位 AC、CY、OV、P。当运算结果的 D3、D7 位产生进位或者带符号运算有溢出时，分别置位 AC、CY 和 OV 标志位，否则清 0。本指令常用于多字节加法运算高位字节相加时需要考虑低位字节有进位的情况。

3. 带借位减指令

汇编指令格式	机器指令格式	操作
SUBB A, Rn	98H ~ 9FH	A←(A) − (Rn) − (CY)
SUBB A, direct	95H direct	A←(A) − (direct) − (CY)
SUBB A, @ Ri	96H ~ 97H	A←(A) − ((Ri)) − (CY)
SUBB A, #data	94H data	A←(A) − #data − (CY)

这组指令的功能是从累加器 A 中减去源操作数所指出的内容及进位标志位 CY 的值，差值保留在累加器 A 中。

在多字节减法运算中，低字节有时会向高字节产生借位（CY 置 1），所以在高字节运算时，就要使用带借位的减法指令。由于 8051 单片机指令系统中没有不带借位的减法指令，在需要执行不带借位的运算时，可以在 "SUBB" 指令前用 "CLR C" 指令将 CY 清 0，这一点值得注意。

此外，两个数相减时，如果 D7 位有借位，则 CY 置 1，否则 CY 清 0。若 D3 位有借位，则 AC 置 1，否则清 0。两个带符号数相减，还要考察 OV 标志，如果 D6 位向 D7 位有借位而 D7 位没有向前借位，或者如果 D7 位向前有借位而 D6 位没有向 D7 位借位，则 OV 置 1，否则 OV 清 0，若 OV 为 1 就表示结果溢出，即破坏了正确结果的符号位。

4. 乘法指令

汇编指令格式	机器指令格式	操作
MUL AB	A4H	BA←(A) × (B)

这条指令的功能是把累加器 A 和寄存器 B 中两个 8 位无符号数相乘，所得 16 位积的低字节存放在 A 中，高字节存放在 B 中。若乘积大于 FFH，则 OV 置 1，否则 OV 清 0（此时 B 的内容为 0），CY 总是被清 0。

5. 除法指令

汇编指令格式	机器指令格式	操作
DIV AB	84H	商在 A 中，余数在 B 中←(A) ÷ (B)

这条指令的功能是进行 A 除以 B 的运算，A 和 B 的内容均为 8 位无符号整数。指令操作后，整数商存于 A 中，余数存于 B 中。若除数（B）＝00H，则结果无法确定，则 OV 置1，否则 OV 清 0，CY 总是被清 0。

6. 加 1 指令

汇编指令格式	机器指令格式	操作
INC A	04H	A←（A）+1
INC Rn	08H ~ 0FH	Rn←（Rn）+1
INC direct	05H direct	direct←（direct）+1
INC @ Ri	06H ~ 07H	（Ri）←（（Ri））+1
INC DPTR	A3H	DPTR←（DPTR）+1

这组指令的功能是将操作数所指定的单元内容加 1，其操作不影响 PSW 标志。若原单元内容为 FFH，加 1 后结果为 00H，也不会影响 PSW 标志。"INC A"和"ADD A，#01H"这两条指令都将累加器 A 的内容加 1，但两者对 PSW 的影响是不一样的，前者不影响标志位，后者对标志位有影响。

7. 减 1 指令

汇编指令格式	机器指令格式	操作
DEC A	14H	A←（A）-1
DEC Rn	18H ~ 1FH	Rn←（Rn）-1
DEC direct	15H direct	direct←（direct）-1
DEC @ Ri	16H ~ 17H	（Ri）←（（Ri））-1

这组指令的功能是将操作数所指定的单元内容减 1，其操作不影响 PSW 标志。若原单元内容为 00H，减 1 后为 FFH，也不会影响标志位，与加 1 指令的情况基本相同。

8. 十进制调整指令

汇编指令格式	机器码格式	操作
DA A	D4H	调整累加器 A 内容为 BCD 码

本指令主要用于 BCD 码运算，因为在 BCD 码中是不存在 1010B ~ 1111B 六种状态的，所以 BCD 码运算不同于普通的二进制运算。但是单片机在进行 BCD 码运算时仍然按照二进制的运算方式进行，所以需要用户在运算完成后对结果进行整理。十进制调整指令正是用来完成这种 BCD 码运算结果调整的。两个压缩型 BCD 码按二进制数相加后，必须经本指令调整才能得到压缩型 BCD 码和的正确值。

这条指令一般跟在 ADD 或 ADDC 指令后，将相加后存放在累加器中的结果进行十进制调整，完成十进制加法运算功能。调整方法为：若 $(A)_{3~0} > 9$ 或 $(AC) = 1$，则 $(A)_{3~0} + 6 \rightarrow A_{3~0}$；若 $(A)_{7~4} > 9$ 或 $(CY) = 1$，则 $(A)_{7~4} + 6 \rightarrow A_{7~4}$。即若累加器 A 的低 4 位数值大于 9（1001B）或者第 3 位向第 4 位产生进位（即辅助进位标志位 AC 为 1），则需将 A 的低 4 位内容加 6 调整，以产生低 4 位正确的 BCD 码值，如果加 6 调整后，低 4 位产生进位，且高 4 位均为 1 时，则 CY 置位；反之，并不清除 CY 标志位。若累加器 A 的高 4 位的值大于 9 或进位标志位 CY 为 1，则高 4 位需加 6 调整，以产生高 4 位的正确 BCD

码值。同样，在加 6 调整后产生最高位进位，则 CY 置位；反之，不清除 CY 标志位。如果这时 CY 置位，表示和的 BCD 码值≥100，这对多字节十进制加法有用。

由此可见，执行"DA A"时，CPU 会自动根据累加器 A 的原始数值和 PSW 的状态，由硬件对累加器 A 进行加 06H、60H 或 66H 的操作。用户只需要在加法指令后面，紧跟一条"DA A"指令即可，而不需要写出加 6 的指令。注意本指令不能用于十进制减法的调整。

二、位操作类指令

8051 单片机共有 17 条位操作类指令。8051 单片机硬件结构中有位处理机，又称布尔处理机，它具有一套完整的处理位变量的指令集，包括位数据传送、位逻辑运算、位条件转移指令等。位操作指令又称为布尔操作指令，这类指令可以对某一个可寻址位进行置 1、清 0、取反等操作，或者根据状态进行控制转移。

在进行位寻址时，PSW 中的进位标志 CY 作为位处理机的累加器，称位累加器。位寻址空间包括以下两部分：一是片内 RAM 中位寻址区，即直接地址 20H ~ 2FH 单元中连续的 128 位（位地址 00H ~ 7FH）；二是部分特殊功能寄存器中的可寻址位。凡 SFR 中字节地址能被 8 整除的特殊功能寄存器都可以进行位寻址。位地址为 80H ~ F7H，一共 83 位。

位操作类指令用到的助记符有 CLR、SETB、CPL、ANL、ORL、MOV、JC、JNC、JB、JNB 和 JBC。位操作类指令见表 2-8。

表 2-8　位操作类指令

指令	说明		字节数	周期数
CLR　C	清进位位	CY←0	1	1
CLR　bit	清直接地址位	bit←0	2	1
SETB　C	置进位位	CY←1	1	1
SETB　bit	置直接地址位	bit←1	2	1
CPL　C	进位位求反	CY←($\overline{CY}$)	1	1
CPL　bit	直接地址求反	bit←($\overline{bit}$)	2	1
ANL　C，bit	进位位和直接地址位相"与"	CY←(CY)∧(bit)	2	2
ANL　C，/bit	进位位和直接地址位的反码相"与"	CY←(CY)∧($\overline{bit}$)	2	2
ORL　C，bit	进位位和直接地址位相"或"	CY←(CY)∨(bit)	2	2
ORL　C，/bit	进位位和直接地址位的反码相"或"	CY←(CY)∨($\overline{bit}$)	2	2
MOV　C，bit	直接地址位送入进位位	CY←(bit)	2	1
MOV　bit，C	进位位送入直接地址位	bit←(CY)	2	2
JC　rel	进位位为 1 则转移	PC←(PC) +2，若(CY) =1 则 PC←(PC) +rel	2	2
JNC　rel	进位位为 0 则转移	PC←(PC) +2，若(CY) =0 则 PC←(PC) +rel	2	2
JB　bit，rel	直接地址位为 1 则转移	PC←(PC) +3，若(bit) =1 则 PC←(PC) +rel	3	2
JNB　bit，rel	直接地址位为 0 则转移	PC←(PC) +3，若(bit) =0 则 PC←(PC) +rel	3	2
JBC　bit，rel	直接地址位为 1 则转移，该位清 0	PC←(PC) +3，若(bit) =1 则 PC←(PC) +rel，bit←0	3	2

1. 位数据传送指令

汇编指令格式	机器指令格式	操　作
MOV　C，bit	A2H　bit	CY←(bit)
MOV　bit，C	92H　bit	bit←(CY)

这组位指令把源操作数指定的位变量传送到目的操作数指定的位单元中。其中，一个操作数为地址 bit，另一个必定为累加器 C（即进位标志位 CY）。此指令不影响其他寄存器或标志位。在位操作指令中，位地址 bit 表示方法除前面已讲过的 4 种之外，如果事先用伪指令定义，还可以采用伪指令定义过的字符名称来表示一个可寻址位。

2. 位逻辑运算指令

（1）位逻辑"与"指令

汇编指令	机器指令格式	操　作
ANL　C，bit	82H　bit	CY←(CY)∧(bit)
ANL　C，/bit	B0H　bit	CY←(CY)∧($\overline{bit}$)

（2）位逻辑"或"指令

汇编指令	机器指令格式	操　作
ORL　C，bit	72H　bit	CY←(CY)∨(bit)
ORL　C，/bit	A0H　bit	CY←(CY)∨($\overline{bit}$)

这组位指令的功能是把位累加器 C 的内容与直接位地址的内容进行逻辑"与"、"或"操作，结果再送回 C 中。斜杠"/"表示对该位取反后再参与运算，但不改变原来的数值。8051 单片机中没有位逻辑"异或"指令。

3. 位清 0、置 1 指令

（1）位清 0 指令

汇编指令格式	机器指令格式	操　作
CLR C	C3H	CY←0
CLR bit	C2H　bit	bit←0

（2）位置 1 指令

汇编指令格式	机器指令格式	操　作
STEB　C	D3H	CY←1
STEB　bit	D2H　bit	bit←1

（3）位取反指令

汇编指令格式	机器指令格式	操　作
CPL　C	B3H	CY←($\overline{CY}$)
CPL　bit	B2H　bit	bit←($\overline{bit}$)

这组位指令的功能分别是对进位标志位 CY 或直接寻址位清 0、取反、置位，执行结果

不影响其他标志位。当直接位地址为并行口 P0 ~ P3 中的某一位时，具有"读 – 改 – 写"功能。

4. 位条件转移类指令

这组位指令包括判位累加器 C 转移、判位变量转移和判位变量清 0 转移等指令。

（1）判位累加器 C 转移指令

汇编指令格式	机器指令格式	操 作
JC rel	40H rel	PC←(PC) +2 若(CY) =1，则程序转移 PC←(PC) + rel 若(CY) =0，则程序往下顺序执行
JNC rel	50H rel	PC←(PC) +2 若(CY) =0，则程序转移 PC←(PC) + rel 若(CY) =1，则程序往下顺序执行

上述两条指令，分别对进位标志位 CY 进行检测，当（CY）=1（JC 指令）或（CY）=0（JNC 指令）时，程序转向目的地址是（PC）+2 后（指向下一条指令）加上指令的第二字节偏移量 rel 的和，否则顺序执行下一条指令。

（2）判位变量转移指令

汇编指令格式	机器指令格式	操 作
JB bit, rel	20H bit rel	PC←(PC) +3 若(bit) =1，则程序转移 PC←(PC) + rel 若(bit) =0，则程序往下顺序执行
JNB bit, rel	30H bit rel	PC←(PC) +3 若(bit) =0，则程序转移 PC←(PC) + rel 若(bit) =1，则程序往下顺序执行

上述两条指令分别检测指定位，若位变量为 1（JB 指令）或位变量为 0（JNB 指令），则程序转向目的地址去执行；否则顺序执行下一条指令。对该位变量进行测试时，不影响原位变量值，也不影响标志位。目的地址为（PC）+3 后（指向下一条指令）加上偏移量 rel 的和。

（3）判位变量清 0 转移指令

汇编指令格式	机器指令格式	操 作
JBC bit, rel	10H bit rel	PC←(PC) +3 若(bit) =1，则程序转移 PC←(PC) + rel，(bit) =0 若(bit) =0，则程序往下顺序执行

本指令对指定位变量进行检测，若位变量的值为 1，则程序转向目的地址去执行，同时清 0 该位，否则，顺序执行下一条指令。注意，不管该位变量原为何值，在进行检测后均为 0。目的地址为（PC）+3 后加上指令的第三字节中的 8 位偏移量 rel 的和。

【例 2-6】 在片内 RAM 40H 单元保存的是以压缩 BCD 码表示的 2 位十进制数，编程将它们拆开，分别保存在片内 RAM 的 41H、42H 单元中。

  解：程序如下：

MOV	A, 40H	; BCD 码送累加器
ANL	A, #0FH	; 高 4 位清 0，保留低 4 位
MOV	41H, A	; 保存低 4 位 BCD 码
MOV	A, 40H	; 取数据
ANL	A, #0F0H	; 低 4 位清 0，保留高 4 位
SWAP	A	; 高低 4 位交换
MOV	42H, A	; 保存高 4 位 BCD 码

  【例 2-7】 设累加器 A 的内容是 01010111B（57 的 BCD 码），寄存器 R5 内容是 01100101B（65 的 BCD 码），求 57 + 65 的和。

  解：根据题意，可写出下面指令：

ADD A, R5

DA A

  第一条指令是一条加法指令，相加后累加器 A 的内容为 10111100B（0BCH），且（CY）=0，（AC）=0；然后执行调整指令"DA A"。因为高 4 位值为 11，大于 9，低 4 位值为 12，亦大于 9，所以内部需进行加 66H 操作，结果 A 的内容为 00100010B，即 22 的 BCD 码，且（CY）=1，即结果为 122。

  【例 2-8】 有两个单元压缩 BCD 码表示的 4 位十进制数，分别存放在片内数据存储器的 50H ~ 51H 单元和 60H ~ 61H 单元，试编写程序求这两个数之和，并将结果存放在 30H ~ 32H 单元。

  解：求两个 BCD 数之和的运算程序如下：

MOV	A, 50H	; 取第一个数低 2 位 BCD 码
ADD	A, 60H	; 加第二个数低 2 位 BCD 码
DA	A	; 十进制调整
MOV	30H, A	; 保存结果的低 2 位
MOV	A, 51H	; 取第一个数高 2 位 BCD 码
ADDC	A, 61H	; 加第二个数高 2 位 BCD 码
DA	A	; 十进制调整
MOV	31H, A	; 保存结果的高 2 位
MOV	A, #00H	
ADDC	A, #00H	; 计算进位
MOV	32H, A	; 保存进位

本程序中要注意两点：

  ① 在进行 BCD 码加法运算时，加法指令后面一定要紧跟一条十进制调整指令"DA A"。如果不是 BCD 码相加，而是 4 位 16 进制数相加，就不需要程序中的两条十进制调整指令了。

  ② 进行多位相加运算时，高位相加要考虑低位产生的进位，高位相加要用 ADDC 指令，这也正是 ADDC 指令的用途所在。

【例 2-9】　编程计算 548BH ～ 4E3DH 的值，结果保存在 R4、R5 中。

解： 减数和被减数都是 16 位二进制数，计算时要先进行低 8 位的减法，然后再进行高 8 位的减法，在进行低 8 位减法时要在减法指令之前将借位标志位清 0。程序如下：

```
MOV    A, #8BH          ; 被减数低 8 位送累加器
CLR    C                ; 清进位标志位 CY
SUBB   A, #3DH          ; 减去减数
MOV    R5, A            ; 保存
MOV    A, #54H          ; 被减数高 8 位送累加器
SUBB   A, #4EH          ; 减去减数
MOV    R4, A            ; 保存结果
```

【例 2-10】　试分析下列指令，写出寄存器和片内 RAM 的状态。

```
MOV    R1, #51H         ; 数 51H 送入 R1
MOV    51H, #45H        ; 数 45H 送入片内 RAM 51H 单元
MOV    52H, #6EH        ; 数 6EH 送入片内 RAM 52H 单元
INC    @R1              ; 将片内 RAM 51H 单元中的内容加 1
INC    R1               ; 将 R1 中的内容加 1
INC    @R1              ; 将片内 RAM 52H 单元中的内容加 1
```

结果：(R1)=52H，(51H)=46H，(52H)=6FH

【例 2-11】　将 P1.3 的内容取反后传送给 P2.5。

解： 相应的指令为：

```
MOV    C, P1.3
CPL    C
MOV    P2.5, C
```

【例 2-12】　利用逻辑运算指令实现逻辑关系：Z =（A∨B）∨（D∧E），A、B、D、E、Z 均为位变量。

解： 相应的指令为：

```
MOV    C, A
ORL    C, B             ; A∨B
MOV    00H, C           ; 结果暂存于地址 00H 位
MOV    C, D
ANL    C, E             ; D∧E
ORL    C, 00H           ;（A∧B）∨（D∧E）
MOV    Z, C
```

可以将 A、B、D、E、Z 分别定义为 P1.0 ～ P1.4，连接线路，查看输入输出效果。

【例 2-13】　设 M、N 和 Z 代表位地址，求 Z = M ⊕ N。

解： 由于 8051 单片机中没有位异或指令，因此位异或操作必须用位与、位或操作指令实现。相应的指令为：

```
MOV    C, N
ANL    C, /M
```

```
MOV   Z, C
MOV   C, M
ANL   C, /N
ORL   C, Z
MOV   Z, C
```

练习题：

1. 已知(A)=70H,（R0）=30H,（30H）=9CH,（PSW）=8BH, 请写出执行下列各条指令后累加器 A 和相关存储单元的内容。

（1）XCH   A, R0

（2）XCH   A, 30H

（3）XCH   A, @R0

（4）SWAP A

（5）ADD   A, R0

（6）ADDC A, 30H

（7）ADD   A, #30H

（8）SUBB A, 30H

2. 已知(A)=5AH,（R0）=45H,（45H）=3BH, 请写出执行完下列程序段后 A 的内容。

```
ANL A, 45H
ORL 45H, A
XRL A, @R0
SWAP A
```

3. 说明 LJMP、SJMP 与 AJMP 三条指令的区别？

4. 编写一段 BCD 码拼字程序，将存放在50H、51H 单元的两个 1 位十进制数的 BCD 码合并构成 1 个字节的压缩 BCD 码，并将结果保存在 40H 单元中。

5. 编写多字节加法程序，将分别存放于 60、61H 和 50H、51H 的两个 16 位数相加（高地址单元存放高 8 位），结果存放于 40H、41H、42H 单元中。

6. 编程实现两个 16 位二进制数的减法。设被减数放在 70H、71H 单元中，减数放在 40H、41H 单元，差仍存于被减数地址单元中，减数、被减数都是低地址单元存放低 8 位。

7. 编写一段程序，将片内 RAM 30H 单元开始的 50 个数据相加，结果存放于 R7、R6 中。

8. 编写一段程序，将累加器 A 的高 4 位由 P1 口的高 4 位输出，P1 口低 4 位保持不变。

9. 编写一段程序，将 R3 中的数乘 4（用两种方法）。

10. 编写一段程序，将 P1 口的高 5 位置位，低 3 位不变。

11. 使用位操作指令实现下列逻辑关系。

（1）P1.0 = (ACC.3 $\vee$ P1.7) $\wedge$ (ACC.0 $\vee$ CY)

（2）P1.3 = (ACC.2 $\wedge$ P1.0) $\vee$ (ACC.1 $\vee$ P1.1)

编程语言多种多样，下面让我们了解一下如何应用 C51 语言编程吧！

三、单片机 C51 语言基础

在单片机应用系统开发过程中，应用程序设计是整个应用系统开发的重要组成部分，它直接决定着应用系统开发周期的长短、性能。以前单片机应用系统程序主要是使用汇编语言编写。采用汇编语言编写的应用程序可直接操纵系统的硬件资源，能编写出高运行效率的程序代码，程序运行速度快。但是汇编语言难学、使用起来很不方便，可读性和可移植性较差，所以使用汇编语言编写程序使应用系统的设计周期变长，程序的调试和排错也比较难，且编写比较复杂的数值计算程序非常困难。为了提高编制单片机系统应用程序的效率，改善程序的可读性和可移植性，目前大多数人已经采用高级语言来进行应用系统程序设计。

C 语言是近年来普遍使用的一种程序设计语言，C 语言功能丰富，表达能力强，使用灵活方便，应用面广，目标程序效率高，可移植性好，而且能直接对计算机硬件进行操作。C 语言既有高级语言的特点，也具有汇编语言的特点。高级语言种类很多，其他高级语言虽然编程很方便，但不能对计算机硬件直接操作。而 C 语言既有高级语言使用方便的特点，也具有汇编语言直接对硬件操作的特点，因而现在单片机应用系统设计中，往往用 C 语言来进行开发和设计，特别在单片机应用系统开发中。用 C 语言编写的应用程序必须由单片机的 C 语言编译器（简称 C51）转换生成单片机可执行的代码程序。C51 程序结构与标准的 C 语言程序结构相同，采用函数结构。C51 的语法规定、程序结构及程序设计方法都与标准的 C 语言程序设计相同，但 C51 程序与标准的 C 语言程序在以下几个方面不同：

1）C51 中定义的库函数和标准的 C 语言定义的库函数不同。标准的 C 语言定义的库函数是按通用微型计算机来定义的，而 C51 中的库函数是按 MCS－51 单片机相应情况来定义的。

2）C51 中的数据类型与标准的 C 语言的数据类型也有一定的区别，在 C51 中还增加了几种针对 MCS－51 单片机特有的数据类型。

3）C51 变量的存储模式与标准 C 语言中的存储模式不一样，C51 中变量的存储模式是与 MCS－51 单片机的存储器紧密相关的。

4）C51 与标准 C 语言的输入/输出处理不一样，C51 中的输入/输出是通过单片机串行口来完成的，输入/输出指令执行前必须对串行口进行初始化。

5）C51 与标准 C 语言在函数使用方面也有一定的区别，C51 中有专门的中断函数。

MCS－51 系列单片机的 C51 编译器有很多种，其中 Keil 以代码紧凑和使用方便等特点优于其他编译器，现在使用特别广泛。下面介绍 MCS－51 单片机 C51 语言的基本知识和编程方法。

1. C51 语言的程序结构

C51 语言程序采用函数结构，每个 C51 语言程序由一个或多个函数组成。在这些函数中至少应包含一个且只有一个主函数 main( ) 函数和若干个其他的功能函数。不管 main( ) 函数放于何处，程序总是从 main( ) 函数开始执行，执行到 main( ) 函数结束则代表整个程序结束。在 main( ) 函数中调用库函数和用户定义的函数。其他函数也可以相互调用，但 main( ) 函数可以调用其他的功能函数，而不能被其他函数所调用。功能函数可以是 C 语言编译器提供的库函数，也可以是有用户定义的自定义函数，在编制 C 语言程序时，程序的开始部分一般是预处理命令、函数说明和变量定义等。C 语言程序结构一般如下：

```
#include  < reg51. h >        //预处理命令
main（ ）                      //主函数
{
        函数体；
}
```

2. MCS－51 单片机特殊功能寄存器（SFR）及其 C51 定义方法

MCS－51 系列单片机中，除了程序计数器 PC 和 4 组工作寄存器组外，其他所有的寄存器均为特殊功能寄存器（SFR），分布在片内 RAM 的高 128B 中，地址范围为 80H～0FFH。SFR 中地址为 8 的倍数的寄存器具有位寻址能力。为了能直接访问 SFR，C51 编译器提供了一种与标准 C 语言不兼容，而只适用于对 MCS－51 系列单片机进行 C 语言编程的 SFR 定义方法，其定义 8 位 SFR 语句的一般格式为：

sfr sfr_ name = int constant；

最前面的"sfr"是定义特殊功能寄存器的关键字，其后在 sfr_ name 处必须是一个 MCS－51系列单片机真实存在的 SFR 名，"＝"后面必须是一个整型常数，不允许是带有运算符的表达式，该常数就是 sfr_ name 所代表的字节地址，这个常数的取值必须在 SFR 地址范围内（080H～0FFH）。当然 sfr_ name 的字符名称可以任意设置，只要"＝"后边的常数值正确就行，但最好与汇编语言中的名字相同。例如：

sfr SCON ＝ 0x98；/ ＊ 设置 SFR 串行口寄存器地址为 98H ＊/

sfr TMOD ＝ 0x89；/ ＊ 设置 SFR 定时器/计数器方式控制器地址为 89H ＊/

注意：SFR 的地址不是任意设置的，它必须与 MCS－51 系列单片机内部定义的完全相同，因 MCS－51 系列单片机的 SFR 的数量与类型不尽相同，况且一般而言每一个 C51 源程序都会用到 SFR 的设置，所以一般把 SFR 的定义放入一个头文件中，C51 自带的头文件"reg51. h"就是为了设置 SFR 的。用户可以根据具体的单片机型号对该文件进行增删。

在 MCS－51 单片机中，有些 SFR 在功能上组合为 16 位值，当 SFR 的高字节地址直接位于低字节之后时，这时对 16 位的 SFR 可以直接进行访问。采用关键字"sfr16"来定义，其他的与定义 8 位 SFR 的方法相同，只是"＝"后面的地址必须用 16 位 SFR 的低字节地址，即 16 位 SFR 的低字节地址作为"sfr16"的定义地址，其高字节地址在定义中没有体现。但应注意，这种定义方法只适用于所有新的 SFR，不能用于定时器/计数器 0 和 1 的定义。如：

sfr16 T2 ＝ 0xCC；   / ＊ 定义定时器 T2 的低 8 位地址为 0CCH，高 8 位地址为 0CDH ＊/

sfr16 T0 ＝ 0x8A；   / ＊ 定义错误，不能用来定义定时器/计数器 0 ＊/

对定时器/计数器 0 的定义应为：

sfr TH0 ＝ 0x8C；/ ＊ 定义定时器/计数器 0 的高字节地址 ＊/

sfr TL0 ＝ 0x8A；/ ＊ 定义定时器/计数器 0 的低字节地址 ＊/

对定时器/计数器 1 的定义也应与定时器/计数器 0 的定义方法相同。

SFR 的 sfr _ name 被定义后，就可以像普通变量一样用赋值语句进行赋值从而改变对应

的 SFR 的值。

由于 SFR 中地址为 8 的倍数的寄存器具有位寻址能力，那能否也像汇编语言一样能逐一访问这些 SFR 的位呢？是的，在 C51 中规定了支持 SFR 位操作的定义，当然它也是与标准 C 语言不兼容的，使用"sbit"来定义 SFR 的位寻址单元。定义 SFR 的位寻址单元的语法格式有三种：

第一种格式：sbit bit _ name = sfr _ name^int constant

这是一种最常用也是最直观的定义方法。这里"sbit"是关键字，其后在 bit _ name 处必须是一个 MCS－51 系列单片机真实存在的某 SFR 的位名，"="后面在 sfr _ name 处必须是一个 MCS－51 系列单片机真实存在的 SFR 名，且必须是已定义过的 SFR 的名字，"^"后的整型常数（int constant）是寻址位在 SFR "sfr _ name"中的位号，取值范围为 0～7。例如：

sfr PSW = 0xD0；／＊先定义程序状态字 PSW 的地址为 0D0H ＊／

sbit OV = PSW^2 ／＊定义溢出标志位 OV 为 PSW. 2，地址映象为 0D2H ＊／

sbit CY = PSW^7 ／＊定义进位标志位 CY 为 PSW. 7，地址映象为 0D7H ＊／

第二种格式：sbit bit _ name = int constant ^ int constant

与第一种格式不同的是在第二种格式中的 sfr _ name 处用 SFR 的地址代替，这样，定义 SFR 的那条语句就可省略了。例如：

sbit OV = 0xD0^2 ／＊定义溢出标志位 OV，是地址 0D0H 的第 2 位，地址映象为 0D2H ＊／

sbit CY = 0xD0^7 ／＊定义进位标志位 CY，是地址 0D0H 的第 7 位，地址映象为 0D7H ＊／

这里用 0xD0 代替了 PSW，同时定义 PSW 的语句就可省略。

第三种格式：sbit bit _ name = int constant

这里直接定义 SFR 的位寻址单元的地址映象地址。例如：

sbit OV = 0xD2 ／＊直接定义溢出标志位 OV，地址映象为 0D2H ＊／

sbit CY = 0xD7 ／＊直接定义进位标志位 CY，地址映象为 0D7H ＊／

bit _ name 通过定义以后就可以当作普通位变量进行存取了。

3. C51 数据类型

数据类型是数据的不同格式，数据按一定的数据类型进行的排列、组合、架构称为数据结构。C51 提供的数据结构是以数据类型的形式出现的，C51 的数据类型有位型（bit）、无符号字符型（unsigned char）、有符号字符型（signed char）、无符号整型（unsigned int）、有符号整型（signed int）、无符号长整型（unsigned long）、有符号长整型（signed long）、浮点型（float）、双精度浮点型（double）和指针类型，以及 C51 独有的扩充数据类型 sbit、sfr 和 sfr16 等。

C51 支持的数据类型、长度和数据表示域见表 2-9。

表 2-9 C51 的数据类型

数据类型	长度（bit）	长度（byte）	数据表示域
bit	1		0，1
unsigned char	8	1	0～255

（续）

数据类型	长度（bit）	长度（byte）	数据表示域
signed char	8	1	−128 ~ 127
unsigned int	16	2	0 ~ 65 535
signed int	16	2	−32 768 ~ 32 767
unsigned long	32	4	0 ~ 4 294 967 295
signed long	32	4	−2 147 483 648 ~ 2 147 483 647
float	32	4	±1.176E − 38 ~ ±3.40E + 38（6 位数字）
double	64	8	±1.176E − 308 ~ ±3.40E + 308（10 位数字）
指针型 *	24	3	存储空间 0 ~ 65 535
sbit	1		0, 1
sfr	8	1	0 ~ 255
sfr16	16	2	0 ~ 65 535

C51 还支持构造数据类型，构造的数据类型（如结构、联合等）可以包括表中所列的所有数据变量类型。

（1）字符型 char　char 型数据长度是一个字节，通常用于定义处理字符数据的变量或常量。分无符号字符类型 unsigned char 和有符号字符类型 signed char，只书写 char 时默认为 signed char，它们的长度均为一个字节。对于有符号字符型 signed char，它用于定义带符号字节数据，其字节的最高位为数据的符号位，"0" 表示正数，"1" 表示负数，数据用补码表示（正数的补码与原码相同，负数的补码等于它的原码除符号位外取反加 1），所能表示的数值范围是 −128 ~ +127；对于无符号字符型 unsigned char，它用于定义无符号字节数据或字符，可以存放一个字节的无符号数，用字节中所有的位来表示数值，所能表示的数值范围是 0 ~ 255，也可以存放西文字符，一个西文字符占一个字节，在计算机内部用 ASCII 码存放。在 51 单片机程序中，unsigned char 是最常用的数据类型。

（2）整型 int　int 型数据长度为两个字节，有 singed int 和 unsigned int 之分，只书写 int 时默认为 signed int，它们的长度均为两个字节。对于 signed int，它用于定义两字节带符号数，用补码表示，所能表示的数值范围为 −32 768 ~ +32 767，字节中最高位表示数据的符号，"0" 表示正数，"1" 表示负数。对于 unsigned int，它用于定义两字节无符号数，所能表示的数值范围为 0 ~ 65 535。

（3）长整型 long　有 singed long 和 unsigned long 之分，只书写 long 时默认为 signed long。它们的长度均为四个字节，用于定义一个四字节数据。对于 signed long，它用于定义四字节带符号数，用补码表示，所能表示的数值范围为 −2 147 483 648 ~ +2 147 483 647，字节中最高位表示数据的符号，"0" 表示正数，"1" 表示负数；对于 unsigned long，它用于定义四字节无符号数，所能表示的数值范围为 0 ~ 4 294 967 295。

（4）单精度浮点型 float　float 型数据的长度为四个字节，格式符合 IEEE − 754 标准的单精度浮点型数据，包含指数和尾数两部分，最高位为符号位，"1" 表示负数，"0" 表示正数，其次的 8 位为阶码，最后的 23 位为尾数的有效数位。所能表示的数值范围为 ±1.176E − 38 ~ ±3.40E + 38，E + 38 代表 10 的 38 次幂。

（5）＊指针型　指针型本身就是一个变量，在这个变量中存放着指向另一个变量的地址。这个指针变量要占用一定的内存单元。对不同的处理器，其长度不一样，在 C51 中它的长度一般为 1 ~ 3 个字节。

（6）特殊功能寄存器型　这是 C51 扩充的数据类型，用于访问 MCS - 51 单片机中的特殊功能寄存器数据。它分 sfr 和 sfr16 两种类型，其中 sfr 为字节型特殊功能寄存器类型，占一个内存单元，值域为 0 ~ 255。利用它可以访问 MCS - 51 内部的所有特殊功能寄存器；sfr16 为双字节型特殊功能寄存器类型，占用两个字节单元，利用它可以访问 MCS - 51 内部的所有两个字节的特殊功能寄存器，如 DPTR。在 C51 中对特殊功能寄存器的访问必须先用 sfr 或 sfr16 进行声明。

（7）位类型　这也是 C51 中扩充的数据类型，用于访问 MCS - 51 单片机中的可寻址位单元。在 C51 中，支持两种位类型：bit 型和 sbit 型。它们在存储器中都只占一个二进制位，其值可以是 "1" 或 "0"。其中用 bit 定义的位变量在 C51 编译器编译时，在不同的时候位地址是可以变化的。而用 sbit 定义的位变量必须与 MCS - 51 单片机的一个可以寻址位单元或可位寻址的字节单元中的某一位联系在一起，在 C51 编译器编译时，其对应的位地址是不可变化的。

在 C 语言程序中的表达式或变量赋值运算中，有时会出现与运算对象的数据类型不一致的情况，C51 允许任何标准数据类型之间的自动隐式转换。隐式转换按以下优先级别自动进行：

$$\text{bit} \to \text{char} \to \text{int} \to \text{long} \to \text{float}$$

其中箭头方向表示数据类型级别的高低，转换时由低向高进行，而不是数据转换时的顺序。一般来说，如果有几个不同类型的数据同时参加运算，先将低级别类型的数据转换成高级别类型，再作运算处理，并且运算结果为高级别类型数据。

4. C51 的运算量

（1）常量　常量是指在程序执行过程中其值不能改变的量。在 C51 中，变量的定义可以使用所有 C51 编译器所支持的数据类型，而常量的数据类型只有整型常量、浮点型常量、字符型常量、字符串型常量和位常量。

整型常量也就是整型常数，根据其值范围在计算机中分配不同的字节数来存放。在 C51 中它可以表示成以下形式：十进制整数如 234、- 56、0 等；十六进制整数以 0x 开头表示，如 0x12 表示十六进制数 12H；在 C51 中当一个整数的值达到长整型的范围，则该数按长整型存放，在存储器中占四个字节，另外，如一个整数后面加一个字母 L，这个数在存储器中也按长整型存放。如 123L 在存储器中占四个字节。

浮点型常量也就是实型常数，有十进制表示形式和指数表示形式。十进制表示形式又称定点表示形式，由数字和小数点组成，整数或小数部分为 0，可以省略但必须有小数点。如 0.123、34.645 等都是十进制数表示形式的浮点型常量。指数表示形式为：

［+/-］数字［. 数字］e［+/-］数字

［　］中的内容为可选项，其中内容根据具体情况可有可无，但其余部分必须有，例如：123.456e - 3、- 3.123e2 等都是指数形式的浮点型常量。

字符型常量是用单引号引起的字符，如 'a'，'1'，'F' 等，可以是可显示的 ASCII 字符，也可以是不可显示的控制字符。对不可显示的控制字符须在前面加上反斜杠 "＼" 组

成转义字符。利用它可以完成一些特殊功能和输出时的格式控制。

字符串型常量由双引号""括起的字符组成。如"test"、"OK"、"1234"、"ABCD"等。当引号内没有字符时，为空字符串。注意字符串常量与字符常量是不一样的，一个字符常量在计算机内只用一个字节存放，而字符串常量是作为字符类型数组来处理的，一个字符串常量在内存中存放时不仅双引号内的一个字符占一个字节，而且系统会自动的在后面加一个转义字符"＼0"作为字符串结束符。因此不要将字符常量和字符串常量混淆，如字符常量'A'和字符串常量"A"是不一样的，后者在存储时多占用一个字节的空间。

常量可用在不必改变值的场合，如固定的数据表、字库等。常量的定义方式有几种，下面来加以说明。

```
#define FALSE 0x0；//用预定义语句可以定义常量，这里定义 False 为 0，True 为 1
#define TRUE 0x1；//在程序中用到 False 编译时自动用 0 替换，同理 True 替换为 1
code unsigned int a = 100；//这一句用 code 把 a 定义在程序存储器中并赋值
const unsigned int a = 100；//这一句用 const 关键字把 a 定义在 RAM 中并赋值
```

常量的合理使用可以提高程序的可读性、可维护性。因此，一个非小型的高质量的单片机 C 程序必定会用到常量。上面介绍了定义常量的三种方法：宏定义、用 code 关键字定义以及用 const 关键字定义。通过宏定义的常量并不占用单片机的任何存储空间，而只是告诉编译器在编译时把标识符替换一下，这在资源受限的单片机程序中显得非常有用。用 code 关键字定义的常量放在单片机的程序存储器中；用 const 关键字定义的常量放在单片机的 RAM 中，要占用单片机的变量存储空间。单片机的程序存储器空间毕竟要比 RAM 大得多（S51、C51 只有 128B 的 RAM 空间，S52、C52 只有 256B 的 RAM 空间），所以当要定义比较大的常量数组时，用 code 关键字定义常量要比用 const 关键字定义合理一些。

（2）变量　变量是在程序运行过程中其值可以改变的量。一个变量由两部分组成：变量名和变量值。每个变量都有一个变量名，在存储器中占用一定的存储单元，变量的数据类型不同，占用的存储单元数也不一样。在存储单元中存放的内容就是变量值。

在 C51 中，变量在使用前必须对变量进行定义，指出变量的数据类型和存储模式。以便编译系统为它分配相应的存储单元。定义的格式如下：

【存储种类】数据类型说明符【存储器类型】变量名【＝初值】

在定义变量时，必须通过数据类型说明符指明变量的数据类型，指明变量在存储器中占用的字节数。可以是基本数据类型说明符，也可以是组合数据类型说明符，还可以是用 typedef 或#define 定义的类型别名。

在 C51 中，为了增加程序的可读性，允许用户用 typedef 或#define 为系统固有的数据类型说明符起别名，格式如下：

typedef　C51 固有的数据类型说明符　类型别名；

或　#define　定义的类型别名　C51 固有的数据类型说明符

定义别名后，就可以用别名代替数据类型说明符对变量进行定义。

变量名是 C51 为区分不同变量而取的名称。在 C51 中规定变量名可以由字母、数字和下划线三种字符组成，且第一个字母必须为字母或下划线。变量名有两种：普通变量名和指针变量名。它们的区别是指针变量名前面带"＊"号。

84

5. 函数的定义

用户用 C51 语言进行程序设计过程中，既可以用系统提供的标准库函数，也可以使用用户自己定义的函数。对于系统提供的标准库函数，用户使用时需在之前通过预处理命令 #include 将对应的标准函数库包含到程序开始。而对于用户自定义函数，在使用之前必须对它进行定义，定义之后才能调用。

函数往往由"函数定义"和"函数体"两部分组成。函数定义部分包括函数类型、函数名、形式参数说明等，函数名后面必须跟一个圆括号 （　），形式参数在 （　） 内定义。函数体由一对花括号"｛　｝"将函数体的内容括起来。如果一个函数内有多个花括号，则最外层的一对"｛　｝"为函数体的内容。函数定义的一般格式如下：

函数类型　函数名（形式参数表）
｛
　　声明语句；
　　执行语句；
｝

格式说明：

1）函数类型：函数类型说明了函数返回值的类型。它可以是前面介绍的各种数据类型，用于说明函数最后的 return 语句送回给被调用处的返回值的类型。如果一个函数没有返回值，函数类型可以不写。实际处理中，这时一般把它的类型定义为 void。

2）形式参数表：形式参数表用于指明在主函数与被调用函数之间进行数据传递的形式参数。在函数定义时形式参数的类型必须说明，可以在形式函数表的位置说明，也可以在函数名后面，函数体前面进行说明。如果函数没有数据传递，在定义时形式参数可以没有或用 void 代替，但括号不能省。

3）函数名：函数名是 C51 区分不同函数而取的名称。在 C51 中规定函数名可以由字母、数字和下划线三种字符组成，且第一个字母必须为字母或下划线。

4）函数体：函数体内包含若干语句，一般由两部分组成：声明部分和执行部分。声明部分用于对函数中用到的变量进行定义，也可能对函数体中调用的函数进行声明。执行部分由若干语句组成，用来完成一定功能。当然也有的函数体仅有一对"｛　｝"，其中内部既没有声明部分，也没有执行部分，这种函数称为空函数。

【例 2-14】 定义一个返回两个数中最大值的函数 max（　）

```
int max （int x, int y）
｛
int  z;
z = x > y? x: y;        //如果 x 大于 y, 则 z 等于 x 值, 否则 z 等于 y 值
return （z）;
｝
```

也可以用成这样

```
int max （x, y）
int x, y;
｛int z;
```

```
z = x > y? x: y;
return (z);
}
```

　　C 语言程序在书写时格式十分自由，一条语句可以写成一行，也可以写成几行，还可以一行内写多条语句，但每条语句后面必须以分号"；"作为结束符。C 语言程序对大小写字母比较敏感。在程序中，对于同一个字母的大小写，系统是做不同处理的。在程序中可以用"/ * …… * /"或"//"对 C 程序中的任何部分做注释，以增加程序的可读性。

【工程训练】

练一练

　　通过单片机 P1 口控制 8 只彩灯，使用 C51 编程实现 8 只彩灯逆序循环点亮，由同学们动手仿真实现。参考程序如下：

```c
#include < reg51. h >
sbit P1 _ 0 = P1^0;
sbit P1 _ 1 = P1^1;
sbit P1 _ 2 = P1^2;
sbit P1 _ 3 = P1^3;
sbit P1 _ 4 = P1^4;
sbit P1 _ 5 = P1^5;
sbit P1 _ 6 = P1^6;
sbit P1 _ 7 = P1^7;
void Delay (unsigned char a)
{
unsigned char i;
while ( − −a ! = 0)
{
for (i = 0; i < 250; i + +);   //一个 ; 表示空语句，CPU 空转。
}                              //i 从 0 加到 250，CPU 大概耗时 2ms
}
void main (void)
{
while (1)                     //循环语句 while，当小括号中的值为非 0 数时，反复
                              执行
{                            //循环体语句，即它下面 { } 中的语句组，直到小
                              括号中的
P1 _ 0 = 0;                  //值为 0。while (1) 为无限循环语句。
Delay (250);
```

```
P1 _ 0  = 1;
P1 _ 1  = 0;
Delay（250）;
P1 _ 1  = 1;
P1 _ 2  = 0;
Delay（250）;
P1 _ 2  = 1;
P1 _ 3  = 0;
Delay（250）;
P1 _ 3  = 1;
P1 _ 4  = 0;
Delay（250）;
P1 _ 4  = 1;
P1 _ 5  = 0;
Delay（250）;
P1 _ 5  = 1;
P1 _ 6  = 0;
Delay（250）;
P1 _ 6  = 1;
P1 _ 7  = 0;
Delay（250）;
P1 _ 7  = 1;
}
}
```

sbit 定义位变量，unsigned char a 定义无符字符型变量 a，以节省单片机内部资源，其有效值为 0～255。main 函数调用 Delay（ ）函数。Delay 函数使单片机空转，一个 LED 持续点亮后，再灭掉，下一个 LED 亮，8 个 LED 循环往复，while（1）表示无限循环。

四路抢先器的设计与实现

项目名称	四路抢先器的设计与实现	参考学时	12 学时
项目引入	抢先器是一种生产生活中的常用设备，在人们生活中各种竞猜、抢答场合，抢先器能迅速、客观地分辨出最先获得发言权的选手，在现代工业计算机控制领域，抢先控制、令牌控制已经被广泛应用。目前大多数抢先器均使用单片机和外围辅助电路进行搭建，并增加了许多新的功能，如号码显示等功能，应用起来方便、简单，并且单片机周围的辅助电路也比较少，便于控制和实现。整个系统具有极其灵活的可编程性，能方便地对系统进行功能的扩展和更新。		
项目目标	1. 掌握单片机中断系统的概念和功能； 2. 掌握中断系统的结构和控制方式； 3. 掌握按键与 LED 显示器的工作原理； 4. 具备熟练编写数码管显示程序的能力； 5. 具备熟练编写单片机中断处理程序的能力； 6. 具备上机调试程序及进行系统整体调试的能力； 7. 具备获取新信息和查找相关资料的能力； 8. 具备按照要求进行项目设计及优化决策的能力； 9. 具有项目实施及解决问题的能力； 10. 具备良好的沟通能力和团队协作能力； 11. 具备良好的工艺意识、标准意识、质量意识和成本意识。		
项目要求	设计一个四路抢先器，在按下"开始"键后，甲、乙、丙、丁 4 组可以按键抢答，只要有一组按下，蜂鸣器就响，同时显示工号，显示若干时间后，回到初始状态。可以增设附加条件，如在未抢答前进行 LED 跑马灯闪烁，在没有按下"开始"键提前抢答者犯规等设置。项目具体要求如下： 1. 制订项目工作计划； 2. 完成硬件电路图的绘制； 3. 完成软件流程图的绘制； 4. 完成源程序的编写与编译工作； 5. 完成系统的搭建、运行与调试工作。		
项目实施	构思（C）：项目构思与任务分解，建议参考学时为 3 学时； 设计（D）：硬件设计与软件设计，建议参考学时为 3 学时； 实现（I）：仿真调试与系统制作，建议参考学时为 4 学时； 运行（O）：系统运行与项目评价，建议参考学时为 2 学时。		

【项目构思】

在单片机应用系统中，利用单片机中断系统对外部事件做出实时反映，实现各种功能控制的情况十分普遍，这也是单片机最基本的应用之一。

一、项目分析

在知识竞赛中，特别是做抢答题时，若只靠人的视觉或听觉很难判断出哪一组或哪一个选手先抢到答题权，缺少客观的评判。为了确切知道哪一组或哪一位选手先抢到答题权，必须要有一个精密系统（如图3-1所示）来完成这个任务。利用单片机来设计抢答器就可以很好地使以上问题得以解决，即使两组的抢答时间相差几微秒，也能轻松地分辨出哪一组或哪个选手先抢到答题权。

图3-1　竞赛用抢先器

本项目可以采用51单片机作为主控核心，与发光二极管、数码管和蜂鸣器等外围部件构成硬件电路，利用汇编程序或C语言编程，使用单片机的中断系统来控制实现选手抢答功能，主持人按键（即外部中断请求按键）按下后选手方可抢答，否则选手抢答无效。

 让我们首先了解一下单片机中断系统吧！

二、中断系统

中断是个什么样的概念呢？

在大家的日常生活中，中断处理过程是十分常见的。例如，当某学生正在家中写作业时，门铃和电话铃同时响了，这时该学生必须对这两个事件做出反应，并迅速做出判断：是先接电话还是先开门。假如认为开门比较紧急，就会暂时停止写作业而先去开门，然后去接听电话，这两个事件处理完后，再从原来中断的地方接着写作业。这个例子实际上包含了单片机处理中断的4个步骤：中断请求，中断响应，中断处理和中断返回。

在单片机中，当CPU在执行程序时，由单片机内部或外部的原因引起的随机事件要求CPU暂时停止正在执行的程序，而转向执行一个用于处理该随机事件的程序，处理完后又返回被中止的程序断点处继续执行，这一过程就称为中断。中断流程如图3-2所示。

向CPU发出中断请求的来源，或引起中断的原因称为中断源。中断源要求服务的请求称为中断请求。中断源可分为两大类：一类来自单片机内部，称之为内部中断源；另一类来自单片机外部，称之为外部中断源。

图3-2　中断流程

（一）中断的功能

1. 中断系统的功能

中断系统是指能实现中断功能的硬件和软件。中断系统的功能一般包括以下几个方面。

（1）进行中断优先级排队　通常，单片机中有多个中断源，设计人员能按轻重缓急给每个中断源赋予一定的中断优先级。当两个或两个以上的中断源同时请求中断时，CPU 可通过中断优先级排队电路首先响应中断优先级高的中断请求，等到处理完优先级高的中断请求后，再来响应优先级低的中断请求。

（2）实现中断嵌套　CPU 在响应某一中断源中断请求而进行中断处理时，若有优先级更高的中断源发出中断请求，CPU 会暂停正在执行的中断服务程序，转向执行中断优先级更高的中断源的中断服务程序，等处理完这个高优先级的中断请求后，在返回来继续执行被暂停的中断服务程序。这个过程称为中断嵌套，中断嵌套流程如图 3-3 所示。

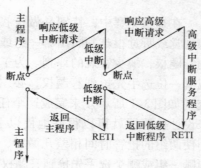

图 3-3　中断嵌套流程

（3）自动响应中断　中断源向 CPU 发出的中断请求是随机的。通常，CPU 总是在每条指令的最后状态对中断请求信号进行检测；当某一中断源发出中断请求时，CPU 能根据相关条件（如中断优先级、是否允许中断）进行判断，决定是否响应这个中断请求。若允许响应这个中断请求，CPU 在执行完相关指令后，会自动完成断点地址压入堆栈、中断地址送入程序计数器 PC、撤除本次中断请求标志，转入执行相应中断服务程序。

（4）实现中断返回　CPU 响应某一中断请求，转入执行相应中断服务程序，在执行中断服务程序最后的中断返回指令时，会自动弹出堆栈区中保存的断点地址，返回到中断前的原程序中。

2. 中断的特点

（1）可以提高 CPU 的工作效率　中断功能解决了高速工作的 CPU 与低速工作的外设之间的矛盾。CPU 可以通过分时操作启动多个外设同时工作，CPU 继续执行主程序，各外设和 CPU 并行工作；任何一个外设在工作完成后，都可以向 CPU 发出中断请求，从而中断原程序去执行相应的中断服务程序，中断返回后，CPU 继续执行原程序。因此，CPU 在和外设交换信息时通过中断就可以避免不必要的等待和查询时间，大大提高了它的工作效率。

（2）实现实时处理　在实时控制系统中，被控对象的各种实时参数和信息会随时间不断变化，单片机必须及时得到这些参数和信息并进行分析处理，以便对系统实施正确的调节和控制。有了中断功能，被控对象的实时参数和信息，可以中断请求的方式要求 CPU 及时处理，在满足中断相应条件时，CPU 会及时进行处理，从而提高实时数据处理的时效性。

（3）处理故障　单片机控制系统的故障会在使用过程中随机发生，故障信号也可以通过中断立刻通知 CPU，使它可以迅速采集实时数据和故障信息，并对系统做出应急处理。

（二）中断系统结构

8051 单片机的中断系统主要由与中断有关的 4 个特殊功能寄存器和硬件查询电路等组成。定时器控制寄存器 TCON、串行口控制寄存器 SCON、中断允许寄存器 IE 和中断优先级寄存器 IP 主要用于控制中断的开放和关闭、保存中断信息、设定优先级别。硬件查询电路主要用于判定 5 个中断源的自然优先级别。中断系统结构如图 3-4 所示。

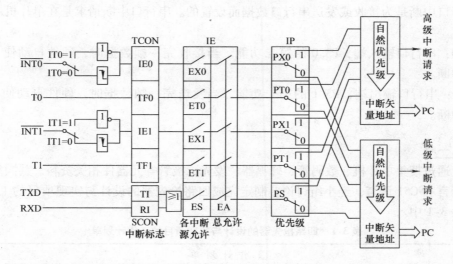

图 3-4　中断系统结构

单片机类型不同，其中断源的数量也不同，8051 单片机的中断源有五个，可分为三类，即外部中断、定时中断和串行口中断。

1. 外部中断

外部中断是由外部原因（如打印机、键盘、控制开关、外部故障）引起的，可以通过两个固定引脚来输入到单片机内的信号，即外部中断 0（$\overline{INT0}$）和外部中断 1（$\overline{INT1}$）。

$\overline{INT0}$——外部中断 0 中断请求信号输入端，P3.2 的第二功能。由定时器控制寄存器 TCON 中的 IT0 位决定中断请求信号是低电平有效还是下降沿有效。一旦输入信号有效，即向 CPU 申请中断，并且硬件自动使 IE0 置 1。

$\overline{INT1}$——外部中断 1 中断请求信号输入端，P3.3 的第二功能。由定时器控制寄存器 TCON 中的 IT1 位决定采用电平触发方式还是边沿触发方式。一旦输入信号有效，即向 CPU 申请中断，并且硬件自动使 IE1 置 1。

2. 定时中断

定时中断是由内部定时（或计数）溢出或外部定时（或计数）溢出引起的，即定时器 0（T0）中断和定时器 1（T1）中断。

当定时器对单片机内部定时脉冲进行计数而发生计数溢出时，即表明定时时间到，由硬件自动使 TF0（TF1）置 1，并申请中断。当定时器对单片机外部计数脉冲进行计数而发生计数溢出时，即表明计数次数到，由硬件自动使 TF0（TF1）置 1，并申请中断。外部计数脉冲由两个固定引脚输入单片机内部。

T0：外部计数输入端，P3.4 的第二功能。当定时器 0 工作于计数方式时，外部计数脉冲下降沿有效，定时器 0 进行加 1 计数。

T1：外部计数输入端，P3.5 的第二功能。当定时器 1 工作于计数方式时，外部计数脉冲下降沿有效,定时器1进行加1计数。

3. 串行口中断

串行口中断是为接收或发送串行口数据而设置的。串行口中断请求是在单片机芯片内部发生的。

RXD:串行口输入端,P3.0的第二功能。当接收完一帧数据时,硬件自动使RI置1,并申请中断。

TXD:串行口输出端,P3.1的第二功能。当发送完一帧数据时,硬件自动使TI置1,并申请中断。

学生通过搜集单片机、数码管、蜂鸣器、发光二极管等元器件相关资料、共同复习、学习汇编语言和C51语言,经小组讨论,制定完成四路抢先器的设计与实现项目的工作计划,填写在表3-1中。

表3-1 四路抢先器的设计与实现项目的工作计划单

工 作 计 划 单				
项 目				学时:
班 级				
组 长		组 员		
序号	内容	人员分工		备注
学生确认			日期	

【项目设计】

本项目中的硬件部分电路设计采用51单片机作为主控核心,由发光二极管、数码管、蜂鸣器等元器件构成外围电路,利用单片机中断系统工作原理,编写汇编语言源程序或C语言源程序,实现四路抢先器功能。

一、键盘接口电路设计

按键是如何工作的呢?

(一) 独立式键盘

按照键盘与单片机的连接方式可分为独立式键盘与矩阵式键盘。独立式键盘上的按键相互独立,每个按键占用一根I/O口线,每根I/O口线上按键的工作状态不会影响到其他按键。独立式键盘的优点是软件程序编写简单,缺点是占用I/O口线较多(一个引脚只能接一个键),适用于按键数量较少的单片机应用系统中。图3-5为4个独立式键盘的应用电路。

1. 按键闭合测试，检查是否有按键闭合

程序如下：

```
KCS： MOV   P1，#0FFH
      MOV   A，P1
      CPL   A
      ANL   A，#0FH
      RET
```

若有按键闭合，则（A）≠0，若无按键闭合，则（A）=0。

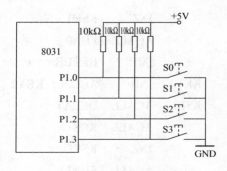

图 3-5　独立式键盘应用电路

2. 去抖动

当测试到有按键闭合后，需进行去抖动处理。由于按键闭合时的机械弹性作用，按键闭合时不会马上稳定接通，按键断开时也不会马上断开，由此在按键闭合与断开的瞬间会出现电压抖动，如图 3-6 所示。按键抖动的时间一般为 5～10ms，抖动现象会引起 CPU 对一次按键操作进行多次处理，从而可能产生错误，因而必须设法消除抖动的不良后果。通过去抖动处理，可以得到按键闭合与断开的稳定状态。去抖动的方法有硬件与软件两种，其中硬件方法是加去抖动电路，如可通过 RS 触发器实现硬件去抖动；软件方法是在第一次检测到键盘按下后，先执行一段 10ms 的延迟子程序后，再确认该按键是否确实按下，躲过抖动，待信号稳定之后，再进行按键扫描。通常多采用软件方法。

图 3-6　按键抖动示意图

3. 采用查询方式确定键位

如图 3-6 可见，若某按键闭合则单片机的相应引脚输入低电平。

4. 按键释放测试

由于按键闭合一次只能进行一次按键功能操作，因此必须等待按键释放后再进行按键功能操作，否则按键闭合一次系统会连续多次重复相同的按键操作。对于开关式按键，可不必等待按键释放。

程序如下：

```
KEY：   ACALL   KCS             ;检查是否有按键闭合
        JZ      RETURN          ;无按键闭合则返回
        ACALL   DELAY           ;有按键闭合，延时 12ms 消抖动
KEY0：  JNB     ACC.0，KEY1      ;不是 0 号键，查下一键
KSF0：  ACALL   DELAY           ;是 0 号键，调延时子程序等待按键释放
        ACALL   KCS             ;检查按键是否释放
```

```
        JNZ      KSF0        ；没释放等待
        ACALL    FUN0        ；若按键已释放，执行 0 号按键功能
        JMP      RETURN      ；返回
KEY1：  JNB      ACC.1，KEY2  ；检测 1 号按键
KSF1：  ACALL    DELAY
        ACALL    KCS
        JNZ      KSF1
        ACALL    FUN1
        …
KEY3：  JNB      ACC.3，RETURN ；检测 3 号按键
KSF3：  ACALL    DELAY
        ACALL    KCS
        JNZ      KSF3
        ACALL    FUN3
RETURN：RET                  ；子程序返回
```

（二）矩阵式键盘

矩阵式键盘又称行列式键盘，如图 3-7 所示。图中 P1 口的 8 根线分别作为 4 根行线与 4 根列线，在其行、列交汇点接有 16 个键盘，与独立式键盘相比，单片机口线资源利用率提高了一倍。同时在单片机系统中，CPU 除了对键盘进行处理外，还要进行数据处理、结果输出显示及其他各种控制，因此键盘处理不应占用 CPU 过多的时间，但又必须保证 CPU 能够检测到键盘的工作。为提高 CPU 的工作效率，可采用中断扫描方式。当无按键闭合时，CPU 处理自己的工作，当有按键闭合时，产生中断请求，CPU 转去执行键盘扫描子程序并执行相应的功能。图 3-8 即为采用中断方式的键盘扫描电路，与图 3-7 相比，本电路采用 4 输入与门用于产生键盘中断，其输入端与各行线相连，输出端接至单片机的外部中断输入端 $\overline{INT0}$。当无按键闭合时，与门各输入端均为高电平，输出端为高电平；当有按键闭合时，$\overline{INT0}$ 为低电平，向 CPU 申请中断。若 CPU 开放中断，则会响应该键盘中断，转去执行键盘扫描子程序。

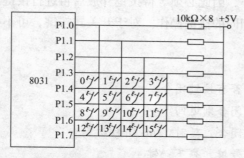

图 3-7　矩阵式键盘

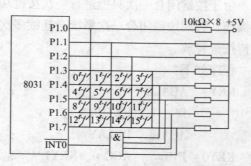

图 3-8　中断方式键盘电路

二、LED 显示接口电路设计

LED 数码管是如何工作的呢?

(一) LED 显示器

LED (Light Emitting Diode) 显示器是由发光二极管作为显示字段的数码型显示器件,具有显示清晰、成本低廉、配置灵活、与单片机接口简单易行的特点,在单片机应用系统中得到了广泛的应用。

1. LED 显示器结构与分类

LED 显示器内部由 7 段发光二极管组成,因此亦称之为七段 LED 显示器,由于主要用于显示各种数字符号,故又称之为 LED 数码管。每个显示器还有一个圆点形发光二极管(用符号 dp 表示),用于显示小数点,图 3-9 为 LED 显示器的外形与引脚图。根据其内部结构,LED 显示器可分为共阴极与共阳极两种结构类型,如图 3-10 所示。

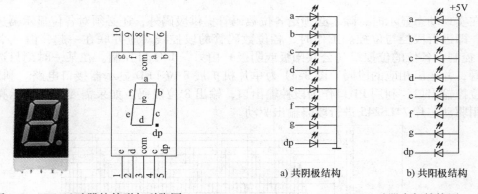

图 3-9　LED 显示器的外形与引脚图　　　　图 3-10　LED 显示器内部结构图

1) 共阴极 LED 显示器。图 3-10a 为共阴极 LED 显示器的内部结构。图中各二极管的阴极连在一起,公共端接低电平,若某段阳极加上高电平则该段发光二极管就导通发光,而输入低电平的段则不发光。

2) 共阳极 LED 显示器。图 3-10b 为共阳极 LED 显示器的内部结构。图中各二极管的阳极连在一起,公共端接高电平,若某段阴极加上低电平则该段发光二极管就导通发光,而输入高电平的段则不发光。

LED 数码管通常有红色、绿色、黄色三种,以红色应用最多。由于二极管的发光材料不同,数码管有高亮与普亮之分,应用时根据数码管的规格与显示方式等决定是否加驱动电路。

2. LED 显示器的段码

七段 LED 显示器可采用硬件译码与软件译码两种方式。在数字电路课程中应该介绍过硬件译码显示方法,如利用 74LS47 等实现译码显示,这里主要介绍软件方式实现译码显示。加在显示器上对应各种显示字符的二进制数据称为段码。在数码管中,七段发光二极管加上一个小数点位共计 8 段,因此段码为 8 位二进制数,即一个字节。由于点亮方式不同,共阴极与共阳极两种 LED 数码管的段码是不同的,见表 3-2。

表 3-2　LED 数码管段码表

字型	共阳极段码	共阴极段码	字型	共阳极段码	共阴极段码
0	C0H	3FH	9	90H	6FH
1	F9H	06H	A	88H	77H
2	A4H	5BH	b	83H	7CH
3	B0H	4FH	C	C6H	39H
4	99H	66H	d	A1H	5EH
5	92H	6DH	E	86H	79H
6	82H	7DH	F	8EH	71H
7	F8H	07H	灭	FFH	00H
8	80H	7FH			

（二）LED 显示器的动态显示

在单片机应用系统中，通常具有多位 LED 显示器，在编程时需要采用动态显示方式。所谓动态显示，是指利用单片机控制显示器逐位点亮，而不是同时点亮。由于人眼视觉的残留效应，仍然感觉显示器是同时点亮的，但要求显示器动态点亮的速度足够快，否则会有闪烁感。

在实现动态显示时，除了必须给各位数码管提供段码外，还必须对各位显示器进行位的控制，即进行段控与位控。工作时，各位数码管的段控线对应并联在一起，由一个 8 位的 I/O 口控制；各位的位控线（公共阳极或阴极）由另一 I/O 口控制。在某一时刻只选通一位数码管，并送出相应的段码。图 3-11 为单片机扩展 8 位 LED 显示器接口电路。利用 P2 口作为位控输出口，利用 P1 口作为段控输出口，输出 8 位段码。如果需要增加显示亮度，可以采用驱动芯片 74LS245 进行段码输出驱动。

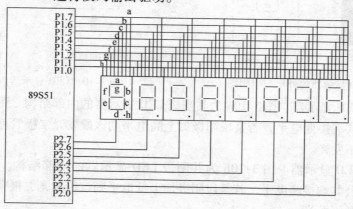

图 3-11　8 位 LED 显示器接口电路图

假设从左至右依次需要显示的数据存放在内部 RAM 的 20H ～ 27H 等 8 个单元中，编写动态显示子程序如下。

```
        MOV   R0, #20H          ; 确定显示单元首地址
        MOV   R1, #01111111B    ; 从左边开始显示
        MOV   R2, #08H          ; 共 8 个八段管
        MOV   P2, #0FFH         ; 所有位熄灭
LOOP:   MOV   A, @R0
        MOV   DPTR, #TAB
        MOVC  A, @A + DPTR      ; 查表取得字形码
```

MOV	P1，A	；输出字形码
MOV	P2，R1	；输出位选通信号
MOV	A，R1	；位码移位
RR	A	
MOV	R1，A	
INC	R0	；指向下一个显示单元
DJNZ	R2，LOOP	；8位未显示完则继续
RET		

 四路抢先器硬件系统要如何构建呢？

三、四路抢先器的电路设计

学生可以根据已掌握的单片机最小系统硬件电路，进行拓展加入发光二极管、晶体管、按键、蜂鸣器和数码管等外围器件，设计抢先器整体电路图。利用软件 Protel 绘制电路图，单片机的 P0 口控制数码管，P1 口控制 8 个发光二极管，P3 口接按键，参考硬件电路图如图 3-12 所示。实际应用中，主持人按下"开始"键后，A、B、C、D 4 组人员可以按键抢答，只要有一组按下后，蜂鸣器响，同时显示抢先者的号码。

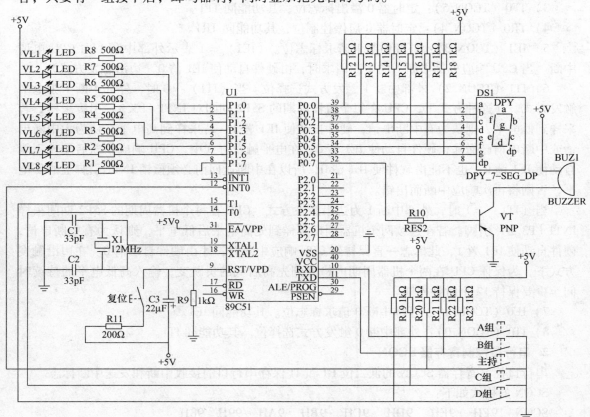

图 3-12　四路抢先器硬件电路图

四、中断处理程序设计

（一）中断系统控制

1. 定时器控制寄存器 TCON

定时器控制寄存器 TCON 的作用是控制定时器的启动与停止，并保存 T0、T1 的溢出中断标志和外部中断 $\overline{INT0}$、$\overline{INT1}$ 的中断标志。TCON 的格式如下：

TCON	8FH	8EH	8DH	8CH	8BH	8AH	89H	88H
（88H）	TF1	TR1	TF0	TR0	IE1	IT1	IE0	IT0

各位的功能说明如下。

1）TF1（TCON.7）：定时器 1 溢出标志位。定时器 1 启动计数后，从初值开始进行加 1 计数，当定时器 1 计满溢出时，由硬件自动使 TF1 置 1，并申请中断。该标志一直保持到 CPU 响应中断后，才由硬件自动清 0。也可用软件查询该标志位，并由软件清 0。

2）TR1（TCON.6）：定时器 1 启停控制位。软件置 TR1 为 1 时，定时器 1 启动计数。软件清 TR1 为 0 时，定时器 1 停止计数。

3）TF0（TCON.5）：定时器 0 溢出标志位，其功能同 TF1。

4）TR0（TCON.4）：定时器 0 启停控制位，其功能同 TR1。

5）IE1（TCON.3）：外部中断 1 请求标志位。（IE1）=1 表示外部中断 1 向 CPU 申请中断。当 CPU 响应外部中断 1 的中断请求时，由硬件自动使 IE1 清 0（边沿触发方式）。

6）IT1（TCON.2）外部中断 1 触发方式选择位。当（IT1）=0 时，外部中断 1 为电平触发方式。在这种方式下，CPU 在每个机器周期的 S5P2 期间对 $\overline{INT1}$（P3.3）引脚采样，若采样到低电平，则认为有中断申请，硬件自动使 IE1 置 1；若采样到高电平，认为无中断申请或中断申请已撤除，硬件自动使 IE1 清 0。在电平触发方式中，CPU 响应中断后硬件不能自动使 IE1 清 0，也不能由软件使 IE1 清 0，所以在中断返回前必须撤销 $\overline{INT1}$ 引脚上的低电平，否则将再次响应中断而出错。

当（IT1）=1 时，外部中断 1 为边沿触发方式。CPU 在每个机器周期的 S5P2 期间采样 $\overline{INT1}$（P3.3）引脚。若在连续两个机器周期采样到先高电平后低电平，则认为有中断申请，硬件自动使 IE1 置 1，此标志一直保持到 CPU 响应中断时，才由硬件自动清 0。在边沿触发方式下，为保证 CPU 在两个机器周期内检测到先高后低的负跳变，输入高低电平的持续时间至少要保持 12 个时钟周期。

7）IE0（TCON.1）：外部中断 0 请求标志位。其功能同 IE1。

8）IT0（TCON.0）：外部中断 0 触发方式选择位。其功能同 IT1。

2. 串行口控制寄存器 SCON

串行口控制寄存器 SCON 的低二位 RI 和 TI 保存串行口的接收中断和发送中断标志。SCON 的格式如下：

SCON	9FH	9EH	9DH	9CH	9BH	9AH	99H	98H
（98H）	SM0	SM1	SM2	REN	TB8	RB8	TI	RI

各位的功能说明如下：

1）TI（SCON.1）：串行发送中断请求标志位。CPU 将一个字节数据写入发送缓冲器 SBUF 后启动发送，每发送完一帧数据，硬件自动使 TI 置 1。但 CPU 响应中断后，硬件并不能使 TI 清 0，必须由软件使 TI 清 0。

2）RI（SCON.0）：串行接收中断请求标志位。在串行口允许接收时，每接收完一帧数据，硬件自动使 RI 置 1。但 CPU 响应中断后，硬件并不能自动使 RI 清 0，必须由软件使 RI 清 0。

SCON 的其他各位的功能将在以后讨论。

3. 中断允许寄存器 IE

中断允许寄存器 IE 的作用是控制 CPU 对中断的开放或屏蔽以及每个中断源是否允许中断。IE 的格式如下：

IE	AFH			ACH	ABH	AAH	A9H	A8H
（A8H）	EA	—	—	ES	ET1	EX1	ET0	EX0

各位的功能说明如下。

1）EA（IE.7）：CPU 中断总允许位。每个中断源是被允许还是被禁止，分别由各中断源允许位确定。（EA）= 1，CPU 开放中断。（EA）= 0，CPU 屏蔽所有的中断请求，称为关中断。

2）ES（IE.4）：串行口中断允许位。（ES）= 1，允许串行口中断；（ES）= 0，禁止串行口中断。

3）ET1（IE.3）：定时器 1 中断允许位。（ET1）= 1，允许定时器 1 中断；（ET1）= 0，禁止定时器 1 中断。

4）EX1（IE.2）：外部中断 1 中断允许位。（EX1）= 1，允许外部中断 1 中断；（EX1）= 0，禁止外部中断 1 中断。

5）ET0（IE.1）：定时器 0 中断允许位。（ET0）= 1，允许定时器 0 中断；（ET0）= 0，禁止定时器 0 中断。

6）EX0（IE.0）：外部中断 0 中断允许位。（EX0）= 1，允许外部中断 0 中断；（EX0）= 0，禁止外部中断 0 中断。

4. 中断优先级寄存器 IP

中断优先级寄存器 IP 的作用是设定各中断源的优先级别。IP 的格式如下：

IP				BCH	BBH	BAH	B9H	B8H
（B8H）	—	—	—	PS	PT1	PX1	PT0	PX0

各位的功能说明如下。

1）PS（IP.4）：串行口中断优先级控制位。（PS）= 1，串行口为高优先级中断；（PS）= 0，串行口为低优先级中断。

2）PT1（IP.3）：定时器 1 中断优先级控制位。（PT1）= 1，定时器 1 为高优先级中断；

（PT1）=0，定时器 1 为低优先级中断。

3）PX1（IP.2）：外部中断 1 中断优先级控制位。（PX1）=1，外部中断 1 为高优先级中断；（PX1）=0，外部中断 1 为低优先级中断。

4）PT0（IP.1）：定时器 0 中断优先级控制位。（PT0）=1，定时器 T0 为高优先级中断；（PT0）=0，定时器 0 为低优先级中断。

5）PX0（IP.0）：外部中断 0 中断优先级控制位。（PX0）=1，外部中断 0 为高优先级中断；（PX0）=0，外部中断 0 为低优先级中断。

 下面让我们来了解一下单片机的中断处理过程！

中断源发出中断请求后，单片机一般会及时进行处理，其中断处理过程一般分为中断响应、中断处理和中断返回三个阶段。不同的计算机因中断系统的硬件结构不完全相同，因而中断响应的方式也有所不同。

（二）中断响应

在中断源发出中断请求后，CPU 并不是任何时刻都会去响应中断请求，而是在中断响应条件满足后才会响应。中断响应是在满足 CPU 的中断响应条件之后，CPU 对中断源中断请求的回答。在这一阶段，CPU 要完成中断处理以前的所有准备工作，包括保护断点和把程序转向中断服务程序的入口地址。

1. CPU 的中断响应条件

在每个机器周期的 S5P2 期间，CPU 对各中断源进行采样，并设置相应的中断标志位。CPU 在下一个机器周期 S6 期间按优先级顺序查询中断标志，若查询到某个中断标志为 1，将再在下一个机器周期 S1 期间按优先级进行中断处理。CPU 响应中断必须首先满足以下三个基本条件。

1）有中断源发出中断请求。

2）中断总允许位（EA）=1。

3）请求中断的中断源的中断允许位为 1。

在满足以上条件的基础上，若有下列任何一种情况存在，中断响应会受到阻断。

1）CPU 正在执行一个同级或高优先级的中断服务程序。

2）正在执行的指令尚未执行完。

3）正在执行中断返回指令 RETI 或者对专用寄存器 IE、IP 进行读/写的指令。CPU 在执行完上述指令之后，要再执行一条指令，才能响应中断请求。

若存在上述任何一种情况，中断查询结果被自动放弃，CPU 不会响应中断，而在下一个机器周期再按顺序查询各中断标志。中断响应一般需要 3~8 个机器周期。

2. 中断优先级的判定

中断源的优先级别分为高级和低级，通过由软件设置中断优先级寄存器 IP 相关位来设定每个中断源的级别。

如果几个同一优先级别的中断源同时向 CPU 请求中断，CPU 通过硬件查询电路首先响应自然优先级较高的中断源的中断请求。其自然优先级由硬件规定，排列如下：

中断源　　　　　　自然优先级
外部中断0　　　　　最高级
定时器0中断
外部中断1
定时器1中断
串行口中断　　　　　最低级

由于设置了优先级，中断可实现两级中断嵌套。高优先级中断源可中断正在执行的低优
先级中断服务程序，除非低优先级中断服务程序执行了 CPU 关中断指令。同级或低优先级
的中断不能中断正在执行的中断服务程序。

3. 中断响应过程

在中断系统内有两个用户不能访问的优先级状态触发器，它们分别指示出 CPU 是否在
执行高优先级或低优先级中断服务程序。在满足中断响应条件时，CPU 响应中断。首先，
将相应的优先级状态触发器置1，以屏蔽同级别中断源的中断请求。其次，硬件自动生成长
调用指令（LCALL），把断点地址压入堆栈保护（但不保护状态寄存器 PSW 及其他寄存器
内容），然后将中断源对应的中断入口地址装入程序计数器 PC 中，使 CPU 转向该中断入口
地址取指令，开始执行中断服务程序。

8051 单片机的中断入口地址（称为中断矢量）由单片机硬件电路决定，中断源的入口
地址分配见表 3-3。

表 3-3　中断源的入口地址分配表

中　断　源	中断入口地址
外部中断 0 中断	0003H
定时器 0 中断	000BH
外部中断 1 中断	0013H
定时器 1 中断	001BH
串行口中断	0023H

（三）中断处理

中断处理就是执行中断服务程序，从中断入口地址开始执行，直到返回指令（RETI）
为止。此过程一般包括三部分内容：一是保护现场；二是处理中断源的请求；三是恢复现
场。通常，主程序和中断服务程序都会用到累加器 A，状态寄存器 PSW 及其他一些寄存器。
在执行中断服务程序时，CPU 若用到上述寄存器，就会破坏原先存在这些寄存器中的内容，
中断返回后将会造成主程序的混乱。因此，在进入中断服务程序后，一般要先保护现场，然
后再执行中断处理程序，在返回主程序之前，再恢复现场。因此，在编写中断服务程序时要
注意以下几个方面。

1）每个中断源的中断入口地址区只有 8 个字节，一般的中断服务程序都超过 8 个字节。
因此，一般在这些中断入口地址区存放一条无条件转移指令，转向中断服务程序的起始地
址。这样可将中断服务程序存放到程序存储器的任何区域。

2）在执行当前中断服务程序时，若要求禁止更高优先级中断源的中断请求，应先用软
件关闭 CPU 中断或屏蔽更高级中断源的中断，在中断返回前再开放被关闭的 CPU 中断或被

屏蔽的中断。

3）在保护现场和恢复现场时，为了不使现场数据受到破坏而造成混乱，要求 CPU 不响应新的中断请求。编写中断服务程序时，在保护现场之前要关中断，在保护现场之后再开中断；在恢复现场之前关中断，在恢复现场之后再开中断。

（四）中断返回

1. 中断返回

中断返回是指中断服务完成后，CPU 返回到原程序的断点（即原来断开的位置），继续执行原来的程序。中断返回通过执行中断返回指令 RETI 来实现，该指令的功能是首先将相应的优先级状态触发器置 0，以开放同级别中断源的中断请求；其次，从堆栈区把断点地址取出，送回到程序计数器 PC 中。因此，不能用 RET 指令代替 RETI 指令。

2. 中断请求的撤除

CPU 响应某中断请求后，在中断返回前，应该撤销该中断请求，否则会引起另一次中断。不同中断源中断请求的撤除方法是不一样的。

1）定时器溢出中断请求的撤除。CPU 在响应中断后，硬件会自动清除中断请求标志位 TF0 或 TF1。

2）串行口中断请求的撤除。在 CPU 响应中断后，硬件不能清除中断请求标志 T1 和 R1，而要由软件来清除相应的标志位。

3）外部中断请求的撤除。外部中断为边沿触发方式时，CPU 响应中断后，硬件会自动清除中断请求标志位 IE0 或 IE1。外部中断为电平触发方式时，CPU 响应中断后，硬件会自动清除中断请求标志位 IE0 或 IE1，但由于加到 $\overline{\text{INT0}}$ 或 $\overline{\text{INT1}}$ 引脚的外部中断请求信号并未撤除，中断请求标志位 IE0 或 IE1 会再次被置 1，所以在 CPU 响应中断后应立即撤除 $\overline{\text{INT0}}$ 或 $\overline{\text{INT1}}$ 引脚上的低电平。一般采用加一个 D 触发器和几条指令的方法来解决这个问题，外部中断的撤除电路如图 3-13 所示。

由图 3-13 可知，外部中断请求信号直接加到 D 触发器的 CP 端，当外部中断请求的低电平脉冲信号出现在 CP 端时，D 触发器的 Q 端置 0，$\overline{\text{INT0}}$ 或 $\overline{\text{INT1}}$ 引脚为低电平，发出中断请求。在中断服务程序中开始的三条指令可先在 P1.0 输出一个宽度为 2 个机器周期的负脉冲，使 D 触发器的 Q 端置 1，然后由软件来清除中断请求标志位 IE0 或 IE1。

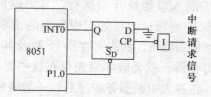

图 3-13　外部中断的撤除电路

（五）中断的应用实例

1. 中断系统的初始化

在使用中断系统前，一般都要对其进行初始化，以确定其以设定的功能方式进行工作。中断系统初始化的步骤如下。

1）开放 CPU 中断和有关中断源的中断允许，设置中断允许寄存器 IE 中相应的位。

2）根据需要确定各中断源的优先级别，设置中断优先级寄存器 IP 中相应的位。

3）根据需要确定外部中断的触发方式，设置定时器控制寄存器 TCON 中相应的位。

2. 应用实例

【例 3-1】 P1 口做输出口，控制 8 只灯（P1 口输出低电平时灯被点亮），利用手控单脉冲信号作为外部中断信号，控制 8 只灯按一定的规律循环亮。

解： 手控单脉冲信号作为外部中断信号由 $\overline{INT0}$（P3.2）引脚输入，设置中断允许寄存器 IE 中的 EA、EX0 位为 1；只有一个中断源可不设置优先级别；中断触发方式设为边沿触发，控制位 IT0 应设置置为 1。

参考程序如下：

```
        ORG   0000H      ；主程序入口
        LJMP  MAIN       ；转向主程序
        ORG   0003H      ；外部中断 0 的入口地址
        LJMP  INT        ；转向中断服务程序
        ORG   0050H
MAIN：  SETB  EA
        SETB  EX0
        SETB  IT0        ；中断触发方式为边沿触发
        MOV   A，#0FEH
        MOV   P1，A
        SJMP  $
        ORG   0100H
  INT：  RL   A  ；中断服务程序
        MOV   P1，A
        RETI
        END
```

实践操作步骤：

① 接线：P1.0～P1.7 分别接入 8 只发光二极管的输入插孔，P3.2 接高电平脉冲输出插孔或低电平脉冲输出插孔。

② 输入程序。

③ 运行程序。

④ 按动高电平或低电平脉冲按钮，观察并记录 8 只发光二极管的亮灭规律是否与设计相符，若有差异，请查找原因。

总结与思考：

① 分析外部中断信号来自高电平脉冲输出或低电平脉冲输出时，控制结果一致，但动作时间的先后顺序上存在差异。

② 外部中断源超过两个时，可以将定时器的外部输入扩展为外部中断源。

③ 若要从外部中断 1（P3.3）输入脉冲信号实现控制，应如何修改程序？

④ 若中断触发方式为电平触发，应如何修改程序？控制效果是否一样？

【例 3-2】 P1 口做输出口，正常时，8 只灯（P1 口输出低电平时灯被点亮）每隔 0.5s

全亮全灭一次；按下开关1，8只灯从右向左依次点亮，按下开关2，8只灯从左向右依次点亮。

解：开关1的低电平脉冲信号作为外部中断信号由$\overline{INT0}$（P3.2）引脚输入，开关2的低电平信号作为外部中断信号由$\overline{INT1}$（P3.3）引脚输入。中断允许寄存器IE中相应的EA、EX1、EX0位设置为1。

外部中断0为低优先级，IP中的PX0位设置为0；外部中断1为高优先级，IP中的PX1位设置为1。

外部中断0的中断触发方式设为边沿触发，控制位IT0应设置为1；外部中断1的中断触发方式设为电平触发，控制位IT1应设置为0。

参考程序如下：

```
        ORG    0000H          ; 程序入口
        LJMP   MAIN           ; 转向主程序
        ORG    0003H          ; 外部中断0的入口地址
        LJMP   INT0           ; 转向外部中断0中断服务程序
        ORG    0013H          ; 外部中断1的入口地址
        LJMP   INT1           ; 转向外部中断1中断服务程序
        ORG    0030H
MAIN:   MOV    SP, #50H
        MOV    IE, #85H       ; 允许外部中断0、外部中断1中断
        MOV    IP, #04H       ; 外部中断1为高优先级
        MOV    TCON, #01H     ; 外部中断0为边沿触发
        MOV    A, #00H
LP1:    MOV    P1, A
        LCALL  DELAY
        CPL    A
        SJMP   LP1
```

实践操作步骤：

① 接线：P1.0～P1.7分别接8只发光二极管的输入插孔，P3.2接开关的低电平脉冲输出插孔，P3.3接开关的低电平输出插孔。

② 输入程序。

③ 运行程序。

④ 按动P3.2所接低电平脉冲按钮，观察并记录8只发光二极管的亮灭规律是否与设计相符，若有差异，请查找原因。

⑤ 按动P3.3所接低电平按钮，观察并记录8只发光二极管的亮灭规律是否与设计相符，若有差异，请查找原因。

⑥ 先后按动低电平脉冲按钮和低电平按钮，观察并记录中断优先级排队的控制规律。

总结与思考：

① 分析中断服务程序中保护现场和恢复现场的工作过程。

② 分析两个开关先后按下时，中断优先级排队的工作过程。

③ 若外部中断 0 和外部中断 1 均设置为中断高优先级，应如何修改程序？两个开关的中断优先级排队是否与修改前一样？

练习题：

1. 什么是中断？中断系统的功能和特点有哪些？
2. 8051 单片机的中断源有几个？自然优先级是如何排列的？
3. 外部中断触发方式有几种？它们的特点是什么？
4. 中断处理过程包括几个阶段？
5. 简述中断响应的过程。
6. 外部中断请求撤销时要注意哪些事项？
7. 中断系统的初始化一般包括哪些内容？
8. 说明产生键盘抖动的原因及解决办法。
9. 共阳极数码管与共阴极数码管有什么不同？可否在电路中互换使用？
10. LED 数码管动态显示原理是什么？与静态显示有何不同？

五、程序流程图设计

根据设计要求，编制四路抢先器的程序流程图，如图 3-14 所示。

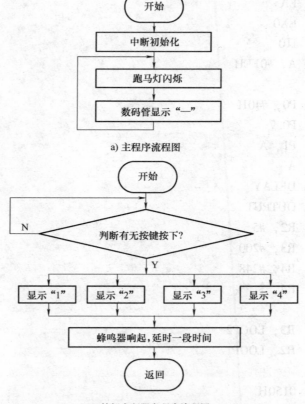

图 3-14　程序流程图

【项目实现】

 做一做

一、源程序的编写、编译与调试

根据流程图，结合硬件结构进行软件程序的编写工作，按要求实现四路抢先器的软件设计，在 Keil 或 WAVE 软件中编写程序，检查无误后编译生成 HEX 文件，结合 Proteus 软件进行仿真调试。参考程序如下：

; 程序功能：使用外部中断实现单片机四路抢先功能

```
        ORG    0000H
        LJMP   MAIN
        ORG    0003H
        LJMP   INT
        ORG    0100H
MAIN:
        SETB   EA
        SETB   EX0
        SETB   IT0
        MOV    A，#0FEH
OUTPUT：
        MOV    P0，#40H
        SETB   P0.7
        MOV    P1，A
        RL     A
        LCALL  DELAY
        LJMP   OUTPUT
DELAY：  MOV    R2，#5
LOOP1：  MOV    R3，#200
LOOP2：  MOV    R4，#248
        DJNZ   R4，$
        NOP
        DJNZ   R3，LOOP2
        DJNZ   R2，LOOP1
        RET
        ORG    0150H
INT:    PUSH   ACC
T12：    JNB    P3.0，L1
```

```
        JNB     P3.1, L2
        JNB     P3.4, L3
        JNB     P3.5, L4
        SJMP    T12
L1:     MOV     P0, #06H
        SJMP    L5
L2:     MOV     P0, #5BH
        SJMP    L5
L3:     MOV     P0, #4FH
        SJMP    L5
L4:     MOV     P0, #66H
L5:     CLR     P0.7
        MOV     R5, #50
L6:     MOV     R6, #200
L7:     MOV     R7, #250
        DJNZ    R7, $
        DJNZ    R6, L7
        DJNZ    R5, L6
        POP     ACC
        RETI
        END
```

学生可以尝试编写出现选手提前抢答情况下的报警程序。

在桌面上启动 WAVE6000 软件，在此窗口中输入预先编写好的程序，保存文件命名为"项目三.ASM"（注意，不要遗漏文件扩展名.ASM），如图 3-15 所示。

选择"项目"中的"编译"命令或按编译快捷键 F9 编译项目。在编译过程中如果有错可以在信息窗口中显示出来，双击错误信息，可以在源程序中定位所在行。纠正错误后，再次编译，直到没有错误。在编译之前，软件会自动将项目和程序存盘。在编译没有错误后，将会生成项目三.BIN 或项目三.HEX 文件，如图 3-16 所示。

图 3-15 编辑项目三文件

图 3-16 信息窗口

二、硬件电路仿真

学生可以根据自己所绘制的硬件电路图采用单片机专用虚拟软件 Proteus，将元器件布置好，为下一步进行仿真操作做准备。如果该项目采用单片机 P1 口控制 8 个发光二极管，P0 口控制七段数码管，P3 口接主持人按键及 4 个抢答键，如图 3-17 所示，所用元器件见表3-4，仿真效果如图 3-18 所示，已判明 3 号抢答键抢先成功。

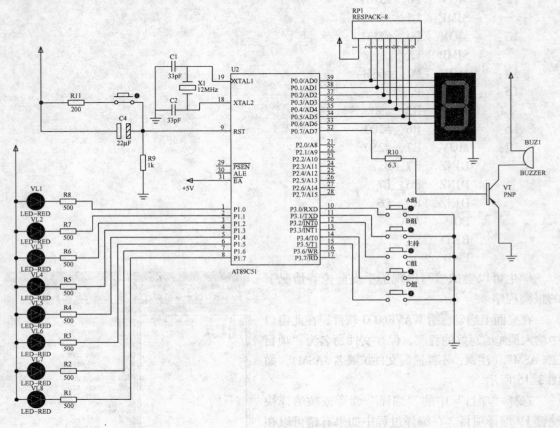

图 3-17　Proteus 仿真电路图

表 3-4　仿真电路所用元器件

名称	选用元器件	名称	选用元器件
单片机	AT89C51	电阻	RES　200Ω 500Ω　1kΩ
晶体振荡器	CRYSTAL 12MHz	瓷片电容	CAP 33pF
发光二极管	LED – RED	电解电容	CAP – ELEC
数码管	7SEG – COM – CAT – GRN	蜂鸣器	BUZZER
按钮	BUTTON	排阻	RESPACK – 8
晶体管	PNP		

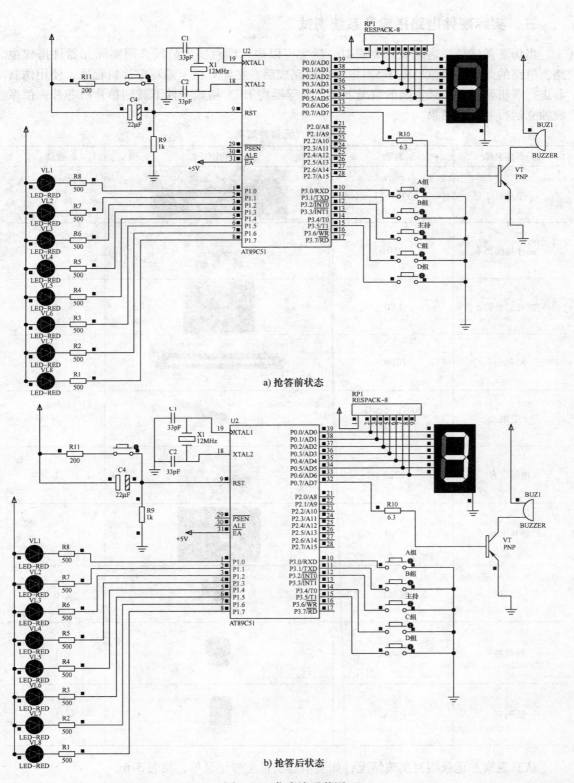

a) 抢答前状态

b) 抢答后状态

图 3-18 仿真演示截图

三、实际硬件电路搭建及系统调试

当仿真调试结果达到设计要求时，学生可以进入项目实现阶段，用实际元器件搭建电路，电路的元器件清单见表3-5。电路搭建完成后，在计算机上编写单片机程序，使用仿真器进行联机调试，结果正确的情况下通过编程器将 HEX 格式文件下载到单片机芯片，使系统独立运行并观测结果。

表3-5 元器件清单

元器件名称	参数	实物图片	数量
单片机	AT89C51		1
晶体振荡器	12MHz		1
发光二极管	LED		8
IC 插座	DIP40		1
电阻	200Ω 500Ω 1kΩ		24
电解电容	22μF		1
瓷片电容	33pF		2
按键	轻触式		6
蜂鸣器	压电式		1
数码管	七段式		1

认真观察并记录项目实施情况，如实填写项目实施记录单，见表3-6。

表3-6　项目实施记录单

课程名称	单片机控制技术		总学时	84
项目三	四路抢先器的设计与实现		学时	12
班级	团队负责人		团队成员	
项目概述				
工作结果				
相关资料及学习资源				
总结收获				
注意事项				
备注				

【项目运行】

在实训设备上搭建电路或直接制作电路板成品，运行程序，观测运行情况，进一步调试直到系统可以稳定运行。项目完成后，各小组推选一名主讲上台讲解任务完成情况并演示项目成果，老师和每组组长填写评价表，对各组完成情况进行验收和评定，具体验收指标包括：

1）硬件设计；

2）软件设计；

3）程序调试；

4）整机调试。

项目评价见表3-7。

表3-7　评价表

序号	考核内容	考核要求	评分标准	配分	扣分	得分
1	单片机硬件设计	根据项目要求焊接电路板	（1）元器件摆放不整齐，扣10分 （2）走线不工整扣5分 （3）出现接触不良、脱焊等现象扣10分	25分		
2	单片机软件设计	根据控制要求编制源程序	（1）程序编制错误，扣10分 （2）程序繁琐，扣5分 （3）程序编译错误，扣10分	25分		

（续）

序号	考核内容	考核要求	评分标准	配分	扣分	得分
3	调试（程序调试和系统调试）	输入程序、编译调试；设备整机调试运行	（1）程序运行错误，调试无效果，扣10分 （2）整机调试一次不成功，扣5分 （3）整机调试二次不成功，扣10分	25分		
4	安全文明生产	按生产规程操作	违反安全文明生产规程，扣10～25分	25分		
	项目名称				合计：	
	项目负责人		评价人签字		年　月　日	

【知识拓展】

一、C51 的运算符及表达式

C51 有很强的数据处理能力，具有十分丰富的运算符，利用这些运算符可以组成各种表达式及语句。在 C51 中，运算符按其在表达式中所起的作用，可分为赋值运算符、算术运算符、自增与自减运算符、关系运算符、逻辑运算符、位运算符、复合赋值运算符、逗号运算符、条件运算符、指针与地址运算符和强制类型转换运算符等。另外，运算符按其在表达式中与运算对象的关系，又可分为单目运算符、双目运算符和三目运算符等。表达式则是由运算符及运算符对象所组成的具有特定含义的式子。

（一）赋值运算符

赋值运算符 " = "，在 C51 中它的功能是将一个数据的值赋给一个变量，如 $X = 10$。利用赋值运算符将一个变量与一个表达式连接起来的式子称为赋值表达式，在赋值表达式的后面加一个分号 " ; "（分号要在英文状态下输入）就构成了赋值语句，一个赋值语句的格式如下：

变量 = 表达式；

执行时先计算出右边表达式的值，然后赋给左边的变量。例如：

$X = 8 + 9$；／＊将 8 + 9 的值赋给变量 X ＊／

$X = Y = 5$；／＊将常数 5 赋给变量 X，将 X 的值赋给变量 Y ＊／

在 C51 中，允许在一个语句中同时给多个变量赋值，赋值顺序自右向左。

（二）算术运算符

C51 中支持的算术运算符有 5 种：

+　加或取正值运算符

−　减或取负值运算符

*　乘运算符

/　除运算符

%　取余运算符

　　加、减、乘运算相对比较简单，而对于除运算，如相除的两个数为浮点数，则运算的结果也为浮点数；如相除的两个数为整数，则运算的结果也为整数，即为整除。如 25.0/20.0 结果为 1.25，而 25/20 结果为 1。

　　对于取余运算，则要求参加运算的两个数必须为整数，运算的结果为它们的余数。例如：X = 5%3，结果 X 的值为 2。

　　（三）关系运算符

　　C51 中有 6 种关系运算符：

　　>　　　大于

　　<　　　小于

　　> =　　大于等于

　　< =　　小于等于

　　= =　　等于

　　! =　　不等于

　　关系运算符用于比较两个数的大小，用关系运算符将两个表达式连接起来形成的式子称为关系表达式。关系表达式通常用来作为判别条件构造分支程序或循环程序。关系表达式的一般形式如下：

　　表达式 1　关系运算符　表达式 2

　　关系运算的结果为逻辑量，成立为真（1），不成立为假（0）。其结果可以作为一个逻辑量参与逻辑运算。例如：5 > 3，结果为真（1），而 10 = = 100，其结果为假（0）。

　　注意：关系运算符等于 " = = " 是由两个 " = " 组成。

　　（四）逻辑运算符

　　C51 中有 3 种逻辑运算符：

　　| |　　逻辑或

　　&&　　逻辑与

　　!　　逻辑非

　　关系运算符用于反应两个表达式之间的大小关系，逻辑运算符则用于求条件式的逻辑值，用逻辑运算符将关系表达式或逻辑量连接起来的式子就是逻辑表达式。

　　1. 逻辑与

　　格式：条件式 1&& 条件式 2

　　当条件式 1 与条件式 2 都为真时结果为真（1），否则为假（0）

　　2. 逻辑或

　　格式：条件式 1| | 条件式 2

　　当条件式 1 与条件式 2 都为假时结果为假（0），否则为真（1）。

　　3. 逻辑非

　　格式：! 条件式

当条件式原来为真（非 0 值）时，逻辑非后结果为假（0），否则为真（1）。

例如：若 a = 8，b = 3，c = 0，则 ! a 为假，a&&b 为真，b&&c 为假。

（五）位运算符

C51 语言能对运算对象按位进行操作，它与汇编语言使用一样方便。位运算时按位对变量进行运算，但并不改变参与运算的变量的值。如果要求按位改变变量的值，则要利用相应的赋值运算。C51 语言中位运算符只能对整数进行操作，不能对浮点数进行操作，C51 语言中的位运算符有 6 种：

    &   按位与

    | 按位或

    ^   按位异或

    ~   按位取反

    <<   左移

    >>   右移

【例 3-3】 设 a = 0x54 = 01010100B，b = 0x3B = 00111011B，则 a&b、a | b、a^b、~a、a < <2、b > >2 分别为多少？

A&b = 00010000B = 0x10

A | b = 01111111B = 0x7F

a^b = 01101111B = 0x6F

~a = 10101011B = 0xAB

a < <2 = 01010000B = 0x50

b > >2 = 00001110B = 0x0E

（六）复合赋值运算符

C51 语言中支持在赋值运算符 " = " 的前面加上其他运算符，组成复合赋值运算符。下面是 C51 语言中支持的复合赋值运算符：

+ =	加法赋值	– =	减法赋值
* =	乘法赋值	/ =	除法赋值
% =	取模赋值	& =	按位与赋值
	=	按位或赋值	^=	按位异或赋值
~ =	按位非赋值	> > =	右移位赋值
< < =	左移位赋值		

复合赋值运算的一般格式如下：

变量　复合运算赋值符　表达式

它的处理过程先把变量与后面的表达式进行某种运算，然后将运算的结果赋给前面的变量。其实这是 C51 语言中简化程序的一种方法，大多数二目运算都可以用复合赋值运算符简化表示。例如：a + = 6 相当于 a = a + 6；a * = 5 相当于 a = a * 5；b& = 0x55 相当于 b = b&0x55；x > > = 2 相当于 x = x > >2。

（七）逗号运算符

在 C51 语言中，逗号 "，" 是一个特殊的运算符（逗号要在英文状态下输入），可以用它将两个或两个以上的表达式连接起来，称为逗号表达式。逗号表达式的一般格式为：

表达式 1，表达式 2，…，表达式 n

程序执行时对逗号表达式的处理规则是按从左至右的顺序依次计算出各个表达式的值，而整个逗号表达式的值是最右边的表达式（表达式 n）的值。例如：x ＝（a ＝ 3，6 * 3）结果 x 的值为 18。

（八）条件运算符

条件运算符"?:"是 C51 语言中唯一的一个三目运算符（问号和冒号要在英文状态下输入），它要求有三个运算对象，用它可以将三个表达式连接在一起构成一个条件表达式。条件表达式的一般格式为：

逻辑表达式? 表达式 1：表达式 2

其功能是先计算逻辑表达式的值，当逻辑表达式的值为真时，将计算的表达式 1 的值作为整个条件表达式的值；当逻辑表达式的值为假时，将计算的表达式 2 的值作为整个条件表达式的值。例如：条件表达式 max ＝（a ＞ b）? a: b 的执行结果是将 a 和 b 中较大的数赋值给变量 max。

（九）指针与地址运算符

指针是 C51 语言中的一个十分重要的概念，在 C51 的数据类型中专门有指针类型。指针为变量的访问提供了另一种方式，变量的指针就是该变量的地址，还可以定义一个专门指向某个变量的地址的指针变量。为了表示指针变量和它所指向的变量地址之间的关系，C51 中提供了两个专门的运算符：

* 指针运算符

& 取地址运算符

指针运算符 * 放在指针变量前面，通过它实现访问以指针变量的内容为地址所指向的存储单元。例如指针变量 p 中的地址为 2000H，则 p 所指向的是地址为 2000H 的存储单元，x ＝ * p，实现把地址为 2000H 的存储单元的内容送给变量 x。

取地址运算符 & 放在变量的前面，通过它取得变量的地址，变量的地址通常赋给指针变量。例如：设变量 x 的内容为 12H，地址为 2000H，则 &x 的值为 2000H。如有一指针变量 p，则通常用 p ＝ &x，实现将 x 变量的地址送给指针变量 p；指针变量 p 指向变量 x，以后可以通过 * p 访问变量 x。

二、C51 控制语句

（1）if（条件表达式） 语句；

表达式为真执行语句，为假不执行。

（2）if（条件表达式） 语句 1； else 语句 2；

表达式为真执行语句 1，为假执行语句 2。

（3）if（条件表达式 1） 语句 1；

else if（条件表达式 2） 语句 2；

else if（条件表达式 3） 语句 3；

......

（4）if（条件表达式 1）if（条件表达式 2） 语句 1；else 语句 2

else if（条件表达式 3） 语句 3；else 语句 4

（5）switch case 语句

switch（表达式）

{

case 常数表达式 1：语句 1；break；

case 常数表达式 2：语句 2；break；

case 常数表达式 3：语句 3；break；

......

case 常数表达式 n：语句 n；break；

default：语句 n + 1；

}

（6）while 语句

while（表达式） 语句；

当表达式为真时循环执行语句，为假退出。

（7）do…while 语句

do 语句；while（表达式）；

先执行语句，再判断条件是否成立，若成立则继续循环执行，若不成立则退出循环。

（8）for 语句

for（表达式 1；表达式 2；表达式 3） 语句；

先执行表达式 1；再判断表达式 2，若表达式 2 成立，则执行语句，再执行表达式 3，再循环执行第二步；直到表达式 2 不成立退出循环。

表达式 1 通常控制变量初始化，表达式 3 通常是对控制变量的改变。

（9）break 语句

break；

退出循环。

（10）continue 语句

continue；

退出本次循环。

（11）goto 语句

goto 标号

跳转到标号位置，但不要跨函数转移。

（12）return 语句

return（表达式）；

用于函数调用时返回参数。

三、C51 中断服务函数的定义方法

C51 编译器支持直接编写中断服务函数程序，从而减轻了采用汇编语言编写中断服务程序的繁琐程度。为了在 C51 语言源程序中直接编写中断服务函数的需要，C51 编译器对函数的定义进行了扩展，增加了一个扩展关键字 interrupt，使用关键字 interrupt 可以将一个函数

定义成中断服务函数。由于 C51 编译器在编译时对申明为中断服务程序的函数自动添加了进行相应的现场保护、阻断其他中断、返回时恢复现场等处理的程序段，因而在编写 C51 中断服务函数时可以不必考虑这些问题，而把精力集中在如何处理引发中断的事件上。定义中断服务函数的一般形式为：

函数类型　函数名（形式参数表）［interrupt n］［using　n］

关键字 interrupt 后面的 n 是中断号，n 的取值范围为 0~31。编译器从 8 * n + 3 处产生中断向量，具体的中断号 n 和中断向量取决于不同的 MCS–51 系列单片机芯片，基本中断源和中断向量见表 3-8。

表 3-8　基本中断源和中断向量

n	中断源	中断向量（8 * n + 3）
0	外部中断 0	0003H
1	定时器 0	000BH
2	外部中断 1	0013H
3	定时器 1	001BH
4	串行口	0023H
其他值	保留	8 * n + 3

MCS–51 系列单片机可以在片内 RAM 中使用 4 个不同的工作寄存器组，每个寄存器组中包含 8 个工作寄存器（R0~R7）。C51 编译器扩展了一个关键字 using，专门用来选择 MCS–51 系列单片机中不同的工作寄存器组。using 后面的 n 是一个 0~3 的整型常数，分别选中 4 个不同的工作寄存器组。在定义一个函数时 using 是一个选项，如果不用该选项，则由编译器选择一个寄存器组作为绝对寄存器组访问。需要注意的是，关键字 using 和 interrupt 的后面都不允许跟一个带运算符的表达式。关键字 using 对函数目标代码的影响如下：在函数的入口处将当前工作寄存器组保护到堆栈中，指定的工作寄存器内容不会改变，函数返回之前将被保护的工作寄存器组从堆栈中恢复。使用关键字 using 在函数中确定一个工作寄存器组时必须十分小心，要保证任何寄存器组的切换都在规定的区域内发生，如果不做到这一点将产生不正确的函数结果。另外还要注意，带 using 属性的函数原则上不能返回 bit 类型的值。

编写 MCS–51 系列单片机中断服务程序时应遵循的规则：

1）中断函数不能进行参数传递，如果中断函数中包含任何参数声明都将导致编译出错。

2）中断函数没有返回值，如果企图定义一个返回值将得到不正确的结果。因此建议在定义中断函数时将其定义为 void 类型，以明确说明没有返回值。

3）在任何情况下都不能直接调用中断函数，否则会产生编译错误。因为中断函数的返回是由 MCS–51 系列单片机指令 RETI 完成的，RETI 指令影响 MCS–51 系列单片机的硬件中断系统。如果在没有实际中断请求的情况下直接调用中断函数，RETI 指令的操作结果会产生一个致命的错误。

4）如果中断函数中用到浮点运算，必须保存浮点寄存器的状态，当没有其他程序执行浮点运算时可以不保存。C51 编译器的数学函数库 math.h 中，提供了保存浮点寄存器状态的库函数 pfsave 和恢复浮点寄存器状态的库函数 fprestore。

5）如果在中断函数中调用了其他函数，则被调用函数所使用的寄存器组必须与中断函数相同。用户必须保证按要求使用相同的寄存器组，否则会产生不正确的结果，这一点必须引起足够的注意。如果定义中断函数时没有使用 using 选项，则由编译器选择一个寄存器组作为绝对寄存器组访问。另外，由于中断的产生不可预测，中断函数对其他函数的调用可能形成递归调用，需要时可将被中断函数所调用的其他函数定义成重入函数。

6）在实际中断系统中，如果中断处理程序比较长，放在中断服务程序中进行处理时，可能会延长甚至会丢掉比该中断优先级低或相同优先级的中断请求。为了提高中断响应速度，可以只在中断服务程序中为该中断建立中断标志，而把中断处理程序放在主程序中去处理。在主程序中判断是否有中断标志，如有中断标志则根据中断情况作相应的处理。

【工程训练】

练一练

使用 C51 编程实现四路抢先器功能，由学生动手仿真验证程序的正确性。参考程序如下：

```c
#include  < reg51. h >
sbit LED1  = P0^0;
sbit speak = P0^7;
char f;
DELAY ()
{int  i = 1;
 while (i < 30000)
     i = i + 1;
}
main ()
{      int pmd = 0x01;
       EA = 1;
       IT0 = 1; EX0 = 1;
       IT1 = 1; EX1 = 1;
       while (1)
{    P0 = 0x40;
     speak = 1;
     P1 = ~ pmd;
     DELAY ();
     pmd < < = 1;
     if (pmd = = 0x00) pmd = 0x01;
     f = 1;
```

```
        }
    }
void inter0 (  ) interrupt 0 using 1
{    char num, j = 16;
    while (f)
    { num = P3;
     switch (num)
        { case 0xfe: P0 = 0x06; f = 0; speak = 0; while ( − −j > 0)    DELAY (); break;
          case 0xfd: P0 = 0x5B; f = 0; speak = 0; while ( − −j > 0)    DELAY (); break;
          case 0xef: P0 = 0x4F; f = 0; speak = 0; while ( − −j > 0)    DELAY (); break;
          case 0xdf: P0 = 0x66; f = 0; speak = 0; while ( − −j > 0)    DELAY (); break;
        }
    }
}
```

项目四

工业计时器的设计与实现

项目名称	工业计时器的设计与实现	参考学时	12 学时
项目引入	工业计时器广泛应用于工程机械和农业机械领域，实时跟踪监视各类精密仪器、设备的考核保养周期，如发电机、空压机、水泵、起重机等需要定期维护的设备，力求避免生产事故的发生，同时适用于那些需要累计实际工作时间进行绩效考核或收费的场合。基于单片机设计的工业计时器具有性能稳定可靠、寿命长、适应环境广、价格低廉、使用方便等优点。		
项目目标	1. 掌握定时器/计数器的工作原理； 2. 掌握定时器/计数器的结构和控制方式； 3. 掌握定时器/计数器的四种工作方式； 4. 掌握单片机定时器的设置和初始化程序的编制方法； 5. 具备熟练编写定时器/计数器中断处理程序的能力； 6. 具备熟练编写 LED 数码管显示程序的能力； 7. 具备上机调试程序，进行系统整体调试的能力； 8. 具备获取新信息和查找相关资料的能力； 9. 具备按照要求进行项目设计及优化决策的能力； 10. 具有项目实施及解决问题的能力； 11. 具备良好的沟通能力和团队协作能力； 12. 具备良好的工艺意识、标准意识、质量意识和成本意识。		
项目要求	设计一个工业计时器，能够进行 99s 内计时。使用 P0 口、P2 口做输出口，接两只 LED 数码管，利用定时器中断方式编写程序，在 LED 数码管上实现秒计时，晶振频率为 12MHz。项目具体要求如下： 1. 制订项目工作计划； 2. 完成硬件电路图的绘制； 3. 完成软件流程图的绘制； 4. 完成源程序的编写与编译工作； 5. 完成系统的搭建、运行与调试工作。		
项目实施	构思（C）：项目构思与任务分解，建议参考学时为 3 学时； 设计（D）：硬件设计与软件设计，建议参考学时为 3 学时； 实现（I）：仿真调试与系统制作，建议参考学时为 4 学时； 运行（O）：系统运行与项目评价，建议参考学时为 2 学时。		

【项目构思】

在单片机应用系统中，利用单片机定时器实现精准计时是单片机最基本的应用之一。

一、项目分析

时间被认为是这个世界上最宝贵的资源，是人类最大的财富。一般计时器在我们的日常生活和体育活动中随处可见，工业计时器广泛应用于工程机械和农业机械领域，发挥着重大作用。本项目通过简单的计时器系统设计，希望能够使大家对时间有更深刻的了解，同时能为大家在单片机和电子知识方面提供更深刻的认识。本设计以单片机为核心，利用单片机硬件定时器进行定时设计，比以前项目中的软件定时更加精确，使得计时系统能够正确稳定地运行，并且使用数码管进行显示，在现实生活中应用广泛，具有现实意义。

图 4-1 生产生活中的计时器

 让我们首先了解一下定时器吧！

（一）定时器/计数器的结构

定时器/计数器的结构框图如图 4-2 所示。由图 4-2 可知，16 位的定时器/计数器分别由两个 8 位寄存器组成，即 T0 由 TH0 和 TL0 构成，T1 由 TH1 和 TL1 构成。每个寄存器均可单独访问，这些寄存器用于存放定时初值或计数初值。另外，还有一个 8 位的定时器方式寄存器 TMOD 和一个 8 位的定时器控制寄存器 TCON。这些寄存器之间是通过内部总线和控制逻辑电路连接起来的，定时器/计数器的工作方式、定时时间和启停控制通过指令确定这些寄存器的状态来实现。

TMOD 主要用于设定定时器的工作方式，TCON 主要用于控制定时器的启动与停止，并保存 T0、T1 的溢出中断标志；使用定时器/计数器还会用到中断允许寄存器 IE 中的相关位。

当定时器工作在计数方式时，外部计数信号通过外部输入引脚 T0（P3.4）和 T1（P3.5）输入。

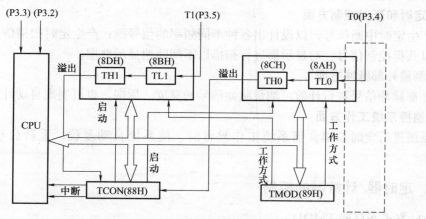

图 4-2 定时器/计数器结构框图

（二）定时器/计数器的原理

16 位定时器/计数器实质上是一个加 1 计数器，可实现定时和计数两种功能，其功能由软件控制和切换。当 CPU 执行了操作寄存器 TMOD 和 TCON 的指令后，即用软件给定时器设置了某种工作方式之后，定时器/计数器就会按设定的工作方式独立运行，不再占用 CPU 的操作时间，除非定时器/计数器计满溢出，才可能中断 CPU 的当前操作。CPU 也可以通过执行操作寄存器 TMOD 和 TCON 的指令重新设置定时器工作方式，以改变定时器的操作。由此可见，定时器属于硬件定时和计数，是单片机中效率较高而且工作灵活的部件。

当定时器/计数器工作在定时功能时，计数器的加 1 信号由振荡器的 12 分频信号产生，即每过一个机器周期，计数器加 1，直至计满溢出。由此可见，定时器的定时时间与系统的时钟频率有关。因一个机器周期等于 12 个时钟周期，所以计数频率应为系统时钟频率的 1/12。如果晶振频率为 12MHz，则机器周期为 1μs。通过改变定时器的定时初值，并适当选择定时器的长度（8 位、13 位或 16 位），可以调整定时时间。

当定时器/计数器工作在计数功能时，计数器的加 1 信号由外部计数输入引脚 T0（P3.4）和 T1（P3.5）引入，由外部脉冲的下降沿触发计数，计数器在每个机器周期的 S5P2 期间采样引脚输入电平，若一个机器周期 S5P2 期间采样值为 1，下一个机器周期 S5P2 期间采样值为 0，则计数器加 1，在下一个周期 S3P1 期间，新的计数值装入计数器。因检测一个由 1 至 0 的跳变需要两个机器周期，故外部信号的最高计数频率为时钟频率的 1/24。如果晶振频率为 12MHz，则最高计数频率为 0.5MHz。虽然对外部输入信号的占空比无特殊要求，但为了确保给定电平在变化前至少被采样一次，外部计数脉冲的高电平与低电平保持时间均需在一个机器周期以上。

综上所述，我们可知定时器/计数器是一种可编程部件，所以在定时器/计数器开始工作之前，CPU 必须将一些命令（称为控制字）写入定时器/计数器。将控制字写入定时器/计数器的过程叫定时器/计数器的初始化。在初始化程序中，要将工作方式控制字写入定时器方式寄存器（TMOD），工作状态控制字（或相关位）写入定时器控制寄存器（TCON），赋定时器/计数器初始值给 TH0（TH1）和 TL0（TL1）。

（三）定时器/计数器的功能

定时器/计数器具有定时和计数两种功能，主要适用于以下方面。

1. 定时和延时控制方面

可产生定时中断信号，以设计出各种不同频率的信号源；产生定时扫描信号，对键盘进行扫描以获得控制信号，对显示器进行扫描以不间断地显示数据。

2. 测量外部脉冲方面

对外部脉冲信号进行计数可测量脉冲信号的宽度、周期，也可实现自动计数。

3. 监控系统工作方面

对系统进行定时扫描，当系统工作异常时，使系统自动复位，重新启动以恢复正常工作。

二、定时器/计数器的控制

（一）方式寄存器 TMOD

方式寄存器 TMOD 的作用是设置 T0、T1 的工作方式。TMOD 的格式如下：

TMOD	D7	D6	D5	D4	D3	D2	D1	D0
(89H)	GATE	C/T̄	M1	M0	GATE	C/T̄	M1	M0
	定时器1				定时器0			

各位的功能说明如下：

1）GATE：门控位。

GATE = 0：软件启动定时器，即用指令使 TCON 中的 TR0（TR1）置 1 即可启动定时器 0（定时器 1）。

GATE = 1：软件和硬件共同启动定时器，即用指令使 TCON 中的 TR0（TR1）置 1 时，只有外部中断INT0（INT1）引脚输入高电平时才能启动定时器 0（定时器 1）。

2）C/T̄：功能选择位。C/T̄ = 0 时，以定时器方式工作；C/T̄ = 1 时，以计数器方式工作。

3）M1、M0：方式选择位。工作方式选择位的定义见表 4-1。

表 4-1　工作方式选择位定义

M1　M0	工作方式	功能描述
0　0	方式 0	13 位计数器
0　1	方式 1	16 位计数器
1　0	方式 2	自动重装初值 8 位计数器
1　1	方式 3	定时器 0：分为两个独立的 8 位计数器；定时器 1：停止计数

（二）控制寄存器 TCON

控制寄存器 TCON 的作用是控制定时器的启动与停止，并保存 T0、T1 的溢出中断标志。TCON 的格式如下：

TCON	8FH	8EH	8DH	8CH	8BH	8AH	89H	88H
(88H)	TF1	TR1	TF0	TR0	IE1	IT1	IE0	IT0

各位的功能说明如下。

1）TF1（TCON.7）：定时器 1 溢出标志位。当定时器 1 计数溢出时，由硬件自动使 TF1 置 1，并申请中断。对该标志位有两种处理方法：一种是以中断方式工作，即 TF1 置 1 向 CPU 申请中断，CPU 响应中断后，执行中断服务程序，并由硬件自动使 TF1 清 0；另一种是以查询方式工作，即通过指令查询该位是否为 1 来判断是否溢出，这种方式下 TF1 置 1 后必须用软件使 TF1 清 0。

2）TR1（TCON.6）：定时器 1 启停控制位。当 GATE = 0 时，用软件使 TR1 置 1 即启动定时器 1，若用软件使 TR1 清 0 则停止定时器 1。当 GATE = 1 时，用软件使 TR1 置 1 的同时外部中断INT1的引脚输入高电平才能启动定时器 1。

3）TF0（TCON.5）：定时器 0 溢出标志位，其功能同 TF1。

4）TR0（TCON.4）：定时器 0 启停控制位，其功能同 TR1。

5）IE1（TCON.3）：外部中断 1 请求标志位。

6）IT1（TCON.2）：外部中断 1 触发方式选择位。

7）IE0（TCON.1）：外部中断 0 请求标志位。

8）IT0（TCON.0）：外部中断 0 触发方式选择位。

 想一想

学生通过搜集单片机、数码管等元器件相关资料，共同学习常用汇编语言指令与伪指令，经小组讨论，制定完成工业计时器的设计与实现项目的工作计划，填写在表 4-2 中。

表 4-2　工业计时器的设计与实现项目的工作计划单

工 作 计 划 单				
项　目				学时：
班　级				
组　长		组　员		
序号	内容	人员分工		备注
学生确认			日期	

【项目设计】

 计时器系统是如何构建呢？

一、计时器电路设计

学生可以根据已掌握的单片机最小系统硬件电路，进行拓展加入按键、数码管等外围器件，设计计时器整体电路图。利用软件 Protel 绘制电路图，单片机的 P0 口和 P2 口控制两个数码管，开始键和停止键分别接到外部中断 0 与外部中断 1 上，参考硬件设计图如图 4-3 所示。在实际应用中计时员按下开始键，计时器清零并开始计时，按下停止键，计时停止，显示计时结果。

二、定时器的工作方式

（一）定时器/计数器的初始化

1. 定时器/计数器的初始化步骤

定时器/计数器是一种可编程部件，在使用定时器/计数器前，一般都要对其进行初始化，以确定其以特定的功能工作。初始化的步骤如下：

1）确定定时器/计数器的工作方式，确定方式控制字，并写入 TMOD。

2）预置定时初值或计数初值，根据定时时间或计数次数，计算定时初值或计数初值，并写入 TH0、TL0 或 TH1、TL1。

3）根据需要开放定时器/计数器的中断，给 IE 中的相关位赋值。

4）启动定时器/计数器，给 TCON 中的 TR0 或 TR1 置 1。

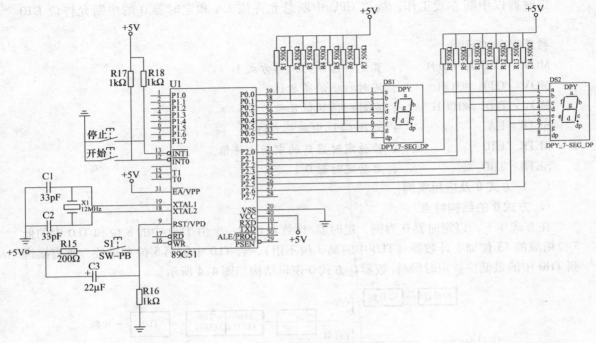

图4-3 计时器硬件电路图

2. 定时初值或计数初值的计算方法

不同工作方式的定时初值或计数初值的计算方法见表4-3。

表4-3 定时初值或计数初值的计算方法

工作方式	计数位数	最大计数值	最大定时时间	定时初值计算公式	计数初值计算公式
方式0	13	$2^{13}=8192$	$2^{13} \times T_{机}$	$X=2^{13}-T/T_{机}$	$X=2^{13}-$计数值
方式1	16	$2^{16}=65\,536$	$2^{16} \times T_{机}$	$X=2^{16}-T/T_{机}$	$X=2^{16}-$计数值
方式2	8	$2^8=256$	$2^8 \times T_{机}$	$X=2^8-T/T_{机}$	$X=2^8-$计数值

注：T表示定时时间，$T_{机}$表示机器周期。

3. 应用实例

【例4-1】 用定时器0方式1，定时0.05s，以中断方式工作，进行程序初始化设计，晶振频率为12MHz。

解：用定时器0方式1时，定时器/计数器方式寄存器TMOD低4位中的M1M0应取01；可设定为软件启动定时器，故GATE取0；因用定时功能，C/T取0；定时器方式寄存器TMOD高4位为无关位，一般都取0，所以TMOD应为01H。

晶振频率为12MHz，所以$T_{机}=12/f_{osc}=1\mu s$

$X=2^{16}-T/T_{机}=65\,536-50\,000=15\,536=3CB0H=0011110010110000B$

定时器以中断方式工作，故将 CPU 中断总允许位 EA 和定时器 0 的中断允许位 ET0 置 1。

参考程序如下：

```
MOV    TMOD, #01H        ；置定时器 0 为工作方式 1
MOV    TH0, #3CH         ；定时初值的高 8 位
MOV    TL0, #0B0H        ；定时初值的低 8 位
SETB   EA                ；开放 CPU 中断总允许位
SETB   ET0               ；开放定时器 0 的中断允许位
SETB   TR0               ；启动定时器 0
```

（二）方式 0 及应用实例

1. 方式 0 的结构特点

在方式 0 下，以定时器 0 为例，定时器/计数器 0 是一个由 TH0 中的 8 位和 TL0 中的低 5 位组成的 13 位加 1 计数器（TL0 中的高 3 位不用），若 TL0 中的第 5 位有进位，则直接进到 TH0 中的最低位。定时器/计数器 0 方式 0 逻辑结构如图 4-4 所示。

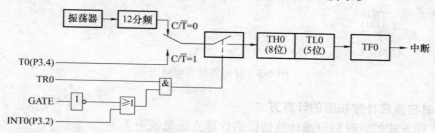

图 4-4　定时器/计数器 0 方式 0 逻辑结构

由图可见，当门控位 GATE = 0 时，或门输出始终为 1，与门被打开，与门的输出电平始终与 TR0 的电平一致，实现由 TR0 控制定时器/计数器 0 的启动和停止。若软件使 TR0 置 1，接通控制开关，启动定时器 0，13 位加 1 计数器在定时初值或计数初值的基础上进行加 1 计数；溢出时，13 位加 1 计数器为 0，TF0 由硬件自动置 1，并申请中断；同时 13 位加 1 计数器从 0 开始计数。若软件使 TR0 清零，则关断控制开关，停止定时器 0，即加 1 计数器停止计数。

2. 应用实例

【例 4-2】　设计程序使 P1.0 输出周期为 1ms（频率 1kHz）的方波，采用定时器 1 方式 0，晶振频率为 12MHz。

解：根据题意，只要使 P1.0 每隔 500μs 翻转一次即可得到周期为 1ms 的方波，因而 T1 的定时时间为 500μs。

用定时器 1 方式 0 时，定时器/计数器方式寄存器 TMOD 高 4 位中的 M1M0 应取 00；可设定为软件启动定时器，故 GATE 取 0；因为用定时功能，$C/\overline{T}$ 取 0；定时器方式寄存器 TMOD 低 4 位为无关位，一般都取 0，所以 TMOD 应为 00H。

晶振频率为 12MHz，　　　　　则 $T_{机} = 12/f_{osc} = 12/(12 \times 10^6) = 1\mu s$

定时初值为　　　　　　　$X = 2^{13} - T/T_{机} = 2^{13} - 500/1 = 8192 - 500 = 7692 = 1E0CH$

$= 1111000001100B$

因 TL1 的高 3 位未用，对计算出的定时初值 X 要进行修正，即在低 5 位前插入 3 个 0，修正后的定时初值 X = 1111000000001100B = F00CH

定时器以查询方式工作。

参考程序如下：

```
        ORG    0000H
        LJMP   MAIN
        ORG    0050H
MAIN：  SETB   P1.0              ; 置 P1.0 初始状态
        MOV    TMOD，#00H        ; 置定时器 1 为工作方式 0
        MOV    TH1，#0F0H        ; 置 500μs 定时初值
        MOV    TL1，#0CH
        SETB   TR1               ; 启动定时器 1
LP1：   JBC    TF1，LP2          ; 查询计数溢出
        SJMP   LP1               ; 未到 500μs 继续计数
LP2：   MOV    TH1，#0F0H        ; 重新置 500μs 定时初值
        MOV    TL1，#0CH
        CPL    P1.0              ; 输出取反
        SJMP   LP1               ; 重复循环
        END
```

实践操作步骤：

① 接线：P1.0 接示波器输入插孔。

② 输入程序。

③ 运行程序。

④ 观察并记录 P1.0 输出的方波波形是否与设计相符，若有差异，请查找原因。

总结与思考：

① 采用定时器 0 以方式 0 工作，利用定时器查询方式修改程序。

② 方波频率改为 0.5kHz，利用定时器查询方式修改程序。

③ 分析方波波形的特点。

【例 4-3】 P1 口做输出口，控制 8 个灯（P1 口输出低电平时灯被点亮），同一时间只有两盏灯点亮，按一定的规律每隔 1s 循环点亮下一盏灯，先左移后右移；采用定时器 0 方式 1 设计延时子程序，定时时间为 50ms，晶振频率为 12MHz。

解： 延时子程序要求延时 1s，又规定定时时间为 50ms，所以要在硬件定时的基础上再加软件计数来实现 1s 的延时；50ms 定时初值的计算参见例 4-1，软件计数值为 20。

用定时器 0 方式 1 时，定时器/计数器方式寄存器 TMOD 低 4 位中的 M1M0 应取 01；可设定为软件启动定时器，故 GATE 取 0；因用定时功能，C/T̄ 取 0；定时器方式寄存器 TMOD 高 4 位为无关位，一般都取 0；所以 TMOD 应为 01H。

设定时器 0 的溢出标志位以查询方式工作。

参考程序如下：

主程序：

```
        ORG    0000H
        AJMP   MAIN
        ORG    0150H
MAIN:   MOV    R2, #06H
        MOV    A, #0FCH          ; 灯点亮的初始状态
NEXT0:  MOV    P1, A
        ACALL  DELAY
        RL     A                 ; 点亮左边一盏灯
        DJNZ   R2, NEXT0
        MOV    R2, #06H
NEXT1:  MOV    P1, A
        RR     A                 ; 点亮右边一盏灯
        ACALL  DELAY
        DJNZ   R2, NEXT1
        SJMP   MAIN
```

延时子程序：

```
        ORG    0200H
DELAY:  MOV    R1, #20           ; 置 50ms 计数循环初值
        MOV    TMOD, #01H        ; 置定时器 0 为工作方式 1
        MOV    TH0, #3CH         ; 置 50ms 定时初值
        MOV    TL0, #0B0H
        SETB   TR0               ; 启动定时器
LP1:    JBC    TF0, LP2          ; 查询计数溢出
        SJMP   LP1               ; 未到 50ms 继续计数
LP2:    MOV    TH0, #3CH         ; 重新置 50ms 定时初值
        MOV    TL0, #0B0H
        DJNZ   R1, LP1           ; 未到 1s 继续循环
        RET                      ; 返回主程序
        END
```

实践操作步骤：

① 接线：P1.0～P1.7 分别接 8 只发光二极管的输入插孔。

② 输入程序。

③ 运行程序。

④ 观察并记录 8 只发光二极管的亮灭规律是否与设计相符，若有差异，请查找原因。

总结与思考：

① 采用定时器 1 以方式 0 工作，利用定时器查询方式修改延时子程序。

② 采用定时器 1 以方式 0 工作，利用定时器中断方式修改程序。

③ 分析发光二极管的亮灭规律。

【例4-4】 设计程序每隔1s使P1.1输出取反一次，同时使片内RAM区20H单元中的内容加1，采用定时器0方式0，晶振频率6MHz。

解： 根据题意，定时时间为1s，因方式0最大计数值为8192，机器周期为2μs，则方式0的最大定时时间为16.384ms；显然不能满足本题的定时时间要求，因而需另设软件计数器，即在硬件定时的基础上再加软件计数。

设硬件定时到时间10ms，软件计数的次数为100次。

$X = 2^{13} - T/T_{机} = 8192 - 5000 = 3192 = 0C78H = 0110001111000B$

因TL0的高3位未用，对计算出的定时初值X要进行修正，即在低5位前插入3个0，修正后的定时初值 $X = 0110001100011000B = 6318H$

定时器以中断方式工作。

参考程序如下：

主程序：

```
        ORG     0000H
        LJMP    MAIN
        ORG     000BH           ；定时器0的中断入口地址
        LJMP    SER0            ；指向中断服务程序
        ORG     0030H
MAIN：  SETB    P1.1            ；置P1.1初始状态
        MOV     20H, #00H       ；20H单元清0
        MOV     R0, #64H        ；软件计数100次
        MOV     TMOD, #00H      ；置定时器0为工作方式0
        MOV     TH0, #63H       ；置10ms定时初值
        MOV     TL0, #18H
        SETB    EA
        SETB    ET0
        SETB    TR0
        SJMP    $
```

中断服务子程序：

```
        ORG     0100H
SER0：  MOV     TH0, #63H       ；重新置10ms定时初值
        MOV     TL0, #18H
        DJNZ    R0, EXIT        ；未到1s继续计数
        CPL     P1.1
        INC     20H
        MOV     R0, #64H
EXIT：  RETI
        END
```

实践操作步骤：

① 接线：P1.1接发光二极管输入插孔。

② 输入程序。

③ 运行程序。

④ 观察并记录 P1.1 输出的情况是否与设计相符，若有差异，请查找原因。

总结与思考：

① 采用定时器 0 以方式 0 工作，利用定时器查询方式修改程序。

② 采用定时器 1 以方式 0 工作，利用定时器中断方式修改程序。

③ 分析 P1.1 输出情况的特点。

（三）方式 1 及应用实例

1. 方式 1 的结构特点

在方式 1 下，以定时器 0 为例，定时器/计数器是一个由 TH0 中的 8 位和 TL0 中的 8 位组成的 16 位加 1 计数器。定时器/计数器 0 方式 1 逻辑结构如图 4-5 所示。

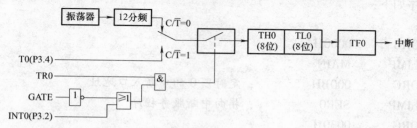

图 4-5　定时器/计数器 0 方式 1 逻辑结构

2. 应用实例

【例 4-5】　设计程序利用定时器 1 测量高电平脉冲的宽度，采用定时器 1 方式 1，晶振频率为 6MHz。

解：根据题意，用定时器 1 方式 1 时，被测高电平脉冲从外部中断 $\overline{INT1}$（P3.3）引脚输入，门控位 GATE 取 1，即由软件和硬件共同启动定时器；被测脉冲为高电平时，启动定时器 1，开始计数；被测脉冲变为低电平时，停止定时器 1，停止计数，计数值分别存放到片内 RAM 区 40H、41H、42H 单元中；计数值与机器周期的乘积就是所测脉冲的宽度。

用定时器 1 方式 1 时，定时器/计数器方式寄存器 TMOD 高 4 位中的 M1M0 应取 01，GATE 取 1；因为用定时功能，C/$\overline{T}$ 取 0；定时器方式寄存器 TMOD 低 4 位取 0，所以 TMOD 应为 90H。

定时初值为 00H，定时器以查询方式工作。

参考程序如下：

```
        ORG   0000H
        LJMP  MAIN
        ORG   0050H
MAIN：   MOV   40H，#00H      ；数据存储单元清 0
        MOV   41H，#00H
        MOV   42H，#00H
        MOV   TMOD，#90H      ；置定时器 1 为工作方式 1
        MOV   TH1，#00H       ；定时初值清 0
```

```
            MOV    TL1, #00H
            JB     P3.3, $                    ; 查询低电平
            SETB   TR1                        ; 准备启动定时器 1
            JNB    P3.3, $                    ; 高电平到, 启动定时器 1
LP1:        JBC    TF1, LP2
            JB     P3.3, LP1                  ; 低电平到, 停止定时器 1
            SJMP   LP3
LP2:        INC    40H                        ; 存储区最高位加 1
            SJMP   LP1
LP3:        CLR    TR1                        ; 停止定时器 1
            MOV    41H, TH1                   ; 计数值高 8 位放入存储区
            MOV    42H, TL1                   ; 计数值低 8 位放入存储区
            LCALL  DIS                        ; 调用显示子程序
            SJMP   MAIN                       ; 重复循环
            ORG    0100H
DIS:        (略)                              ; 显示子程序
            END
```

实践操作步骤:

① 接线: P3.3 接电平脉冲输出插孔。

② 输入程序。

③ 运行程序。

④ 观察并记录数码显示器输出的计数值是否与实际相符, 若有差异, 请查找原因。

总结与思考:

① 分析电平脉冲宽度测量的特点。

② 采用定时器 0 以方式 1 工作, 利用定时器查询方式修改程序。

(四) 方式 2 及应用实例

1. 方式 2 的结构特点

在方式 2 下, 以定时器 0 为例, 定时器/计数器是一个能自动装入初值的 8 位加 1 计数器, TH0 中的 8 位用于存放定时初值或计数初值, TL0 中的 8 位用于加 1 计数器。定时器/计数器 0 方式 2 逻辑结构如图 4-6 所示。

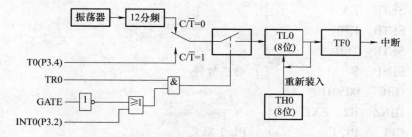

图 4-6　定时器/计数器 0 方式 2 逻辑结构

由图可见，方式 2 与方式 0 基本相似，最大的区别除方式 2 的加 1 计数器位数是 8 位外，加 1 计数器溢出后，硬件使 TF0 自动置 1，同时自动将 TH0 中存放的定时初值或计数初值再装入 TL0，继续计数。这种工作方式可省去重装初值的程序，提高了定时精度，特别适用于作为精确的脉冲信号发生器使用，如串行口波特率发生器。

2. 应用实例

【例 4-6】 P1.1 输出脉冲宽度调制（PWM）信号，即脉冲频率 1kHz、占空比 2∶5 的矩形波，以控制直流电动机按一定的速度转动，晶振频率为 6MHz。

解： 直流电动机具有优良的调速特性，调速方法也从模拟化逐步向数字化转化，采用脉冲宽度调制（PWM）的方法可以实现平滑调速，电动机转速由脉冲的占空比决定。

频率为 1kHz，周期为 1ms，占空比为 2∶5 的 P1.1 输出矩形波的波形如图 4-7 所示。

对 P1.1 取反时，由于高、低电平的时间不同，可找出一个时间基准，如 100μs、200μs。

本例设定时间基准 200μs，即定时时间为 200μs。

定时初值 $X = 2^8 - T/T_{机} = 2^8 - 200/2 = 256 - 100 = 156 = 9CH$

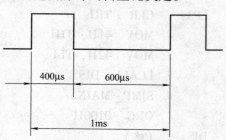

图 4-7 P1.1 输出的矩形波形

高电平的软件计数为 2，低电平的软件计数为 3。

定时器以查询方式工作。

参考程序如下：

```
            ORG   0000H
            LJMP  MAIN
            ORG   000BH          ；定时器 0 的中断入口地址
            LJMP  INT0
            ORG   0030H
MAIN：      SETB  P1.1            ；设置 P1.1 初始状态
            MOV   R2，#02H        ；给 R2 赋高电平计数值
            MOV   TMOD，#02H      ；定时器 0 工作方式 2
            MOV   TH0，#9CH       ；置 200μs 定时初值
            MOV   TL0，#9CH
            SETB  EA
            SETB  ET0
            SETB  TR0
            SJMP  $               ；动态暂停
            ORG   0050H
INT0：      DJNZ  R2，EXIT
            CPL   P1.1            ；P1.1 取反
            JNB   P1.1，L1        ；判断 P1.1 电平高低
            MOV   R2，#02H        ；若 P1.1 = 1，给 R2 赋高电平计数值
```

```
            SJMP    EXIT
L1：        MOV     R2，#03H        ；若P1.1 = 0，给R2赋低电平计数值
EXIT：      RETI
            END
```

实践操作步骤：

① 接线：P1.1接直流电动机模块的输入插孔。

② 输入程序。

③ 运行程序。

④ 观察直流电动机转动的方向和速度是否与设计相符，若有差异，请查找原因。

分析与总结：

① 分析电动机转速与脉冲频率的关系。

② 分析电动机转速与脉冲占空比的关系。

思考：

① 若程序中的脉冲频率仍为1kHz、占空比改为3:5，应如何修改程序？直流电动机的转速如何变化？

② 若将程序中的脉冲频率改为10kHz、占空比为1:2，应如何修改程序？直流电动机的转速是否发生变化？

③ 若将程序中的定时器0改为定时器1，应如何修改程序？

【例4-7】 定时器0外部输入端（P3.4）作为计数脉冲输入端，利用手控单脉冲信号作为计数输入脉冲，编写控制程序，每输入十个脉冲，工作寄存器R0的内容加1，晶振频率为6MHz。

解：用定时器0方式2时，定时器/计数器方式寄存器TMOD低4位中的M1M0应取10；可设定为软件启动定时器，故GATE取0；因用计数功能，C/$\overline{\text{T}}$取1；定时器方式寄存器TMOD高4位为无关位，一般都取0，所以TMOD应为06H。

计数初值为　　　　$X = 2^8 -$ 计数值 $= 256 - 10 = 246 = $ F6H

定时器以中断方式工作。

参考程序如下：

```
        ORG     0000H
        LJMP    MAIN
        ORG     000BH          ；定时器0的中断入口地址
        LJMP    SER0           ；转向中断服务程序
        ORG     0050H
MAIN：  MOV     R0，#00H
        MOV     TMOD，#06H     ；置计数器0为工作方式2
        MOV     TH0，#0F6H     ；置10次计数初值
        MOV     TL0，#0F6H
        SETB    EA
        SETB    ET0
        SETB    TR0
```

```
        SJMP   $
        ORG    0200H
SER0:   INC    R0              ；中断服务程序
        RETI
        END
```

实践操作步骤：

① 接线：P3.4 接手控脉冲发生器高电平脉冲输出插孔。

② 输入程序。

③ 运行程序。

④ 按动高电平脉冲按钮，并记录按钮按动的次数。

⑤ 检查寄存器中的计数值与实际输入的脉冲的数量是否相符，若有差异，请查找原因。

分析与总结：

① 定时器/计数器工作于计数方式时，采样计数脉冲是在 2 个机器周期内进行的，输入的计数脉冲频率不能高于单片机晶振频率的 1/24。

② 计数脉冲不管来自高电平脉冲输出还是低电平脉冲输出，计数结果一致。

思考：

① 要实现每输入一个脉冲就使片内 RAM 40H 单元中的内容加 1，如何修改程序？

② 有两组频率分别为 200kHz 和 300kHz 的脉冲，若用以上程序测量某一时段的脉冲数量，是否可以？

【例 4-8】 利用定时器/计数器扩展一个外部中断源，用手控单脉冲信号作为外部中断信号，P1 口控制 8 只灯（P1 口输出低电平时灯被点亮），同一时间只有一盏灯亮，编写控制程序，每发一个单脉冲信号，循环点亮下一盏灯。

解： 定时器/计数器 0 以计数功能工作，当计数初值为 FFH 时，只要外部计数输入引脚 T0（P3.4）输入一个计数脉冲，8 位加 1 计数器 TL0 变为 00H，TF0 由硬件自动置 1，并申请中断。利用这一特点，将外部中断请求信号作为计数脉冲送入外部计数输入引脚 T0（P3.4），就可实现中断功能。

定时器/计数器 0 以方式 2 工作。

参考程序如下：

```
        ORG    0000H
        AJMP   MAIN
        ORG    000BH           ；定时器 0 的中断入口地址
        AJMP   INT             ；转向中断服务程序
        ORG    0050H
MAIN:   MOV    TMOD, #06H      ；置计数器 0 为工作方式 2
        MOV    TH0, #0FFH
        MOV    TL0, #0FFH
        SETB   EA
        SETB   ET0
        SETB   TR0
```

```
        MOV   A，#0FEH
        MOV   P1，A
        SJMP  $
        ORG   0100H
INT：   RL    A              ；中断服务程序
        MOV   P1，A
        RETI
        END
```

实践操作步骤：

① 接线：P1.0 ~ P1.7 分别接 8 只发光二极管的输入插孔，P3.4 接手控脉冲发生器高电平脉冲输出插孔。

② 输入程序。

③ 运行程序。

④ 按动高电平脉冲按钮，观察并记录 8 只发光二极管的亮灭规律。

总结与思考：

① 定时器/计数器工作于计数方式时，采样计数脉冲是在两个机器周期内进行的，输入的计数脉冲频率不能高于单片机晶振频率的 1/24。

② 控制脉冲不管来自高电平脉冲输出还是低电平脉冲输出，控制结果一致，但动作的先后顺序上有一定的差异。

③ 每发两个单脉冲信号，循环点亮下一盏灯，如何修改程序？

（五）方式 3

1. T0 方式 3 的结构特点

在方式 3 下，定时器/计数器 0 分别为两个独立的 8 位加 1 计数器 TH0 和 TL0。其中 TL0 既可用于定时，也能用于计数；TH0 只能用于定时。定时器/计数器 0 方式 3 逻辑结构如图 4-8 所示。

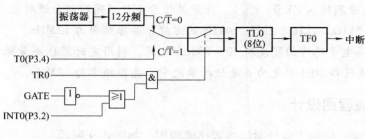

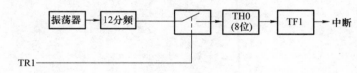

图 4-8　定时器/计数器 0 方式 3 逻辑结构

由图可见，在方式 3 下，加 1 计数器 TL0 占用了 T0 除 TH0 外的全部资源，原 T0 的控制位和信号引脚的控制功能与方式 0、方式 1 相同；与方式 2 相比，只是不能用于自动将定时初值或计数初值再装入 TL0，而必须用程序来完成。加 1 计数器 TH0 只能用于简单的内部定时功能，它占用了原 T1 的控制位 TR1 和 TF1，同时占用了 T1 中断源。

2. T0 方式 3 下 T1 的结构特点

T0 工作在方式 3 下时，T1 的控制位 TR1、TF1 和中断源被 T0 占用，这时 T1 可工作在方式 0、方式 1、方式 2 下，用作串行口波特率发生器。设置好 T1 的工作方式，T1 就自动开始计数，其溢出直接送入串行口。若要停止计数，可将 T1 设为方式 3，即 T1 不能工作于方式 3。通常 T1 用作串行口波特率发生器，以方式 2 工作会使程序简单一些。

练习题：

1. 8051 单片机的定时器/计数器的定时和计数两种功能各有什么特点？

2. 当定时器/计数器的加 1 计数器计满溢出时，溢出标志位 TF1 由硬件自动置 1，简述对该标志位的两种处理方法。

3. 当定时器/计数器工作于方式 0 时，晶振频率为 12MHz，请计算最小定时时间、最大定时时间、最小计数值和最大计数值。

4. 8051 单片机的定时器/计数器四种工作方式各有什么特点？

5. 硬件定时与软件定时的最大区别是什么？

6. 根据定时器/计数器 0 方式 1 逻辑结构图，分析门控位 GATE 取不同值时，启动定时器的工作过程。

7. 用方式 0 设计两个不同频率的方波，P1.0 输出频率为 200Hz 的方波，P1.1 输出频率为 100Hz 的方波，晶振频率为 12MHz。

8. P1.0 输出脉冲宽度调制（PWM）信号，即脉冲频率为 2kHz、占空比为 7:10 的矩形波，晶振频率为 12MHz。

9. 两只开关分别接入 P3.0、P3.1，在开关信号 4 种不同的组合逻辑状态下，使 P1.0 分别输出频率为 0.5kHz、1kHz、2kHz、4kHz 的方波，晶振频率为 12MHz。

10. 有一组高电平脉冲的宽度在 50~100ms 之间，利用定时器 0 测量脉冲的宽度，结果存放到片内 RAM 区以 50H 单元为首地址的单元中，晶振频率为 12MHz。

三、程序流程图设计

根据设计要求，编制工业计时器的程序流程图，如图 4-9 所示。

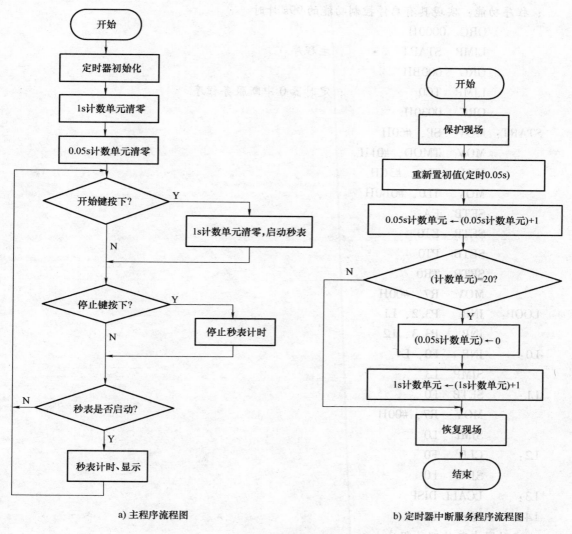

a) 主程序流程图　　　　　　b) 定时器中断服务程序流程图

图4-9　程序流程图

【项目实现】

一、源程序的编写、编译与调试

根据流程图，结合硬件结构进行软件程序的编写工作，按要求实现工业计时器的设计，在 Keil 或 WAVE 软件中编写程序，检查无误后编译生成 HEX 文件，结合 Proteus 软件进行仿真调试。参考程序如下：

汇编语言源程序：

```
;程序功能:实现具有启停控制功能的99s计时
         ORG   0000H
         LJMP  START          ;主程序
         ORG   000BH
         LJMP  TC0            ;定时器0中断服务程序
         ORG   0030H
START:   MOV   SP, #60H
         MOV   TMOD, #01H
         MOV   TH0, #3CH
         MOV   TL0, #0B0H
         SETB  EA
         SETB  ET0
         SETB  PT0
         SETB  TR0
         MOV   R7, #00H
LOOP:    JNB   P3.2, L1
         JNB   P3.3, L2
L0:      JNB   F0, L4
         SJMP  L3
L1:      SETB  F0
         MOV   R7, #00H
         SJMP  L0
L2:      CLR   F0
         SJMP  L0
L3:      LCALL DISP
L4:      SJMP  LOOP
;定时器中断处理子程序
         ORG   0200H
TC0:     MOV   TH0, #3CH      ;重新赋初值
         MOV   TL0, #0B0H
         INC   R6
         CJNE  R6, #20, LOOP5
         INC   R7
         MOV   R6, #00H
LOOP5:   RETI
;显示子程序
         ORG   0250H
DISP:    MOV   DPTR, #TAB
         MOV   A, R7          ;显示的值
```

138

```
        MOV    B, #10
        DIV    AB
        MOVC   A, @ A + DPTR
        MOV    P0, A          ; 显示十位数
        MOV    A, B
        MOVC   A, @ A + DPTR
        MOV    P2, A          ; 显示个位数
        RET
TAB:    DB     0C0H, 0F9H, 0A4H, 0B0H, 99H, 92H, 82H, 0F8H, 80H, 90H
        END
```

在桌面上启动 WAVE6000 软件，在此窗口中输入预先编写好的程序，保存文件命名为"项目四.ASM"（注意，不要遗漏文件扩展名.ASM），如图 4-10 所示。

选择"项目"中的"编译"命令或按编译快捷键 F9 编译项目。在编译过程中如果有错误可以在信息窗口中显示出来，双击错误信息，可在源程序中定位所在行。纠正错误后，再次编译，直到没有错误。在编译之前，软件会自动将项目和程序存盘。在编译没有错误后，将会生成项目四.BIN 或项目四.HEX 文件，如图 4-11 所示。

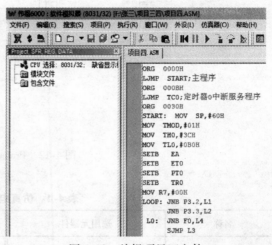

图 4-10　编辑项目四文件

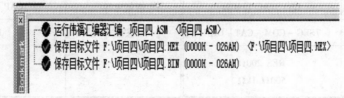

图 4-11　信息窗口

二、硬件电路仿真

学生可以根据自己所绘制的硬件电路图采用单片机专用虚拟软件 Proteus，将元器件布置好，为下一步进行仿真操作做准备。如果该项目采用单片机 P0 口和 P2 口来控制两个共阳极数码管，P3 口来接启动和停止控制键，如图 4-12 所示，所用元器件见表 4-4，仿真现象如图 4-13 所示。

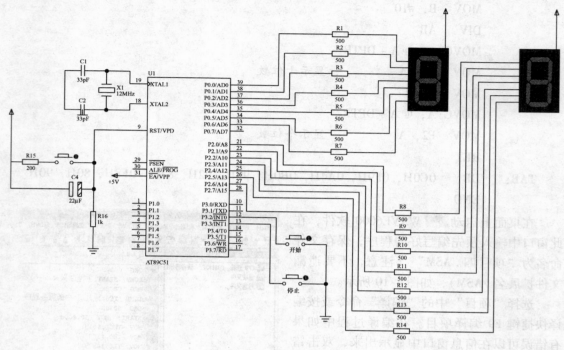

图 4-12　Proteus 仿真电路图

表 4-4　仿真电路所用元器件

名称	选用元器件	名称	选用元器件
单片机	AT89S51	瓷片电容	CAP 33pF
晶体振荡器	CRYSTAL 12MHz	电解电容	CAP – ELEC 22μF
数码管	7SEG – COM – CAT – GRN	按钮	BUTTON
电阻	RES 200Ω 500Ω 1kΩ		

三、实际硬件电路搭建及系统调试

当仿真调试结果达到设计要求时，学生可以进入项目实现阶段，用实际器件搭建电路，电路的元器件清单见表 4-5。电路搭建完成后，在计算机上编写单片机程序，使用仿真器进行联机调试，结果正确的情况下通过编程器将 HEX 格式文件下载到单片机芯片，使系统独立运行并观测结果。

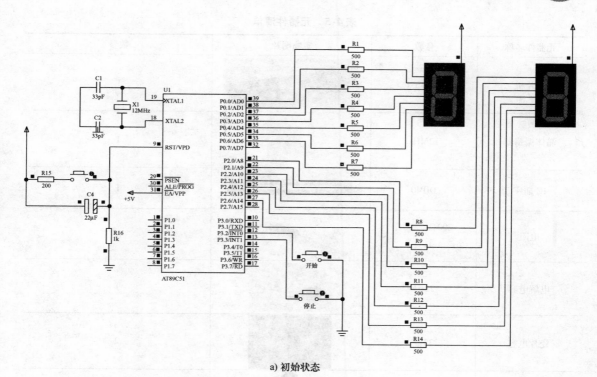

a) 初始状态

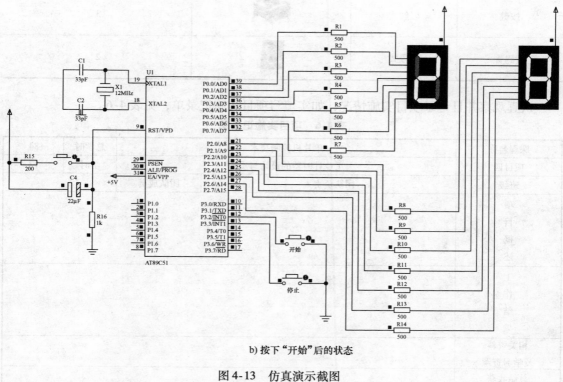

b) 按下"开始"后的状态

图 4-13　仿真演示截图

单片机控制技术

表4-5 元器件清单

元器件名称	参数	实物图片	数量
单片机	AT89S51		1
晶体振荡器	12MHz		1
IC 插座	DIP40		1
电阻	200Ω 500Ω 1kΩ		16
电解电容	22μF		1
瓷片电容	33pF		2
按键	轻触式		3
数码管	七段式		2

认真观察并且记录项目实施情况，如实填写项目实施记录单，见表4-6。

表4-6 项目实施记录单

课程名称	单片机控制技术		总学时	84
项目四	工业计时器的设计与实现		学时	12
班级		团队负责人	团队成员	
项目概述				
工作结果				
相关资料及学习资源				
总结收获				
注意事项				
备注				

142

【项目运行】

在实训设备上搭建电路或直接制作电路板成品，运行程序，观测运行情况，进一步调试直到系统可以稳定运行。项目完成后，各小组推选一名主讲上台讲解任务的完成情况并演示项目成果，老师和每组组长填写评价表，对各组完成情况进行验收和评定，具体验收指标包括：

1）硬件设计；

2）软件设计；

3）程序调试；

4）整机调试。

项目评价见表4-7。

表4-7　评价表

序号	考核内容	考核要求	评分标准	配分	扣分	得分
1	单片机硬件设计	根据项目要求焊接电路板	（1）元器件摆放不整齐，扣10分 （2）走线不工整扣5分 （3）出现接触不良、脱焊等现象扣10分	25分		
2	单片机软件设计	根据控制要求编制源程序	（1）程序编制错误，扣10分 （2）程序繁琐，扣5分 （3）程序编译错误，扣10分	25分		
3	调试（程序调试和系统调试）	输入程序、编译调试；设备整机调试运行	（1）程序运行错误，调试无效果，扣10分 （2）整机调试一次不成功，扣5分 （3）整机调试二次不成功，扣10分	25分		
4	安全文明生产	按生产规程操作	违反安全文明生产规程，扣10～25分	25分		
	项目名称				合计：	
	项目负责人		评价人签字		年　月　日	

【知识拓展】

一、C51 语言的构造数据类型

1. 数组类型

（1）一维数组的定义　数据类型 *存储类型* 数组名［整型表达式］；

　　　　　　　uchar　　code　　duanma［3］＝｛0xfe, 0x0c, 0x77｝；

　　　　　　　uchar　　　　　　xianfan［6］；

（2）引用　数组名［下标］；P1＝duanma［2］；

（3）二维数组的定义

数据类型 *存储类型* 数组名［整型表达式1］［整型表达式2］

uchar cc［2］［3］＝｛2, 3, 6, 8, 7, 5｝；

uchar cc［2］［3］＝｛｛2, 3, 6｝, ｛8, 7, 5｝｝；

i＝cc［1］［2］；结果是 i＝5

2. 结构体

（1）结构类型的定义

　　struct 结构类型名

　　　｛

　　　　成员列表；

　　　｝；

（2）结构变量的定义

　　struct 结构类型名 结构变量名；

　　struct 结构类型名

　　　｛

　　　　成员列表；

　　　｝结构变量名；

　　struct｛

　　　　成员列表；

　　　｝结构变量名；

（3）结构变量的初始化

　　结构变量名．成员＝xx；

（4）结构变量的引用

　　i＝结构变量名．成员；

3. 共用体

（1）共用体类型的定义

　　union 共用体类型名

　　　｛

　　　　成员列表；

};
（2）共用体变量的定义
　　　　union 共用体类型名 变量名；
（3）共用体变量的初始化
　　　　共用体变量名 . 成员 = xx；
（4）结构变量的引用
　　　　i = 结构变量名 . 成员；

4. 枚举类型

（1）枚举类型的定义
　　　　enum 枚举类型名
　　　　　　{
　　　　　　　　成员列表；
　　　　　　};
（2）枚举变量的定义
　　　　enum 枚举类型名 枚举变量名；

二、指针类型

（1）定义　数据类型 ＊指针变量名；
　　　　　　uchar　＊p；　　　　　//定义 p 为指针变量
（2）初始化　uchar　i = 3；　　　//设变量 i 的地址为 2000，i 的值为 3
　　　　　　　p = &i；　　　　　　//& 是取地址符，将变量 i 的地址 2000 赋值给指针
　　　　　　　　　　　　　　　　　　变量 p
（3）引用　　j = p；　　m = ＊p；　// ＊表示间接访问符，j = 2000，m = 3
（4）指针变量指向数组
　　　　uchar　＊p；
　　　　uchar　led［］= {0xff, 0xfd, 0xfb, 0xf7}；
　　　　将指针变量赋值为数组首地址的方法有两种：
　　　　方法 1：p = led；
　　　　方法 2：p = &led［0］；
　　　　例如：j = ＊（ + +p）；m = + + （＊p）；k = ＊p；
　　　　结果：j = 0xfd，m = 0xfe，k = 0xfe

三、定时器/计数器 C51 编程实例

　　在实时系统中需要定时的时候，通常使用定时器硬件定时，这与软件循环定时完全不同，尽管两者都依赖于系统的时钟。软件循环定时是以牺牲 CPU 的工作效率为代价的，CPU 在执行软件定时的过程中无法做任何其他事情，而使用定时器硬件定时，CPU 与定时器并行工作，CPU 可以完成其他工作，只需在定时器溢出时响应中断请求，进行溢出中断事件的处理。

　　8051 单片机有两个 16 位的定时器/计数器，可设置其工作为定时方式或计数方式，其

定时或计数的溢出标志位 TF0 或 TF1 可用作中断标志，也可用于查询。

定时时间初值 a 的计算方法：

$$a = 2^n - t \times f_{osc}/12$$

式中，t 为定时时间，单位为 μs；n 为 8 或 13 或 16，由定时器的工作方式决定；f_{osc} 为系统晶振频率。

【例4-9】 设单片机的时钟频率为12MHz，要求在单片机的引脚上输出周期为2ms的方波。

要产生 2ms 的方波，则要求定时时间为 1ms，每次时间到 P1.0 取反，定时初值为 64 536，即 FC18H。

（1）用定时器 0 的方式 1 编程，采用查询方式，C51 参考程序如下：

```
# include  < reg51. h >
sbit   P1_ 0 = P1^0;              /*定义位变量P1_ 0，表示P1.0*/
void   main（void)
{
        TMOD = 0x01;              /*定时器0为方式1*/
        P1_ 0 = ! P1_ 0;
        TR0  = 1;                 /*启动定时器0定时*/
        for（ ; ;)
        {
        TH0 = 0xfc;               /*装载定时器定时常数高位*/
        TL0 = 0x18;               /*装载定时器定时常数低位*/
        do { } while（! TF0);      /*等待定时器溢出标志TF0置位*/
        P1_ 0 = ! P1_ 0;          /*定时时间到，P1.0取反*/
        TF0 = 0;                  /*软件清溢出标志TF0*/
        }
}
```

（2）用定时器 0 的方式 1 编程，采用中断方式，C51 参考程序如下：

```
# include  < reg51. h >
sbit   P1_ 0 = P1^0;              /*定义位变量P1_ 0，表示P1.0*/
void   service_ t0（void)         interrupt 1 using1 /*T0中断服务，使用第一组寄存器*/
{
        P1_ 0 = ! P1_ 0;
        TH0 = 0xfc;               /*重新装载定时器定时常数高位*/
        TL0 = 0x18;               /*重新装载定时器定时常数低位*/
}
Void   main（void)
{
        TMOD = 0x01;     /*置定时器0为方式1，非门控制*/
        P1_ 0 = 0;
```

```
    TH0 = 0xfc;          /*装载定时器定时常数高位*/
    TL0 = 0x18;          /*装载定时器定时常数低位*/
    EA = 1;              /*开中断*/
    ET0 = 1;             /*允许定时器0中断*/
    TR0 = 1;             /*启动定时器0定时*/
    do { }   while (1);
}
```

【工程训练】

练一练

使用 C51 编程完成工业计时器项目，并动手仿真实现。参考程序如下：

```
#include <reg51.h>
int t, Second, run;
sbit KAI = P3^2;
sbit GUAN = P3^3;
unsigned int  TAB [10] = {0xC0, 0xF9, 0xA4, 0xB0, 0x99, 0x92, 0x82, 0xF8,
0x80, 0x90};
void intert0 () interrupt 1 using 1
{ TH0 = 50000/256;
  TL0 = 50000%256;
  t++;
  if (t= =20)
    { t=0;
      Second++;
      if (Second= =100)
        Second=0;
    }
}
main ()
{ EA=1; ET0=1;
  TMOD=0x01;
  TH0=50000/256;
  TL0=50000%256;
  TR0=1;
  t=0;

  while (1)
```

```
    {  if ( KAI = = 0 )          { run = 1;  Second = 0; }
      if ( GUAN = = 0 )       run = 0;
      if ( run )
       { P0 = TAB [ Second/10 ];
         P2 = TAB [ Second%10 ];
       }
    }
  }
}
```

项目五

串行呼号器的设计与实现

项目名称	串行呼号器的设计与实现		参考学时	12 学时
项目引入	串行呼号器广泛应用于银行、医院、食堂、各类营业厅等人员聚集需要排队等号的多种公共场所。在使用过程中，当顾客取得自己号码后，工作人员可通过小键盘进行呼号，呼叫号码显示在大屏幕上，达到规范顾客排队、实现有序管理的效果。			
项目目标	1. 掌握单片机的串行通信方式； 2. 掌握单片机的串行通信接口的结构； 3. 掌握单片机串行通信的方式设置方法； 4. 掌握单片机串行通信的波特率设置方法； 5. 掌握 Keil C 软件的使用方法； 6. 掌握 Proteus 软件仿真方法； 7. 具有获取新信息和查找相关资料的能力； 8. 具有按照要求进行项目设计及优化决策的能力； 9. 具有项目实施及解决问题的能力； 10. 具有良好的沟通能力和团队协作能力； 11. 具有良好的工艺意识、标准意识、质量意识、成本意识。			
项目要求	设计一个排队呼号系统，系统硬件包括控制器甲、控制器乙、驱动器、两个数码管和键盘，通过程序设计实现设计要求，即通过控制器甲连接的键盘输入数字，运用串行通信方式，在控制器乙连接的数码管上显示键盘输入的数字。项目具体要求如下： 1. 制订项目工作计划； 2. 完成硬件电路图的绘制； 3. 完成软件流程图的绘制； 4. 完成源程序的编写与编译工作； 5. 完成系统的搭建、运行与调试工作。			
项目实施	构思（C）：项目构思与任务分解，建议参考学时为3学时； 设计（D）：硬件设计与软件设计，建议参考学时为3学时； 实现（I）：仿真调试与系统制作，建议参考学时为4学时； 运行（O）：系统运行与项目评价，建议参考学时为2学时。			

【项目构思】

一、项目分析

在单片机应用系统中，利用单片机串行通信对外部器件实现控制的情况十分普遍，这也是单片机综合应用中必不可少的一部分。

例如我们去银行办理业务时，可以在排队机器上领取一个排队号。银行的大屏幕上和广播中会按照排队号的顺序提示顾客到柜台办理业务，这里我们可以用所学的知识设计一个排队呼号系统。呼号系统的一般组成如图5-1所示。

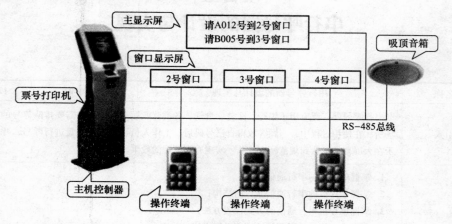

图 5-1　呼号系统结构示意图

本项目中的硬件部分用两个单片机组成一个单片机串行呼号应用系统，甲机负责输入，乙机负责显示，该系统利用单片机并行口识别键盘按下的数字，通过单片机的串行口实现两个单片机的通信，乙机负责控制两个数码管显示键盘按下的数字。

让我们首先了解一下单片机通信方式吧！

二、串行通信方式

 什么是串行通信呢？

在实际工作中，计算机与外部设备之间常常要进行信息交换，与其他计算机之间也经常需要交换信息，所有这些信息交换均可称为通信。通信有多种形式，下面具体讨论。

通信方式有并行通信和串行通信两种。具体工作中采用哪种通信方式，通常根据信息传送的距离与实际要求来决定。例如，普通计算机与外部设备（如打印机等）通信时，如果距离小于30m，可采用并行通信方式；当距离大于30m，则采用串行通信方式（同样，8051单片机也具有并行和串行两种通信方式）。

并行通信指的是数据的各位同时进行传送（发送或接收）的通信方式。并行通信的优点是传送速度快，缺点是传输线比较多，数据有多少位，就需要多少根传输线。通常情况下，8051单片机与打印机之间的数据传送就采用并行通信。

串行通信指的是数据一位一位按顺序传送的通信方式。串行通信的突出特点是只需一对传输线，可以大大降低传送成本，特别适用于远距离通信。其缺点是传送速度较低，假设并行传送 N 位数据所需时间为 T，那么串行传送所需时间为 NT，并且实际上要大于 NT（因为串行通信还需加控制、校验等字符）。

这里可以对串并行进行一个简单的比喻，假设 8 个人要过一座桥，他们有两种通过方式：一是依次逐个通过，这好比串行数据传输，如图 5-2a 所示；二是同时并排通过，这好

比并行数据传输，如图 5-2b 所示。这两种方式的相同点是 8 个人都过了桥，如果每个人比喻一位数据，那这两种方式都实现了 8 位数据的传输。但不同点在于前者只需要桥面的宽度够一个人通过就可以，说明串行通信中只需要 1 根数据线；而后者需要桥面宽度够 8 个人并排通过才行，说明并行通信中需要 8 根数据线。

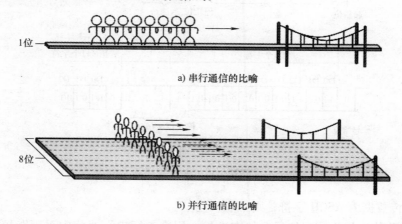

1位 ——

a) 串行通信的比喻

8位 ——

b) 并行通信的比喻

图 5-2 串行与并行通信的比喻

串行和并行通信比喻中有一个显著的特点，就是虽然后者需要更宽的桥面，但是人们通过的速度明显比前者要快，因为 8 个人能一次全部通过。而前者需要一位一位地通过，这就说明了为什么并行通信的传输速率一般较串行通信更快。

串行通信是当前最为盛行的通信方式，它广泛应用在许多设备中。如一个普通的 U 盘，它像其他任何一种 USB 设备一样，都通过 USB 口与计算机进行数据交换，而交换的方式正是串行通信。

串行通信有同步通信和异步通信两种基本方式。

（一）串行通信基本方式

1. 异步通信方式（Asynchronous Communication）

在异步通信中，数据通常是以字符帧为基本单位进行传送的。字符帧由发送端一帧一帧地发送，通过传输线被接收设备一帧一帧地接收。发送端和接收端可以由各自的时钟来控制数据的发送和接收，这两个时钟源彼此独立，互不同步。

在异步通信中，接收端是依靠字符帧格式来判断发送端是何时开始发送及何时结束发送。平时发送线为高电平（逻辑"1"），每当接收端检测到传输线上发送过来的是低电平逻辑"0"（字符帧中起始位）时，就知道发送端已开始发送，每当接收端接收到字符帧中的停止位时，就知道一帧字符信息已发送完毕。

在异步通信中，字符帧格式和波特率是两个重要指标，由用户根据实际情况选定。

（1）字符帧（Character Frame） 字符帧也叫数据帧，由起始位、数据位、奇偶校验位和停止位等四部分组成，如图 5-3 所示。现对各部分结构和功能分述如下：

① 起始位：位于字符帧开头，只占一位，始终为逻辑"0"（低电平），用于向接收设备表示发送端开始发送一帧信息。

② 数据位：紧跟起始位之后，用户根据情况可取 5 位、6 位、7 位或 8 位，低位在前高

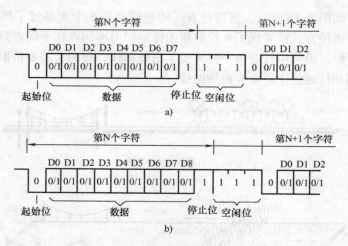

图 5-3　异步通信字符帧格式

位在后。若所传数据为 ASCII 字符，则常取 7 位。

③ 奇偶校验位：位于数据位后，仅占一位，用来表征串行通信中采用奇校验还是偶校验，也可以不设奇偶校验位，由用户根据需要决定，如图 5-3a 中无校验位，而图 5-3b 中的 D8 就是用户设定的校验位。

④ 停止位：位于字符帧末尾，为逻辑 "1"（高电平），通常可取 1 位、1.5 位或 2 位，用于向接收端表示一帧字符信息已发送完毕，也为发送下一帧字符作准备。

在串行通信中，发送端一帧一帧发送信息，接收端一帧一帧接收信息。两相邻字符帧之间可以无空闲位，也可以有若干个空闲位，这由用户根据需要决定。

（2）波特率（baud rate）　波特率的定义为每秒传送二进制数码的位数（亦称比特率），单位是 bit/s，即位/秒。波特率是串行通信的重要指标，用于表征数据传输的速率。波特率越高，数据传输速度越快，但和字符的实际传输速率不同。字符的实际传输速率是指每秒内所传字符帧的帧数，和字符帧格式有关。例如，波特率为 1200bit/s 的通信系统，若采用图 5-3a 的字符帧，则字符的实际传输速率为 1200/13 = 92.31 帧/秒；若改用图 5-3b 的字符帧，则字符的实际传输速率为 1200/14 = 85.71 帧/秒。

波特率还和信道的频带宽度有关。波特率越高，信道频带越宽。因此，波特率也是衡量通道频宽的重要指标，通常，异步通信的波特率在 50 ~ 9600bit/s 之间。波特率不同于发送时钟和接收时钟，它通常是时钟频率的 1/16 或 1/64。

异步通信的优点是不需要传送同步脉冲，字符帧长度也不受限制，故所需设备简单。缺点是字符帧中因包含起始位和停止位而降低了有效数据的传输速率。

2. 同步通信方式（Synchronous Communication）

同步通信是一种连续串行传输数据的通信方式，一次通信只传送一帧信息。这里的信息帧和异步通信中的字符帧不同，通常有若干个数据字符，如图 5-4 所示。图 5-4a 为单同步字符帧结构；图 5-4b 为双同步字符帧结构。但它们均由同步字符、数据字符和校验字符 3 部分组成。其中，同步字符位于帧结构开头，用于确认数据字符的开始（接收端不断对传输线采样，并把采到的字符和双方约定的同步字符比较，只有比较成功后才会把后面接收到

的字符加以存储）；数据字符在同步字符之后，个数不受限制，由所需传输的数据块长度决定；校验字符有 1~2 个位于帧结构末尾，用于接收端对接收到数据字符的正确性的校验。

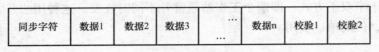

a) 单同步字符帧结构

b) 双同步字符帧结构

图 5-4 同步通信字符帧格式

在同步通信中，同步字符可以采用统一标准符式，也可有用户约定。在单同步字符帧结构中，同步字符常采用 ASCII 码中规定的 SYN（即 16H）代码；在双同步字符帧结构中，同步字符一般采用国际通用标准代码 EB90H。

同步通信的数据传送速率较高，通常可达 56 000bit/s 或更高。同步通信的缺点是要求发送时钟和接收时钟保持严格同步，故发送时钟除应和发送波特率保持一致外，还要求把它同时传送到接收端去。

（二）串行通信的数据传送方式

在串行通信中，数据是在两个站之间传送的。按照数据传送方向，串行通信可分为单工、半双工和全双工三种传送方式。

1. 单工方式

在单工方式下，通信线的一端接发送器，另一端接接收器，它们形成单向连接，只允许数据按照一个固定的方向传送。如图 5-5a 所示，数据只能单方向传送。

a) 单工通信

2. 半双工方式

在半双工方式下，系统中的每个通信设备都由一个发送器和一个接收器组成，通过收发开关接到通信线上，如图 5-5b 所示。在这种方式下，数据能够实现双方向传送，但任何时刻只能由其中的一方发送数据，另一方接收数据。其收发开关并不是实际的物理开关，而是由软件控制的电子开关，通信线两端通过半双工协议进行切换。

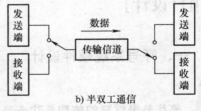

b) 半双工通信

3. 全双工方式

虽然半双工比单工方式灵活，但它的效率依然很低，我们可以通过采用信道划分技术来克服它的这个缺点。在图 5-5c 所示的全双工连接中，不是交替发送和接收，而是同时发送和接收。全双工通信系统的

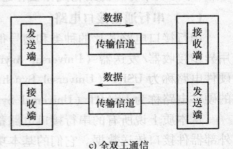

c) 全双工通信

图 5-5 串行通信的数据传送方式

每端都含有发送器和接收器，数据可以同时在两个方向上传送。

需要注意的是，尽管许多串行通信接口电路具有全双工功能，但在实际应用中，大多数情况下只工作于半双工方式，即两个工作站通常并不同时收发。这种用法并无害处，虽然没充分发挥效率，但简单、实用。

练习题：

1. 串行通信与并行通信各有什么优缺点？各适用于什么场合？
2. 异步通信与同步通信的异同是什么？

想一想

学生通过搜集单片机、数码管、开关和驱动器等元器件相关资料、共同学习常用汇编语言指令与编程方法，经小组讨论，制定完成串行呼号器的设计与实现项目的工作计划，填写在表5-1中。

表5-1　串行呼号器的设计与实现项目的工作计划单

工 作 计 划 单					
项　目				学时	
班　级					
组　长		组　员			
序号	内容		人员分工		备注
学生确认				日期	

【项目设计】

一、呼号系统硬件设计

单片机串行口的结构是什么样的呢？

（一）串行通信接口电路

串行接口电路芯片的种类和型号很多。能够完成异步通信的硬件电路称为UART，即通用异步接收器/发送器（Universal Asynchronous Receiver/Transmitter）；能够完成同步通信的硬件电路称为USRT（Universal Synchronous Receiver/Transmitter）；既能异步又能同步通信的硬件电路称为USART（Universal Synchronous Asynchronous Receiver/Transmitter）。

从本质上说所有的串行接口电路都是以并行数据形式与CPU接口，以串行数据形式与外部器件接口传送数据。它们的基本功能都是从外部器件接收串行数据，转换成并行数据后传送给CPU，或从CPU接收并行数据，转换成串行数据后输出给外部器件。

1. 工作原理

串行发送时，CPU 可以通过数据总线把 8 位并行数据送到"发送数据缓冲器"，然后并行送给"发送移位寄存器"，并在发送时钟和发送控制电路控制下通过 TXD 线一位一位地发送出去。起始位和停止位是由 UART 在发送时自动添加上去的。UART 发送完一帧后产生中断请求，CPU 响应后可以把下一个字符送到发送数据缓冲器，然后重复上述过程。在串行接收时，UART 监视 RXD 线，并在检测到 RXD 线上有一个低电平（起始位）时就开始一个新的字符接收过程。UART 每接收到一位二进制数据位后就使接收移位寄存器左移一次。连续接收到一个字符后并行传送到接收数据缓冲器，并通过中断促使 CPU 从中取走所接收的字符。

2. UART 对 RXD 线的采样

UART 对 RXD 线的采样是由接收时钟 RXC 完成的。其周期 T_c 和所传数据位的传送时间 T_d（位速率的倒数）必须满足如下关系：

$$T_c = \frac{T_d}{K}$$

式中，$K = 16$ 或 64。现以 $K = 16$ 来说明 UART 对 RXD 线上字符帧的接收过程。

平常，UART 按 RXC 脉冲上升沿采样 RXD 线。当连续采到 RXD 线上 8 个低电平（起始位 1/2 位置）后，UART 便确认对方在发送数据（不是干扰信号）。此后，UART 每隔 16 个 RXC 脉冲采样 RXD 线一次，并把采到的数据作为输入数据，以移位方式存入接收移位寄存器。

3. 错误校验

数据在长距离传送过程中可能会发生各种错误，往往需要对数据传送的正确与否进行校验，校验是保证传输数据准确无误的关键。常用的校验方法有奇偶校验、和校验等。

1）奇偶校验。奇偶校验是校验串行通信传输数据正确与否的一个措施，并不能保证通信数据的传输一定正确。换言之，如果奇偶校验发生错误，则表明数据传输一定出现了错误，如果奇偶校验没有出错，也不等同数据传输完全正确。

奇校验：8 位有效数据连同 1 位附加位中，二进制 1 的个数为奇数。

偶校验：8 位有效数据连同 1 位附加位中，二进制 1 的个数为偶数。

2）和校验。所谓和校验，是发送方将所发数据块求和（或各字节异或），产生一个字节的校验字符（校验和）附加到数据块末尾。接收方接收数据，同时对数据块（除校验字符外）求和（或各字节异或），将所得的结果与发送方的校验字符进行比较，相符则无差错，否则即认为传送过程中出现差错。

（二）8051 串行口的结构

8051 内部的可编程全双工串行通信接口，具有通用异步接收器/发送器（UART）的全部功能。该接口电路不仅能同时进行数据的发送和接收，也可作为一个同步移位寄存器使用。

8051 单片机串行口由接收缓冲寄存器/发送缓冲寄存器 SBUF、发送控制器、接收控制器、输入移位寄存器、输出移位寄存器和输出控制门、波特率发生器等组成，如图 5-6 所示。

与串行通信有关的控制寄存器有接收/发送缓冲器 SBUF、串行控制寄存器 SCON，电源控制寄存器 PCON 及中断允许控制寄存器 IE 等。

1. 接收/发送缓冲器 SBUF

接收/发送缓冲器 SBUF 是物理上完全独立的两个 8 位缓冲器，发送缓冲器只能写入不能读出，接收缓冲器只能读出不能写入，两个缓冲器占用同一个地址（99H）。可通过指令对 SBUF 的读写来区别是对接收缓冲器的操作还是对发送缓冲器的操作。

发送数据时，数据装入发送缓冲器 SBUF，并开始由 TXD 引脚向外发送一帧数据，发送完成后硬件自动使发送中断标志位（TI）=1，CPU 执行一条写指令"MOV SBUF，A"启动一次数据发送，可使 SBUF 发送下一个数。

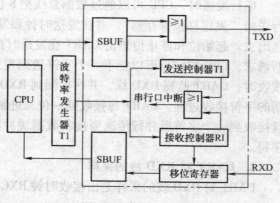

图 5-6　串行口的结构

接收数据时，一帧数据从 RXD 端经接收端口进入 SBUF 之后串行口发出中断请求，硬件自动使接收中断标志位（RI）=1，通知 CPU 接收这一数据。CPU 执行一条读指令"MOV A，SBUF"，就能将接收的数据送入累加器中，同时接收端口接收下一帧数据。

2. 串行控制寄存器 SCON

SCON 是可以进行位寻址的 8 位控制寄存器，字节地址位 98H，位地址为 98H ~ 9FH，SCON 用于设定串行口工作方式，接收发送控制及设置状态标志，SCON 各位的定义和功能如下：

98H	D7	D6	D5	D4	D3	D2	D1	D0
SCON	SM0	SM1	SM2	REN	TB8	RB8	TI	RI
位地址	9F	9E	9D	9C	9B	9A	99	98

1）SM0，SM1：串行口的工作方式选择位，其状态组合所对应的工作方式为：

SM0　SM1	工作方式	功能说明	波特率
0　　0	0	移位寄存器方式（用于扩展 I/O）	$f_{osc}/12$
0　　1	1	8 位异步收发方式（UART）	由定时器控制
1　　0	2	9 位异步收发方式（UART）	$f_{osc}/32$ 或 $f_{osc}/64$
1　　1	3	9 位异步收发方式（UART）	由定时器控制

2）SM2：多机通信控制位。

在方式 2 或方式 3 中，如果（SM2）=1，则接收到的第 9 位数据（RB8）为 0 时不激活 RI，接收到的数据丢失，只有当收到第 9 位数据（RB8）为 1 时才激活 RI，向 CPU 申请中断。如果（SM2）=0，则不论收到的第 9 位数据为 1 还是 0，都会将接收到的数据装入 SBUF 中。在方式 1 时，如果（SM2）=1，则只有收到有效的停止位时才会激活 RI，若没有接收到有效的停止位，则 RI 清零。在方式 0 中，SM2 必须为 0。

3）REN：允许接收控制位。

由软件置位以允许接收，由软件清零时禁止接收。

4）TB8：发送数据位。

在方式 2 和方式 3 时为要发送的第 9 位数据，根据需要由软件置位和复位。在多机通信时，TB8 的状态用来表示主机发送的是地址或数据，通常协议规定 0 表示数据，1 表示地址。

5）RB8：接收数据位。

在方式 2 和方式 3 时为接收到的第 9 位数据。RB8 和 SM2、TB8 一起，常用于通信控制。在方式 1 时，如果（SM2）= 0，RB8 接收到的是停止位。在方式 0 时，不使用 RB8。

6）TI：发送中断标志位。

由片内硬件在方式 0 串行发送第 8 位结束时置位，或在其他方式串行发送停止位的开始时置位。必须由软件清零。

7）RI：接收中断标志位。

由片内硬件在方式 0 串行接收到第 8 位结束时置位，或在其他方式串行接收到停止位的中间时置位。必须由软件清零。

3. 电源控制寄存器 PCON

电源控制寄存器 PCON 能够进行电源控制，其 D7 位 SMOD 是串行口波特率倍增位。寄存器 PCON 的字节地址为 87H，没有位寻址功能。PCON 与串行通信有关的格式如下：

	D7	D6	D5	D4	D3	D2	D1	D0
PCON	SMOD				GF0	GFI	PD	IDL

PCON 的 D7 位为 SMOD，称为波特率倍增位。当（SMOD）= 1 时，波特率加倍，当（SMOD）= 0 时，波特率不加倍。

通过软件可设置（SMOD）= 0 或（SMOD）= 1，因为 PCON 无位寻址功能，所以，要想改变 SMOD 的值，可通过相应指令来完成：

```
ANL    PCON, #7FH        ;使（SMOD）= 0
ORL    PCON, #80H        ;使（SMOD）= 1
MOV    PCON, #00H        ;使（SMOD）= 0
```

注意：单片机复位时，SMOD 位被清零。

4. 中断允许控制寄存器 IE

IE 控制中断系统的各中断的允许与否。其中与串行通信有关的位有 EA 和 ES 位，当（EA）= 1 且（ES）= 1 时，串行中断允许。

（三）串行通信的过程

两个通信设备在串行线路上成功地实现通信必须解决两个问题：一是串并转换问题，即如何把要发送的并行数据串行化，把接收的串行数据并行化；另一个是设备同步问题，也就是如何使发送设备和接收设备的工作节拍保持同步，以确保发送的数据在接收端被正确识别。

1. 串并转换

串行通信是将计算机内部的并行数据转换成串行数据，将其通过一根通信线传送，接收方将接收的串行数据再转换成并行数据送到计算机中。

在计算机串行发送数据之前，计算机内部的并行数据被送入移位寄存器，并一位一位地移出，将并行数据转换成串行数据，如图 5-7 所示。

在接收数据时，来自通信线路的串行数据被送入移位寄存器，满8位后并行送到计算机内部，如图5-8所示。

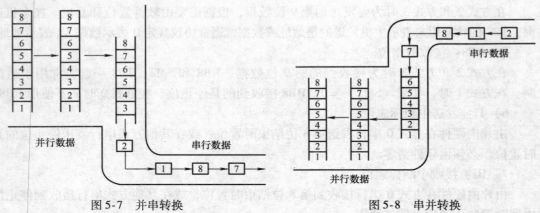

图 5-7　并串转换　　　　　　　　　　　　图 5-8　串并转换

2. 设备同步

进行串行通信的两台设备必须同步工作才能有效地检测通信线路上的信号变化，从而采样传送数据脉冲。设备同步对通信双方有两个共同要求：一个是通信双方必须采用统一的编码方法；另一个是通信双方必须设定相同的传送及接收速率。

1）采用统一的编码方法，确定一个字符二进制表示值的位发送顺序和位串长度，也包括统一的逻辑电平规定，即电平信号高低与逻辑 1 和逻辑 0 的固定对应关系。

2）通信双方只有设定相同的传送速率，才能确保设备同步，这就要求发送设备和接收设备采用相同频率的时钟。发送设备在统一的时钟脉冲上发出数据，接收设备才能正确检测出与时钟脉冲同步的数据信息。

练习题：

1. MCS-51 单片机串行口有两个 SBUF，但只有一个地址，对它进行读写操作时为什么不会产生混乱？

2. 简述 SCON 中的 SM2、TB8、RB8 的作用。

（四）硬件电路图设计

学生可以根据单片机最小系统硬件电路，进行拓展加入键盘、数码管驱动芯片及数码管等外围器件，设计呼号器整体电路图。利用软件 Protel 绘制电路图，单片机甲的 P0 口和 P2 口接收键盘按键信息，单片机乙的 P0 口和 P2 口接两片 74LS47 译码器，进而控制两个共阳极数码管，甲、乙单片机通过串行口进行数据交换，单片机甲的 TXD 端和单片机乙 RXD 端相连接，单片机甲从 TXD 端发送数据，单片机乙从 RXD 端接收数据，参考硬件电路图如图 5-9 所示。在实际应用中业务员手上的小键盘由单片机甲控制，而银行大厅里的显示屏（两位七段数码管）则由单片机乙控制。

电路中的 74LS47 是 BCD—七段数码管译码器/驱动器，功能是将输入的 4 位 8421BCD 码转换为共阳极数码管显示其对应数字 0~9 所需的 7 位段码信号，输出低电平有效，译码器输出与输入代码有唯一的对应关系，输入端 A、B、C 和 D 接收 4 位 8421BCD 码二进制数，输出端 a、b、c、d、e、f 和 g 与七段共阳极数码管的 a、b、c、d、e、f 和 g 段相连，

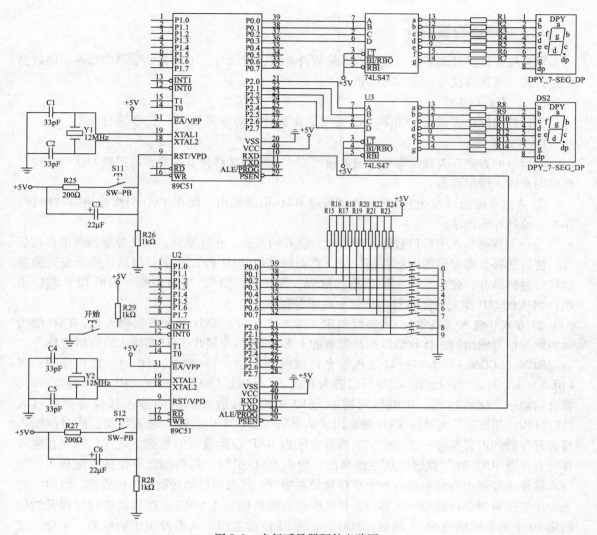

图5-9 串行呼号器硬件电路图

可以直接驱动数码管显示8421BCD所对应的数字。单片机通过它可以直接把数字显示到数码管上，与上个项目相比较简化了数码管显示程序，节省了数字到其段码的软件转换过程，同时节约了单片机的I/O引脚的使用个数。74LS47使能端的作用如下：

1）LT是试灯输入端，当 LT = 0，BI = 1 时，不管其他输入是什么状态，a ~ g 均为0，数码管7段全亮；

2）BI 静态灭灯输入，当 BI = 0，不论其他输入状态如何，a ~ g 均为1，数码管7段全灭；

3）RBI 动态灭零输入，当 LT = 1，RBI = 0 时，如果 ABCD = 0000 时，a ~ g 均为1，数码管7段全灭；

4）RBO 动态灭零输出，它与静态灭灯输入 BI 共用一个引出端。当在动态灭零时，输出才为0。片间与 RBI 配合，可用于熄灭多位数字前后所不需要显示的零。

二、程序流程图设计

对系统硬件设计完毕后，我们对系统软件程序进行设计。下面开始学习串行通信的数据传送方式与通信协议等程序编写知识。

（一）串行口工作方式

串行口的操作方式由 SM0 和 SM1 定义，下面将针对方式 0、1、2、3 进行介绍。

1. 方式 0

串行口的方式 0 为移位寄存器输入输出方式，可外接移位寄存器，以扩展 I/O 口，也可外接同步输入输出设备。

① 方式 0 输出（发送）。串行数据通过 RXD 引脚输出，而在 TXD 引脚输出移位时钟，作为移位脉冲输出端。

当一个数据写入串行口数据缓冲器时，就开始发送。在此期间，发送控制器送出移位信号，使发送移位寄存器的内容右移一位，直至最高位（D7 位）数字移出后，停止发送数据和移位时钟脉冲，完成发送一帧数据的过程，置 TI 为"1"，申请中断，如果 CPU 响应中断，则从 0023H 单元开始执行串行口中断服务程序。

② 方式 0 输入（接收）。当串行口定义为方式 0 时，RXD 端为数据输入端，TXD 端为同步脉冲信号输出端。接收器以振荡频率的 1/12 的波特率接收 TXD 端输入的数据信息。

REN（SCON.4）为串行口接收器允许接收控制位。当（REN）= 0 时，禁止接收；当（REN）= 1 时，允许接收。当串行口置为方式 0，且满足（REN）= 1 和（RI）= 0 的条件时，就会启动一次接收过程。在机器周期的 S6P2 时刻，接收控制器向输入移位寄存器写入 11111110，并使移位时钟由 TXD 端输出。从 RXD 端（P3.0 引脚）输入数据，同时使输入移位寄存器的内容左移一位，在其右端补上刚由 RXD 引脚输入的数据。这样，原先在输入移位寄存器中的"1"就逐位从左端移出，而在 RXD 引脚上的数据就逐位从右端移入。当写入移位寄存器中的最右端的一个 0 移到最左端时，其右边已经接收了 7 位数据。这时，将通知接收控制器进行最后一次移位，并把所接收的数据装入 SBUF。在启动接收过程开始后的第 10 个机器周期的 S1P1 时刻，SCON 中的 RI 位被置位，从而发出中断申请。至此，完成了一帧数据的接收过程，如果 CPU 响应中断，则去执行由 0023H 作为入口地址的中断服务程序。

8051 单片机串行口可以外接串行输入并行输出移位寄存器作为输出口，也可以外接并行输入串行输出移位寄存器作为输入口。

方式 0 发送或接收完 8 位数据后由硬件将发送中断标志 TI 或接收中断标志 RI 置位，但CPU 响应中断请求转入中断服务程序时并不能将 TI 或 RI 清 0。因此，中断标志 TI 或 RI 必须由用户在程序中清 0（可用"CLR TI"或"CLR RI"；也可以用"ANL SCON, #0FEH"或"ANL SCON, #0FDH"等指令）。

2. 方式 1

串行口工作于方式 1 时，被定义为波特率可变的 8 位异步通信接口。传送一帧信息为10 位，即 1 位起始位（0），8 位数据位（低位在先）和 1 位停止位（1）。数据位由 TXD 发送，由 RXD 接收。波特率是可变的，取决于定时器 1 的溢出速率。

1）方式 1 发送。CPU 执行任何一条以 SBUF 为目的寄存器的指令，就启动发送。先把起始位输出到 TXD，然后把移位寄存器的输出位送到 TXD，接着发出第一个移位脉冲（SHIFT），使数据右移一位，并从左端补入 0。此后数据将逐位由 TXD 端送出，而其左端不断补入 0。当发送完数据位时，置位中断标志位 TI。

2）方式 1 接收。串行口以方式 1 输入时，当检测到 RXD 引脚上由 1 到 0 的跳变时开始接收过程，并复位内部 16 分频计数器，以实现同步。计数器的 16 个状态把 1 位时间等分成 16 份，并在第 7、8、9 个计数状态时采样 RXD 的电平，因此每位数值采样 3 次，当接收到的 3 个值中至少有两个值相同时，这两个相同的值才被确认接收，这样可排除噪声干扰。如果检测到起始位的值不是 0，则复位接收电路，并重新寻找另一个 1 到 0 的跳变。当检测到起始位有效时，才把它移入移位寄存器并开始接收本帧的其余部分。一帧信息也是 10 位，即 1 位起始位，8 位数据位（低位在先），1 位停止位。在起始位到达移位寄存器的最左位时，它使控制电路进行最后一次移位。在产生最后一次移位脉冲时能满足下列两个条件：①（RI）= 0；②接收到的停止位为 1 或（SM2）= 0 时，停止位进入 RB8，8 位数据进入 SBUF，且置位中断标志位 RI。

3．方式 2 和方式 3

串行口工作于方式 2 和方式 3 时，被定义为 9 位的异步通信接口，发送（通过 TXD）和接收（通过 RXD）一帧信息都是 11 位，1 位起始位（0），8 位数据位（低位在先），1 位可编程位（即第 9 位数据）和 1 位停止位（1）。方式 2 和方式 3 的工作原理相似，唯一的差别是方式 2 的波特率是固定的，为 $f_{osc}/32$ 或 $f_{osc}/64$。方式 3 的波特率是可变的，利用定时器 T1 作波特率发生器。

1）方式 2 和方式 3 发送。方式 2 和方式 3 的发送过程是由执行任何一条以 SBUF 作为目的寄存器的指令来启动的。由写入 SBUF 信号把 8 位数据装入 SBUF，同时把 TB8 装到发送移位寄存器的第 9 位位置上（可由软件把 TB8 赋予 0 或 1），并通知发送控制器要求进行一次发送。发送开始后，把一个起始位（0）放到 TXD 端，经过一位时间后，数据由移位寄存器送到 TXD 端，通过第一位数据，出现第一个移位脉冲。在第一次移位时，把一个停止位 "1" 由控制器的停止位送入移位寄存器的第 9 位。此后，每次移位时，把 0 送入第 9 位。因此，当 TB8 的内容移到移位寄存器的输出位置时，其左面一位是停止位 "1"，再往左的所有位全为 "0"。这种状态由零检测器检测到后，就通知发送控制器作最后一次移位，然后置（TI）= 1，请求中断。第 9 位数据（即 SCON 中的 TB8 的值）由软件置位或清零，可以作为数据的奇偶校验位，也可以作为多机通信中的地址数据位，即数据标志位。如果把 TB8 作为奇偶校验位，可以在发送中断服务程序中，在数据写入 SBUF 之前，先将数据的奇偶位写入 TB8。

2）方式 2 和方式 3 接收。方式 2 和方式 3 的接收过程与方式 1 类似。数据从 RXD 端输入；接收过程由 RXD 端检测到负跳变时开始（CPU 对 RXD 不断采样，采样速率为所建立的波特率的 16 倍），当检测到负跳变时，16 分频计数器就立即复位，同时把 1FFH 写入输入移位寄存器，计数器的 16 个状态把一位时间等分成 16 份，在每一位的第 7、8、9 个状态时，位检测器对 RXD 端的值采样。如果所接收到的起始位不是 0，则复位接收电路等待另一个负跳变的来到，如果起始位（0）有效，则起始位移入移位寄存器，并开始接收这一帧的其余位。当起始位 0 移到最左面时，通知接收控制器进行最后一次移位。把 8 位数据装入接收缓冲器，第 9 位数据装入 SCON 中的 RB8，并置中断标志（RI）= 1。数据装入接收缓冲器和

RB8，并置位 RI，只在产生最后一个移位脉冲时，并且要满足两个条件：①（RI）=0，（SM2）=0；②接收到的第 9 位数据为 1 时，才会进行。

（二）波特率

在串行通信中，一个重要的指标是波特率，通信线上传送的所有信号都保持一致的信号持续时间，每一位的信号持续时间都由数据传送速度确定，而传送速度是以每秒多少个二进制位来衡量的，将串行口每秒钟发送（或接收）的位数称为波特率。假设发送一位数据所需要的时间为 T，则波特率为 $1/T$。它反映了串行通信的速率，也反映了对于传输通道的要求。波特率越高，要求传输通道的频带越宽。如果数据以 300 个二进制位每秒在通信线上传送，那么传送速度为 300 波特（通常记为 300bit/s）。8051 单片机的异步通信速度一般在 $50 \sim 9600$bit/s 之间。由于异步通信双方各用自己的时钟源，要保证捕捉到的信号正确，最好采用较高频率的时钟，一般选择时钟频率比波特率高 16 倍或 64 倍。如果时钟频率等于波特率，则频率稍有偏差便会产生接收错误。

在异步通信中，收、发双方必须事先规定两件事：一是字符格式，即规定字符各部分所占的位数、是否采用奇偶校验以及校验的方式（偶校验还是奇校验）等通信协议；二是采用的波特率以及时钟频率和波特率的比例关系。

串行口以方式 0 工作时，波特率固定为振荡频率的 $1/12$。以方式 2 工作时，波特率为振荡器频率的 $1/64$ 或 $1/32$，它取决于特殊功能寄存器 PCON 中 SMOD 位的状态。如果 SMOD $=0$（复位时 SMOD $=0$），波特率为振荡器频率的 $1/64$；如果 SMOD $=1$，波特率为振荡频率的 $1/32$。

方式 1 和方式 3 的波特率由定时器 T1 的溢出率所决定。当定时器 T1 作为波特率发生器时，波特率由下式确定：

$$
\text{波特率} = (\text{定时器 T1 溢出率})/n
$$
$$
= \text{定时器 T1 溢出率} \times \frac{2^{\text{SMOD}}}{32}
$$

式中，定时器 T1 溢出率 = 定时器 T1 的溢出次数/秒，n 为 32 或 16，取决于特殊功能寄存器 PCON 中 SMOD 位的状态。如果 SMOD $=0$，则 $n=32$。如果 SMOD $=1$，则 $n=16$。

对于定时器的不同工作方式，得到的波特率的范围是不一样的，这主要由定时器 T1 的计数位数不同所决定。对于非常低的波特率，应选择 16 位定时器方式，并且在定时器 T1 中断程序中实现时间常数重新装入。在这种情况下，应该允许定时器 T1 中断。

在任何情况下，如果定时器 T1 的 C/$\overline{\text{T}}$ $=0$，则计数频率为振荡频率的 $1/12$。如果 C/$\overline{\text{T}}$ $=1$，则计数频率为外部脉冲输入频率，它的最大可用值为振荡频率的 $1/24$。

【例 5-1】 8051 单片机时钟振荡频率为 11.0 592MHz，选用定时器 T1，工作方式 2 作波特率发生器，设波特率为 2400，求初值。

解： 综合前面分析可知，8051 单片机串行口方式 1 和方式 3 的波特率由定时器 T1 的溢出率与 SMOD 值同时决定，即

$$
\text{波特率} = \frac{2^{\text{SMOD}}}{32} \times \text{T1 溢出率}
$$

定时器 T1 作波特率发生器使用时，通常适用定时器方式 2（可自动重装初值）。应禁止 T1 中断，以免溢出而产生不必要的中断。先设定 TH1 和 TL1 定时计数初值为 T_c，那么每过

（256 – T_C）个机器周期，定时器 T1 就会产生一次溢出。因此，溢出周期为

$$\text{T1 溢出周期} = \frac{12}{f_{osc}} \times (256 - T_C)$$

溢出率为溢出周期之倒数，所以

$$\text{波特率} = \frac{2^{SMOD}}{32} \times \frac{f_{osc}}{12 \times (256 - T_C)}$$

可得出定时器 T1 方式 2 的初值

$$T_C = 256 - \frac{f_{osc} \times (SMOD + 1)}{384 \times \text{波特率}}$$

设置波特率控制位 SMOD = 0

$$T_C = 256 - \frac{11.0592 \times 1000000 \times (0 + 1)}{384 \times 2400} = 244 = F4H$$

同理可算出其他波特率初值，见表 5-2。

表 5-2　常用波特率初值

常用波特率/(bit/s)	f_{osc}/MHz	SMOD	TL1 初值
19 200	11.0592	1	FDH
9600	11.0592	0	FDH
4800	11.0592	0	FAH
2400	11.0592	0	F4H
1200	11.0592	0	E8H
600	11.0592	0	D0H
300	11.0592	0	A0H
137.5	11.0592	0	2EH

练习题：

1. MCS – 51 单片机的串行口有哪几种工作方式？各有什么特点和功能？

2. 用 MCS – 51 单片机串行口扩展两个 8 位并行输入口，并设计相应的软件。

3. 某异步通信接口，其帧格式由 1 个起始位、7 个数据位、1 个奇偶校验位和 1 个停止位组成，现要求每分钟传送 1800 个字符，试计算出传送波特率。

4. 若将片内 RAM 的 30H ~ 40H 中的数据块取出并通过串行口发送出，波特率为 1200bit/s，晶振频率为 11.059MHz，请设计发送数据块程序。

5. 设计接收数据块程序，接收上题发送的数据，要求把接收到的数据块存入 20H ~ 30H 中。

6. MCS – 51 单片机是如何实现多机通信的？

（三）程序流程图

综合以上所讲解的知识，可以画出串行通信发送与接收程序的流程图。发送程序流程图如图 5-10 所示，接收程序流程图如图 5-11 所示。

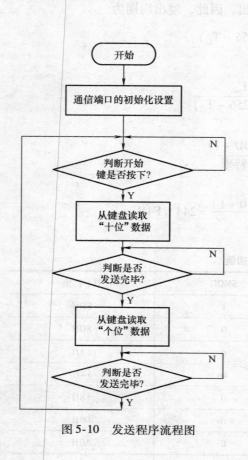

图 5-10　发送程序流程图

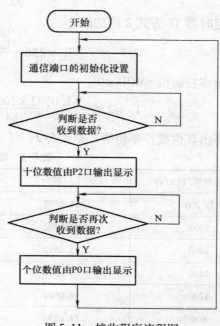

图 5-11　接收程序流程图

【项目实现】

做一做

一、源程序的编写、编译与调试

根据流程图，结合硬件结构进行软件程序的编写工作，按要求实现排队呼号系统的设计，在 Keil 或 WAVE 软件中编写程序，检查无误后编译生成 HEX 文件，结合 Proteus 软件进行仿真调试。参考程序如下：

```
//甲机发送程序(串行口工作在方式2)
#include <reg51.h>
char f;
void main()
{
    SCON = 0x90;
```

```
              EA = 1 ; IT0 = 1 ;
              ES = 1 ; EX0 = 1 ;
              PS = 1 ;
              while ( 1 )
              {   f = 2 ;
              }
    }
void sbufinter( )  interrupt 4  using 2
{        TI = 0 ;
}
void inter0( )  interrupt 0  using 1
{      char num ;
       int i ;
       while ( f = = 2 )
       { num = P0 ;
         switch ( num )
            {  case 0xfe :  SBUF = 0x00 ;  f – – ; break ;
               case 0xfd :  SBUF = 0x01 ;  f – – ; break ;
               case 0xfb :  SBUF = 0x02 ;  f – – ; break ;
               case 0xf7 :  SBUF = 0x03 ;  f – – ; break ;
               case 0xef :  SBUF = 0x04 ;  f – – ; break ;
               case 0xdf :  SBUF = 0x05 ;  f – – ; break ;
               case 0xbf :  SBUF = 0x06 ;  f – – ; break ;
               case 0x7f :  SBUF = 0x07 ;  f – – ; break ;
            }
         num = P2 ;
         switch ( num )
            {  case 0xfe :  SBUF = 0x08 ;  f – – ; break ;
               case 0xfd :  SBUF = 0x09 ;  f – – ; break ;
            }
       }
       for ( i = 0 ; i < 8000 ; i – – ) ;
       while ( f = = 1 )
       { num = P0 ;
         switch ( num )
            {  case 0xfe :  SBUF = 0x00 ;  f – – ; break ;
               case 0xfd :  SBUF = 0x01 ;  f – – ; break ;
               case 0xfb :  SBUF = 0x02 ;  f – – ; break ;
               case 0xf7 :  SBUF = 0x03 ;  f – – ; break ;
```

```
              case 0xef：SBUF = 0x04；f -- ；break；
              case 0xdf：SBUF = 0x05；f -- ；break；
              case 0xbf：SBUF = 0x06；f -- ；break；
              case 0x7f：SBUF = 0x07；f -- ；break；
          }
        num = P2；
        switch(num)
          { case 0xfe：SBUF = 0x08；f - - ；break；
            case 0xfd：SBUF = 0x09；f - - ；break；

          }

      }

}


//乙机接收程序(串行口工作在方式2)
#include  < reg51. h >
char  f = 0；
main( )
{
        SCON = 0x90；
        EA = 1；
        ES = 1；
        while(1)
        {   ；
        }

}
void sbufinter( )  interrupt  4  using 1
{       RI = 0；
        if(f = = 0)   {P2 = SBUF； f = 1；}
        else    {P0 = SBUF；  f = 0；}

}
```

（一） 建立新程序

在桌面上启动 Keil μVision4 软件，如图 5-12 所示。

在"Project"菜单中，先选择"New μVision Project"命令，如图 5-13 所示，给该文件命名为"呼号程序"。

单击"保存"后，会弹出选择单片机型号的菜单，如图 5-14 所示，选择要使用的芯片型号，本例选择 Atmel 公司的 89C51。

在"File"菜单中，选择"New"命令，如图 5-15 所示，就可以开始编写程序了。

在输入框内编写程序，如图 5-16 所示。

单片机控制技术

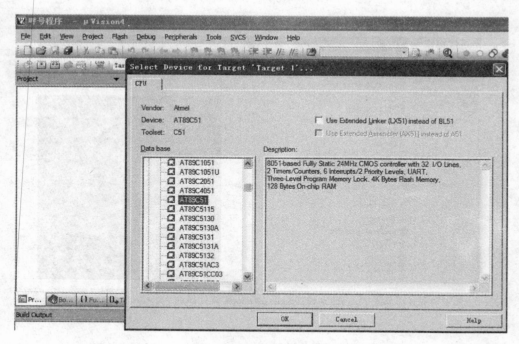

图 5-14　选择单片机型号

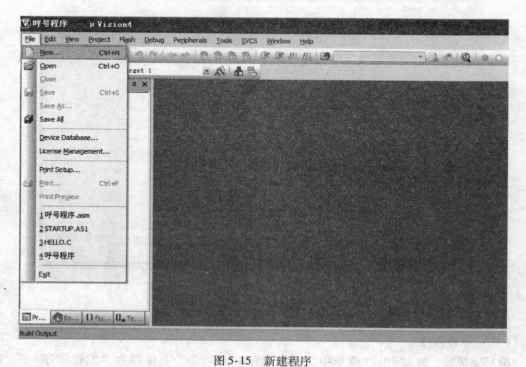

图 5-15　新建程序

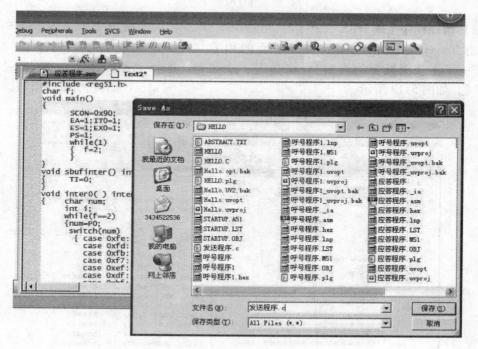

图 5-16　程序的编写与输入

图 5-17　保存文件

　　文件保存后，程序窗口上的文件名变为"发送程序.c"，这时数字呈现为紫色，一般字符呈现为黑色，如图 5-18 所示。

图 5-18 保存后程序变化

（三）编译程序生成 HEX 文件

单击 Target 1 前面＋号，展开里面的内容"source Group1"，右键单击"source Group1"（注意用鼠标的右键），将弹出一个菜单，选择"ADD file to Group 'Source Group1'"，如图 5-19 所示。

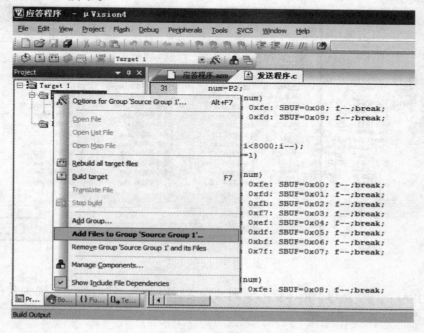

图 5-19 在工程中添加文件

在弹出的对话框中选择"发送程序.c"，单击 ADD。

用鼠标右键单击左边的 Target 1，会出现一个菜单，选择"Option for Target'Target 1'"后，出现一个对话框，打开"output"选项卡，选中"Create Hex File"，如图 5-20 所示。

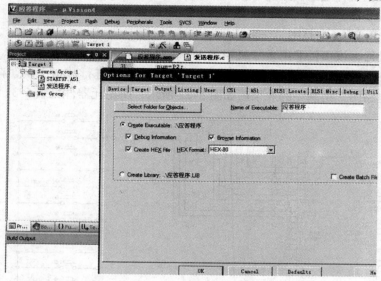

图 5-20　设置生成 HEX 文件

在"发送程序.c"上单击鼠标右键，在出现的下拉菜单中选择"built target"，看状态栏，这时在保存文件的文件夹中将出现"发送程序.HEX"文件，如图 5-21 所示。

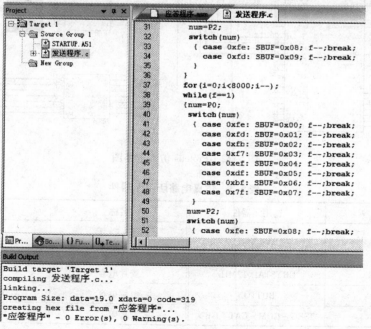

图 5-21　信息窗口

二、串行呼号器的 Proteus 仿真实现

学生可以根据硬件电路图采用单片机专用虚拟软件 Proteus 将元器件布置好，为下一步进行仿真操作做准备。

（一）绘制 Proteus 电路图

根据电路设计，该项目采用单片机甲的 P0 口和 P2 口接收键盘按键信息，单片机乙的 P0 口和 P2 口来控制两个数码管，甲、乙单片机通过串行口进行数据交换，在 Proteus 软件中绘制项目五电路图，绘制完的效果图如图 5-22 所示，所用元器件见表 5-3。

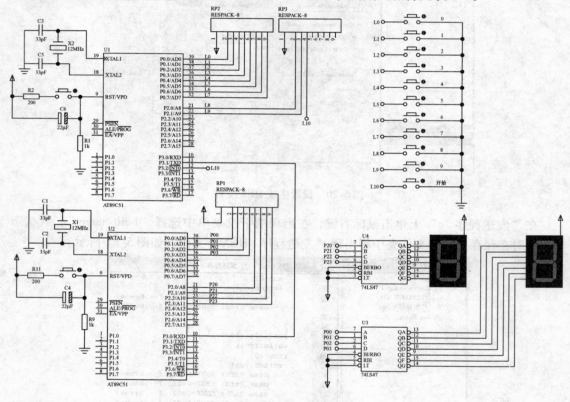

图 5-22　Proteus 仿真电路图

表 5-3　仿真电路所用元器件

名称	选用元器件	名称	选用元器件
单片机	AT89C51	电阻	RES　200Ω 500Ω　1kΩ
晶体振荡器	CRYSTAL 12MHz	瓷片电容	CAP 33pF
按钮	BUTTON	电解电容	CAP – ELEC 22μF
数码管	7SEG – COM – CAT – GRN	排阻	RESPACK – 8

（二）导入单片机 HEX 文件

双击单片机，弹出如图 5-23 所示对话框，将之前生成的 HEX 文件分别导入到 U1 和

U2 中。

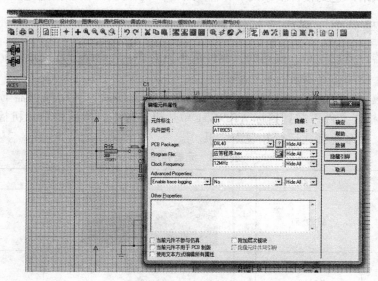

图 5-23　装入 HEX 文件

（三）模拟调试

单击模拟调试按钮的运行按钮，进入调试状态，单击甲机开始键，输入数据"73"，观察乙机数码管是否显示输入数值，仿真效果如图 5-24 所示。

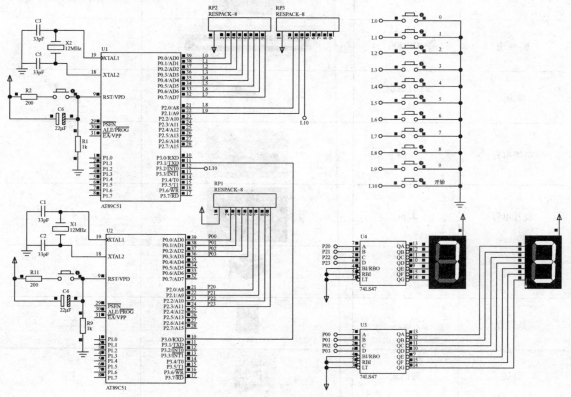

图 5-24　仿真演示截图

当仿真调试结果达到设计要求时，学生可以进入项目实际器件搭建电路阶段。

三、实际硬件电路搭建及系统调试

用实际元器件搭建电路，电路的元器件清单见表 5-4。电路搭建完成后，在计算机上编写单片机程序，使用仿真器进行联机调试。

当单片机应用系统的软、硬件通过仿真调试运行无误后，利用编程器 Easypro80B 将应用系统的 HEX 格式文件下载到目标 AT89C51 单片机芯片中，然后将单片机插入应用电路板的单片机插座，使系统独立运行并观测结果。

表 5-4　元器件清单

元器件名称	参数	实物图片	数量
单片机	AT89S51		2
晶体振荡器	12MHz		1
发光二极管	LED		2
IC 插座	DIP40		2
电阻	500Ω 200Ω 1kΩ		14
电解电容	22μF		2
瓷片电容	33pF		4
按键	轻触式		8
数码管	7 段式		2
开关	两挡式		1

认真观察并且记录项目实施情况，如实填写项目实施记录单，见表5-5。

表5-5　项目实施记录单

课程名称	单片机控制技术		总学时	84
项目五	串行呼号器的设计与实现		学时	12
班级		团队负责人	团队成员	
项目概述				
工作结果				
相关资料及学习资源				
总结收获				
注意事项				
备注				

【项目运行】

在实训设备上搭建电路或直接制作电路板成品，运行程序，观测运行情况，进一步调试直到系统可以稳定运行。项目完成后，各小组推选一名主讲上台讲解任务的完成情况并演示项目成果，老师和每组组长填写评价表，对各组完成情况进行验收和评定，具体验收指标包括：

1）硬件设计；

2）软件设计；

3）程序调试；

4）整机调试。

项目评价见表5-6。

表5-6　评价表

序号	考核内容	考核要求	评分标准	配分	扣分	得分
1	单片机硬件设计	根据项目要求焊接电路板	（1）元器件摆放不整齐，扣10分 （2）走线不工整扣5分 （3）出现接触不良、脱焊等现象扣10分	25分		
2	单片机软件设计	根据控制要求编制源程序	（1）程序编制错误，扣10分 （2）程序繁琐，扣5分 （3）程序编译错误，扣10分	25分		

（续）

序号	考核内容	考核要求	评分标准	配分	扣分	得分
3	调试（程序调试和系统调试）	用软件输入程序监控调试；运行设备整机调试	（1）程序运行错误，调试无效果，扣10分 （2）整机调试一次不成功，扣5分 （3）整机调试二次不成功，扣5分	25分		
4	安全文明生产	按生产规程操作	违反安全文明生产规程，扣10~25分	25分		
	项目名称			合计：		
	项目负责人		评价人签字	年　月　日		

【知识拓展】

一、计算机的串行通信口

单片机的串行口还具有与普通计算机进行串行通信的能力。普通计算机上的串行口有时简称为串口，又称为 RS－232 口，如图 5-25 所示，在计算机机箱背面面板上的 RS－232 口都为公头（9 芯针脚，名称为 DB－9P），而可以插入公头的是母头（9 芯针脚，名称为 DB－9S）。

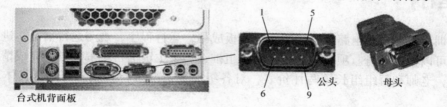

图 5-25　台式计算机的串口

RS－232 口的 9 个芯的功能说明表见表 5-7，其中通常只有 3 个芯——RXD（2 芯，接收数据位）、TXD（3 芯，发送数据位）、GND（5 芯，接地位），会在计算机与单片机之间通信时用到。

表 5-7　RS－232 口数据线说明

串行口示意图	序号	名称及功能说明
	1	DCD：载波检测位
	2	RXD：接收数据位
	3	TXD：发送数据位
	4	DTR：数据终端准备信号位
	5	GND：接地
	6	DSR：数据发送准备信号位
	7	RTS：请求发送位
	8	CTS：等待发送位
	9	RI：响铃位

如今，许多台式计算机和便携式计算机已经不再设有串行口了，因为原来使用串行口的外围设备如调制解调器等都内置化或 USB 接口化。如果你的计算机没有如图 5-25 所示的串行口，就需要买一个串口转换线从 USB 口扩展出一个串行口来。

串行口转换线如图 5-26 所示，图 5-26a 为 USB 转串行口型，可用于台式计算机或便携式计算机。图 5-26b 为 PCMCIA 转串行口型，只用于便携式计算机。

a) USB转串行口型　　　　　　　　　　b) PCMCIA转串行口型

图 5-26　串行口转换器

使用串行口转换器需要安装驱动。插上串行口转换器并安装完驱动后，会在 Windows 的设备管理器中找到相应的硬件。打开设备管理器的方法是右键单击桌面"我的电脑"图标，在弹出的快捷菜单中选择"属性"命令，在系统属性对话框中打开"硬件"选项卡，其中就有一个"设备管理器"按钮，单击它就可以打开设备管理器窗口。

如果转换器已经连接上，驱动程序已经安装好，就会在窗口中出现"端口（COM 和 LPT）"目录树。单击目录树的"＋"号，从中可以看到 COM 字样代表的就是当前计算机拥有的串行口。不同情况下转换器生成的串行口序号是不一样的，"通信端口（COM1）"是计算机原本的串行口，而名为"Prolific USB－to－Serial Comm Port（COM4）"才是 USB 转换器生成的串行口。

二、串行口的通信检测

如果计算机自带串行口或通过转换器扩展出了串行口，就可以使用串行口调试软件进行本机串行口通信检测实验。首先建立通信的硬件链路，方法是把计算机串行口（自带或扩展的都可以）第 3 针脚 TXD 与同一串行口上的第 2 针脚 RXD 相连，如图 5-27a 所示。这样本机串行口的发送端和接收端相连，从发送端送出的数据可以被同一个串行口的接收端接收到。具体做法是用导线短路一个串行口母头的 2 脚和 3 脚，然后插在计算机的串行口公头上即可。

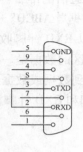
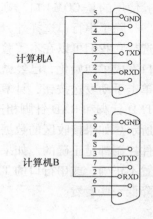

a)本机通信　　　　　　　　b) 两机通信

图 5-27　串行口通信实验的硬件连接

如果有两台计算机就可以更好地完成这

个实验，这时可按图 5-27b 所示将计算机 A 串行口第 2 针脚 RXD 与计算机 B 的串行口第 3

针脚 TXD 相连，再将计算机 A 的串行口第 3 针脚 TXD 与计算机 B 的串行口第 2 针脚 RXD 相连，最后使计算机 A 和计算机 B 的串行口第 5 针脚（GND）相连。这样就完成了两台计算机串行口连接，通信链路就建立起来了。

进行通信实验具体方法如下：

首先到网络搜索引擎关键字位置输入"串口调试软件"、"串口调试助手"等信息进行查找，会得到许多网址连接，从中选择一个下载次数比较多的串行口调试软件安装到完成串行口通信硬件连接的计算机上。图 5-28 所示是一个串行口调试软件的界面。

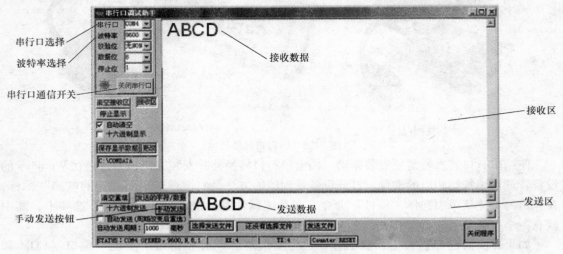

图 5-28　串行口调试软件

该软件提供串行口选择、波特率选择、串行口通信开关、手动发送按钮、接收区、发送区等功能。串行口选择下拉菜单可以选择串行口号，在 Windows 设备管理器中找到计算机串行口的串行口号，例如 COM1、COM4 等，然后在下拉菜单中选择相应的串行口号。例如实验使用的是 COM4 口，则在串行口调试软件中选择 COM4。

除了串行口选择外，软件还会提供波特率的选择，同样在下拉菜单中有多种波特率可供选择，我们可以在本实验中选择 9600bit/s。选择完成以后打开串行口通信开关，此时 COM4 口完成了初始化，已经做好串行通信的准备。接下来，在发送区内输入如"ABCD"字符。单击手动发送按钮，计算机将数据"ABCD"从串行口的 TXD 针脚发送出去，由于本机的 TXD 针脚和 RXD 针脚相连，所以 RXD 针脚收到这些数据，并显示在接收区中，如图 5-28 所示。如果接收区的数据与发送区的数据是一致的，则说明串行口实验成功，数据链路和软件控制都是正确的。如果接收不到数据或数据与发送的数据不一致，很有可能是串行口号设置不正确，或串行口的 TXD 针脚和 RXD 针脚没有连接上等问题造成的，或者试着把波特率降低一些看看。

【工程训练】

练一练

AT89C51 单片机有串行口 RXD 端和 TXD 端，计算机串行口上也有 RXD 端和 TXD 端两个针脚。这两个串行口如果能连接在一起，那单片机与计算机之间就可以通过串行口实现通信数据的交换了。也就是说，串行口通信使得任何一个单片机系统不再"寂寞"，因为系统可以通过通信链路与其他单片机、计算机进行数据交换，使单片机系统的网络化应用成为可能。

在未来的家电网络中，房门可能不再使用钥匙打开，而是使用密码或指纹的手段进行身份验证。如果是具有权限的用户，门锁就会打开。为了让密码锁成为家电网络的一个终端，我们可以把密码锁通过串行口接入到家电网络中，它可以与家电网络中的控制计算机交换数据。网络密码锁的操作过程可以描述为：

1）用户在小键盘上输入密码，单片机扫描键盘获得密码（数字）并存储在30H中。

2）单片机将保存在30H中的输入密码通过串行口发送到计算机端。

3）计算机串行口接收到密码后，与预先设置好的有效密码进行比对，判断输入密码的正确性。

4）如果密码正确，计算机将通过串行口向单片机回送数据66H，密码错误则回送88H。

5）单片机如果从串行口接收到66H，则驱动门锁控制器打开锁；如果接收到88H，则发出错误密码的警告。

密码锁的参考电路图如图5-29所示。根据密码锁的功能描述，结合电路图编写网络密码锁的单片机程序，并进行网络密码锁仿真。

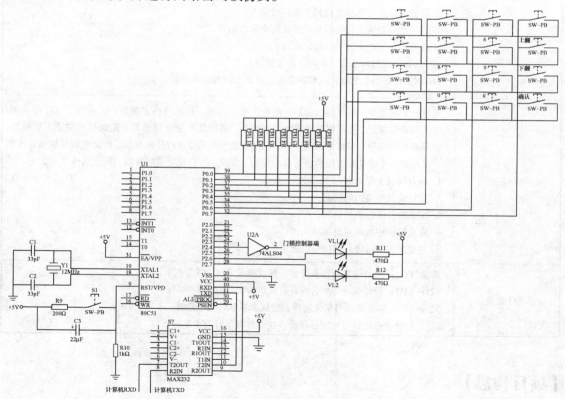

图5-29　网络密码锁硬件电路图

工业循迹小车的设计与实现

项目名称	工业循迹小车的设计与实现	参考学时	24 学时
项目引入	循迹小车主要应用在仓储业、制造业、邮局、图书馆、港口码头、机场和危险场所等，其装备电磁、光学或其他自动导引装置，可以沿设定的引导路径行驶，工业应用中采用充电蓄电池为主要的动力来源，可通过程序来控制其运动轨迹以及其他动作，无需驾驶员操作，就可以将货物或物料自动从起点运送到目的地。由于其工作效率高，使用灵活，已经渐渐深入到各行各业。		
项目目标	1. 掌握 Keil 软件的使用方法； 2. 掌握 51 系列单片机与外围设备的通信方式； 3. 具备单片机 C51 语言编程能力； 4. 具备熟练编写中断服务程序的能力； 5. 具备 C51 语言程序调试的能力； 6. 具备制作单片机应用系统和进行系统调试的能力； 7. 具备获取新信息和查找相关资料的能力； 8. 具备按照要求进行项目设计及优化决策的能力； 9. 具有项目实施及解决问题的能力； 10. 具备良好的沟通能力和团队协作能力； 11. 具备良好的工艺意识、标准意识、质量意识和成本意识。		
项目要求	设计一个基于单片机控制的简易自动循迹小车系统，系统包括主控器、驱动器、直流电动机、光电传感器等部分。小车以单片机为控制核心，利用红外光电传感器对路面黑色轨迹进行检测，并将路面检测信号反馈给单片机，单片机对采集到的信号进行分析判断，控制电动机调整小车转向，从而使小车能够沿着黑色轨迹自动行驶，实现小车智能循迹的目的。项目具体要求如下： 1. 制订项目工作计划； 2. 完成硬件电路图的绘制； 3. 完成软件流程图的绘制； 4. 完成源程序的编写与编译工作； 5. 完成系统的搭建、运行与调试工作。		
项目实施	构思（C）：项目构思与任务分解，建议参考学时为 4 学时； 设计（D）：硬件设计与软件设计，建议参考学时为 8 学时； 实现（I）：仿真调试与系统制作，建议参考学时为 8 学时； 运行（O）：系统运行与项目评价，建议参考学时为 4 学时。		

【项目构思】

本书前几个项目重点讲述了单片机汇编语言和 C 语言的基本指令和语句，并有针对性地进行了程序的设计和调试。本项目为综合性项目，需要灵活运用前面项目中所讲述的指令和语句来开发较复杂的 C 语言源程序，目的是进一步培养学生开发和设计单片机控制系统软硬件的能力。

一、项目分析

工业循迹小车被称为 Automated Guided Vehicle，简称 AGV，是 20 世纪 50 年代研发出来的新型智能搬运机器人，在工业上应用广泛。工业循迹小车是指装备电磁、光学或其他自动导引装置，可以沿设定的引导路径安全行驶的运输车。工业应用中采用充电蓄电池作为主要的动力来源，可通过程序来控制其运动轨迹以及其他动作，也可以把电磁轨道粘贴在地板上来确定其行进路线。无人搬运车通过电磁轨道所带来的信息进行移动与动作，无需驾驶员操作，将货物或物料自动从起点运送到目的地。

工业循迹小车主要应用在仓储业、制造业、邮局、图书馆、港口码头、机场和危险场所等，如我国上海的邮政业在 1990 年就开始使用 AGV 来完成邮品的搬运工作，海尔集团在 2000 年把 9 台 AGV 应用到自己的仓库中，形成一个灵活的 AGV 自动数据库处理系统，轻松完成了每天至少 33 500 件的储存盒装卸货物的任务。工业循迹小车的应用已经渐渐深入到各行各业。工业智能搬运机器人如图 6-1 所示。

图 6-1 工业智能搬运机器人

本项目通过了解工业循迹小车的工作原理和功能，进行系统分析，确定项目设计方案，完成元器件选型、软件编程和联机调试等任务，综合训练学生的工程开发与创新能力，使学生掌握单片机控制系统的设计方法和调试方法，进一步掌握单片机 C 语言编程技巧。

 循迹小车是怎样工作的呢!

工业循迹小车系统的结构图如图 6-2 所示，主要由单片机控制板、循迹模块、电动机及电动机驱动模块、电源模块等部分组成。单片机为系统主控器，利用程序控制小车的运动状态，循迹模块为检测装置，检测行走轨迹的路径特点，电动机及驱动模块为执行机构，为小车行走提供动力，一般为两轮小车。当电源供电时，循迹模块首先检测轨迹的状态，与设定值进行比较，如果小车正好在轨迹上，则送信号给单片机控制器，单片机给电动机驱动模块发送驱动指令，两个电动机转速相同，小车沿直线行走；当循迹模块检测小车偏离轨道时，单片机就会根据偏离的方向，向驱动模块发送左转或右转的命令，这时两个电动机的转速不同，使小车向轨迹的方向靠近，达到自动循迹的目的。

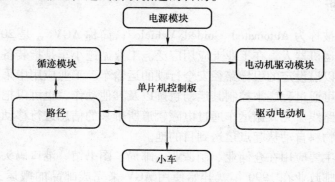

图 6-2   工业循迹小车系统结构图

先来了解一下 **C51** 语言的编程方法吧！

二、C51 语言程序设计

什么是程序算法呢？

（一）程序算法

简单地说，程序的功能就是进行数据加工。程序通常包括两方面的内容：对数据的描述和对加工的描述。对数据的描述称为"数据结构"，对加工的描述称为"算法"。广义地说，为解决某一个问题而采取的方法和步骤，就称为"算法"。在计算机科学中，算法是指描述用计算机解决给定问题的过程。例如，计算 $1+2+3+\cdots+1000$ 的算法可表示为：

步骤 1：$0 \Rightarrow s$；
步骤 2：$1 \Rightarrow i$；
步骤 3：$s+i \Rightarrow s$；
步骤 4：$i+1 \Rightarrow i$；
步骤 5：如果 $i \leqslant 1000$，转到步骤 3，否则结束。

在上面的算法中，符号 s、i 表示变量，符号"$\Rightarrow$"表示给变量赋值。步骤 1 和步骤 2 表示给变量 s 和 i 赋初始值为 0 和 1；步骤 3 将变量 i 的当前值累加到变量 s 中；步骤 4 使变量 i 在原值的基础上增加 1；步骤 5 判断 i 的值如果小于等于 1000，重复做步骤 3 和步骤 4，构成一个循环，而当 i 的值不小于等于 1000 时循环结束，这时变量 s 的值就是要求的计算结果。

1. 算法的特征

通常，一个算法必须具备以下五个基本特征：

1）有穷性。一个算法必须在它所涉及的每一种情形下，都能在执行有限次的操作之后结束。

2）确定性。算法的每一步，其顺序和内容都必须严格定义，而不能有任何的歧义。

3）有零个或多个输入。输入是算法实施前需要从外界取得的信息，有些算法需要有多个输入，而有些算法则不需要输入，即零个输入。

4）有一个或多个输出。输出就是算法实施后得到的结果，显然，没有输出的算法是没有意义的。

5）可行性。算法的每一步都必须是可行的，也就是说，是能够由 CPU 执行的。

2. 算法的描述

（1）用自然语言描述　自然语言就是人们日常使用的语言，上面计算 $1 + 2 + 3 + \cdots + 1000$ 的算法就是用自然语言表示的。用自然语言表示算法，通俗易懂。但是，自然语言表示的含义往往不太严格，要根据上下文才能判断它的正确含义。另外，用自然语言描述分支和循环很不方便。因此，除对简单的问题使用以外，一般不用自然语言描述算法。

（2）用流程图描述　用流程图描述算法，形象直观，简单方便。流程图用流程线和流程元素表示各个处理的执行顺序，同时规定了算法的三种基本结构：顺序结构、分支结构和循环结构。用这些基本结构按一定的规律组成一个算法，这样的算法称为结构化算法。按照结构化算法编写的程序称为结构化程序。

（二）结构化程序设计

结构化程序设计强调程序设计风格和程序结构的规范化，提倡清晰的结构。结构化程序设计的基本思路是，把一个复杂问题的解决过程分阶段进行，每一个阶段处理的问题都控制在人们容易理解和处理的范围内。具体一点来说，就是在分析问题时采用"自顶向下，逐步细化"的方法；设计解决方案时采用"模块化设计"方法；编写程序时采用"结构化编码"方法。

"自顶向下，逐步细化"是对问题的解决过程逐步具体化的一种思想方法。例如，要在一组数中找出其中的最大数，首先，可以把问题的解决过程描述为：

1）输入一组数。

2）找出其中的最大数。

3）输出最大数。

以上三条中，第 1）、3）两步比较简单，对第 2）步可以进一步细化：

1）任取一数，假设它就是最大数。

2）将该数与其余各数逐一比较。

3）若发现有任何数大于假设的最大数，则取而代之。

再对以上过程进一步具体化，得到如下算法：

1）输入一组数。

2）找出其中的最大数。

① 令 max ＝ 第一个数。

② 将第二个数到最后一个数依次取出。

③ 比较 x 与 max 的大小，如果 x＞max，则令 max ＝ x。

3）输出 max。

"模块化设计"就是将比较复杂的任务，分解成若干个子任务，每个子任务又分解成若干个小子任务，每个小子任务只完成一项简单的功能。在程序设计时，用一个个小模块来实现这些功能，每个小模块对应一个相对独立的子程序。

对程序设计人员来说，编写程序也就变得不再困难。同时，同一软件也可以由一组人员同时编写，分别进行调试。这就大大提高了程序开发的效益。

"结构化编码"指的是使用支持结构化方法的语言编写程序。C语言就是一种支持结构化程序设计的高级语言，它直接提供了三种基本结构的语句；提供了定义"函数"的功能，函数相当于独立的子程序。另外，还提供了丰富的数据类型。这些都为结构化设计提供了有力的工具。

C语言程序是由函数构成的，而函数又是由函数说明和函数体两部分组成，其中，函数体是函数的核心。按照语句功能或构成的不同，可将C语言语句分为如下五类。

1. 控制语句

控制语句完成一定的控制功能。C语言中有9条控制语句，又可细分为三种：

1）选择结构控制语句：if（）… else…，switch（）…

2）循环结构控制语句：do…while（），for（）…，while（）…，break，continue

3）其他控制语句：goto，return

2. 函数调用语句

函数调用语句由一次函数调用加一个分号（语句结束标志）构成。

3. 表达式语句

表达式语句由表达式后加一个分号构成。

表达式能构成语句是C语言的一大特色。最典型的表达式语句是在赋值表达式后加一个分号构成的赋值语句。例如，"num = 5"是一个赋值表达式，而"num = 5；"却是一个赋值语句。

4. 空语句

空语句仅由一个分号构成。显然，空语句什么操作也不执行。

5. 复合语句

复合语句由大括号括起来的一组（也可以是一条）语句构成。

说明：

1）在语法上，复合语句和简单语句相同，即简单语句可以出现的地方，都可以使用复合语句。

2）复合语句可以嵌套，即复合语句中也可包含一个或多个复合语句。

【例6-1】 编写程序计算一个圆的面积。

```
/*程序功能：计算圆的面积*/
main（）
{
    float  pi = 3.14159，r = 3，s；
    s = pi * r * r；
}
```

【例6-2】 编写程序将一个大写字母转换成相应的小写字母。

```
/*程序功能：大写字母转换成相应的小写字母*/
main（）
{
```

```
    char  ch = 'A';
    ch + = 32;
}
```

【例6-3】 编写程序求三个数中的最大值。

```
/*程序功能：求三个数中的最大值*/
main ()
{ int num1 = 6, num2 = 9, num3 = 5, max;
  if (num1 > num2)          /*比较 num1 和 num2，将大的数赋给 max*/
    max = num1;
  else
    max = num2;
  if (num3 > max)
    max = num3;
}
```

【例6-4】 编写程序求 1~100 的累计和。

```
/*程序功能：求 1~100 的累计和*/
main ()
{ int i, sum = 0;          /*将累加器 sum 初始化为 0*/
  for (i = 1; i < = 100; i + +)
    sum + = i;             /*实现累加*/
}
```

【例6-5】 编写程序求 10 的阶乘 10!（10! = 1 × 2 × … × 10）。

```
/*程序功能：求 10! */
main ()
{ int i , n = 10;
  long  fact = 1;          /*将累乘器 fact 初始化为 1*/
  for (i = 1; i < = n; i + +)
    fact * = i;            /*实现累乘*/
}
```

【例6-6】 编写程序求 s = 1! + 2! + 3! + … + 10! 的和。

```
/*程序功能：求 1! + 2! + 3! + … + 10! 的和*/
main ()
{ int i, j;
  long p, s = 0;
  for (i = 1; i < = 10; i + +)
    { p = 1;
      for (j = 1; j < = i; j + +)
        p = p * j;
      s + = p;
```

```
    }
}
```

【例6-7】 已知10名学生的计算机考试成绩，编写程序求他们的平均成绩。

```
/*程序功能：求平均成绩*/
main ( )
{  float   a [10] = {60.5, 78.5, 90.5, 45.5, 75.0, 87.5, 36.0, 76.5, 83.5,
                     92.0};              /*定义一个一维实型数组a*/
   float  sum = 0, aver;
   int   i;
   for (i = 1; i < 10; i + +)
     sum + = a [i];
   aver = sum/10;
}
```

 想一想

学生通过搜集单片机、直流电动机、循迹模块等元器件的相关资料、共同学习C语言语句和主程序、子程序、中断程序、循环程序的编写方法，经小组讨论，制定完成工业循迹小车的设计与实现项目的工作计划，填写在表6-1中。

表6-1　工业循迹小车的设计与实现项目的工作计划单

工 作 计 划 单					
项　目				学时	
班　级					
组　长		组　员			
序号	内容		人员分工		备注
学生确认				日期	

【项目设计】

本项目包括硬件设计和软件设计两部分：硬件设计包括循迹模块、电动机及电动机驱动模块和主控板的设计；软件设计包括控制方式的选择和控制程序的编写。

一、循迹小车的硬件设计

 循迹小车怎么样才能动起来呢？

（一）电动机及电动机驱动模块设计

本项目采用步进电动机作为驱动电动机，步距角为1.8°，静力矩为2.7kg.cm，转动惯量为 34kg. cm²，工作电压为 3.8V，最大电流为 0.95A，可以满足小车的行走要求，实物如图 6-3 所示。

电动机驱动采用电动机驱动芯片 L298N，它是 SGS 公司生产的一种高电压、大电流电动机驱动芯片，是一种二相和四相电动机的专用驱动器。该芯片采用 15 脚封装，内部包含 4 通道逻辑驱动电路，两个 H 桥的高电压、大电流全桥式驱动器，如图 6-4 所示，可以用来驱动直流电动机和步进电动机、继电器线圈等感性负载；采用标准逻辑电平信号控制；具有两个使能控制端，在不受输入信号影响的情况下允许或禁止器件工作；有一个逻辑电源输入端，使内部逻辑电路部分在低电压下工作；可以外接检测电阻，将变化量反馈给控制电路。其实物图和引脚如图 6-5 所示。

图 6-3　42BYGH3401 步进电动机

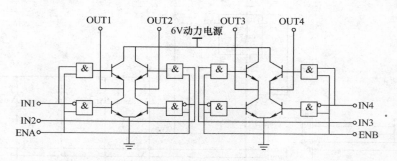

图 6-4　L298N 内部原理图

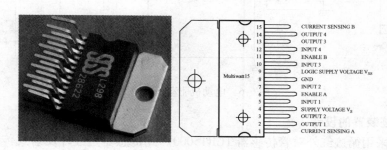

图 6-5　L298N 实物图和引脚图

IN1 ~ IN4 为芯片逻辑控制信号输入端，一般与控制器相对应的引脚连接；OUT1 ~ OUT4 为芯片信号输出端，用于控制电动机。ENA 和 ENB 分别为 IN1、IN2 和 IN3、IN4 的使能端，当 ENA 和 ENB 为高电平时，相对应的输入端信号有效，为低电平时，相对应输入端信号无效，电动机则处于停止状态。

L298N 主要特点是工作电压高，最高工作电压可达 46V；输出电流大，瞬间峰值电流可达 3A，持续工作电流为 2A；额定功率为 25W。使用 L298N 芯片驱动电动机，可以驱动一台两相步进电动机或四相步进电动机，也可以驱动两台直流电动机。利用 L298N 驱动两台直流电动机的逻辑功能表见表 6-2。

表 6-2　L298N 驱动两台直流电动机的逻辑功能表

左电动机		右电动机		左电动机	右电动机	小车运行状态
IN1	IN2	IN3	IN4			
1	0	1	0	正转	正转	前行
1	0	0	1	正转	反转	左转
1	0	1	1	正转	停	以左电动机为中心原地左转
0	1	1	1	反转	正转	右转
1	1	1	0	停	正转	以右电动机为中心原地右转
0	1	0	1	反转	反转	后退

根据控制要求设计的控制电动机驱动板电路如图 6-6 所示。

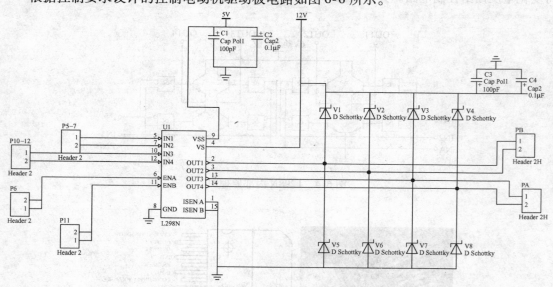

图 6-6　电动机驱动板电路图

（二）循迹装置的设计

循迹装置采用循迹红外对管传感器 TCRT5000。此传感器是红外反射式传感器，由 1 个红外发射管（发射器）和 1 个光电二极管（接收器）构成，如图 6-7 所示。其工作原理是利用红外线对颜色的反射率不一样，将反射信号的强弱转化成电流信号。红外发射管发出的红外光在遇到反光性较强的物体（表面为白色或近白色）后被折回，被光电二极管接收到，使接收管的电阻发生变化，引起光电二极管光生电流增大，在电路上一般以电压的变化形式体现出来，然后经过 ADC 转换或 LM324、LM339 等电路整形得到处理后的输出结果。电阻的变化取决于接收管所接收的红外信号强度，常表现在反射面的颜色和反射面接收管的距离两个方面。

图 6-7　TCRT5000 红外对管传感器

TCRT5000 红外对管传感器在机器人设计、工业制造中应用十分广泛。可利用
TCRT5000 制作黑白循迹机器人、工业计数传感器等。目前市场上已经有 TCRT5000 黑白循
迹模块，如图 6-8 所示，将 TCRT5000 传感器、旋钮
电位器和整形电路形成一个具有黑白循迹功能的特殊
模块，模块检测到黑色高电平和白色低电平有效，检
测高度为 0～3cm，并且在电路中可以使用旋钮电位
器来调黑白循迹的灵敏度，电路原理图如图 6-8 所
示，其中 U1 为比较器，常用的比较器有 LM358、
LM324、LM393、LM339 等。

传感器模块接口有 3 根排针，分别是 GND、
VCC、OUT。VCC 和 GND 为供电端，OUT 是信号输

图 6-8　TCRT5000 黑白循迹模块

出端。检测到物体时，信号端输出低电平；未检测到物体时，信号端输出高电平。判断信号
输出端是 0 还是 1，就能判断物体是否存在。传感器输出 TTL 电平，能直接与 3.3V 或者 5V
单片机 I/O 口相连。

检测距离根据颜色的不同而有所不同，白色最远，检测白纸时约为 2cm。供电电压
2.5～12V，不要超过 12V。5V 时的工作电流为 18～20mA，经大量测试，传感器硬件设置为
18～20mA 工作电流时性能最佳，抗干扰能力较强。

注意：最好用低电压供电，供电电压太高传感器的寿命会变短，5V 供电为佳。

利用 TCRT5000 黑白循迹模块进行黑线或者白线检测原理如下：

1）利用黑色对光线的反射率小这个特点，当平面的颜色不是黑色时，传感器发射出去
的红外光被大部分反射回来，传感器输出低电平 0。

2）当传感器在黑线上方时，因黑色的反射能力很弱，反射回来的红外光很少，传感器
输出高电平 1。

3）只要用单片机判断传感器的输出端是 0 或者是 1，就能知道是否检测到黑线。

4）检测白线的原理和检测黑线的原理一样，检测白线时，白线周边的颜色也要比较接
近黑色，然后调节红外传感器上面的可调电阻，将灵敏度调低，一直调到刚好周边的颜色检
测不到为止，那样就能检测白线了。

循迹模块电路图如图 6-9 所示。

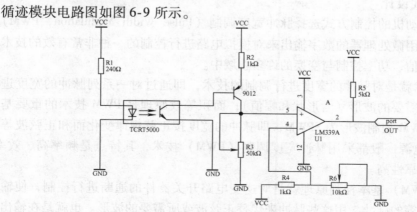

图 6-9　循迹模块电路图

给检测模块接通电源，把检测传感器放在黑色轨迹上，观察接收传感器的变化，用螺钉旋具调节一下电位器，看看检测结果有什么变化？

（三）单片机型号选择

本项目选用 STC89C51 型号的单片机，该单片机价格便宜，开发方便，通用性强，抗干扰能力强。主控板电路图如图 6-10 所示。（注：仿真时如果元器件库中没有 STC 系列，也可以使用 AT89C51 代替。）

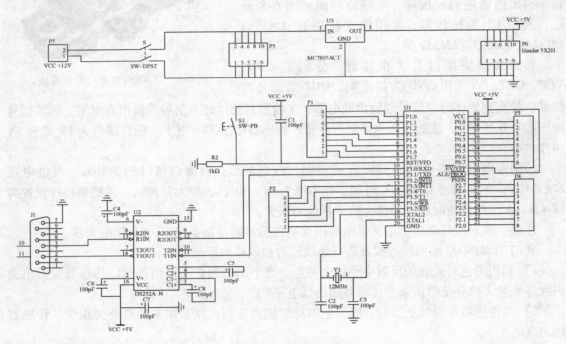

图 6-10　主控板电路图

二、程序流程图设计

（一）控制方式设计

本项目中，电动机的控制方式选择脉冲宽度调制（Pulse Width Modulation，PWM），简称脉宽调制，是利用微处理器的数字输出来对模拟电路进行控制的一种非常有效的技术，广泛应用在测量、通信、功率控制与变换的许多领域中。

PWM 控制技术就是对脉冲的宽度进行调制的技术，即通过对一系列脉冲的宽度进行调制，来等效获得所需要的波形（含形状和幅值）；面积等效原理是 PWM 技术的重要基础理论。一种典型的 PWM 控制波形为 SPWM，即脉冲的宽度按正弦规律变化而和正弦波等效的 PWM 波形。开关电源一般都采用脉冲宽度调制（PWM）技术，其特点是频率高、效率高、功率密度高以及可靠性高。

脉宽调制（PWM）基本控制原理就是对逆变电路开关器件的通断进行控制，使输出端得到一系列幅值相等的脉冲，用这些脉冲来代替正弦波或所需要的波形。也就是在输出波形的半个周期中产生多个脉冲，使各脉冲的等值电压为正弦波形，所获得的输出平滑且低次谐波少。按一定的规则对各脉冲的宽度进行调制,既可改变逆变电路输出电压的大小,也可改变输出频率。

例如,把正弦半波波形分成 N 等份,就可把正弦半波看成由 N 个彼此相连的脉冲所组成的波形。这些脉冲宽度相等,都等于 π/N,但幅值不等,且脉冲顶部不是水平直线,而是曲线,各脉冲的幅值按正弦规律变化。如果把上述脉冲序列用同样数量的等幅而不等宽的矩形脉冲序列代替,使矩形脉冲的中点和相应正弦等份的中点重合,且使矩形脉冲和相应正弦部分面积(即冲量)相等,就得到一组脉冲序列,这就是 PWM 波形。可以看出,各脉冲宽度是按正弦规律变化的。根据冲量相等效果相同的原理,PWM 波形和正弦半波是等效的。对于正弦波的负半周,也可以用同样的方法得到 PWM 波形。

在 PWM 波形中,各脉冲的幅值是相等的,要改变等效输出正弦波的幅值时,只要按同一比例系数改变各脉冲的宽度即可,因此在交 - 直 - 交变频器中,整流电路采用不可控的二极管电路即可,PWM 逆变电路输出的脉冲电压就是直流侧电压的幅值。

根据上述原理,在给出了正弦波频率、幅值和半个周期内的脉冲数后,PWM 波形各脉冲的宽度和间隔就可以准确计算出来。按照计算结果控制电路中各开关器件的通断,就可以得到所需要的 PWM 波形。

脉冲宽度调制(PWM)是一种对模拟信号电平进行数字编码的方法。通过高分辨率计数器的使用,方波的占空比被调制用来对一个具体模拟信号的电平进行编码。PWM 信号仍然是数字的,因为在给定的任何时刻,满幅值的直流供电要么完全有(ON),要么完全无(OFF)。电压或电流是以一种通(ON)或断(OFF)的重复脉冲序列被加到模拟负载上去的。通的时候即是直流供电被加到负载上的时候,断的时候即是供电被断开的时候。只要带宽足够,任何模拟值都可以使用 PWM 进行编码。

多数负载(无论是电感性负载还是电容性负载)需要的调制频率高于10Hz,通常调制频率为 $1\sim200$kHz 之间。许多微控制器内部都包含有 PWM 控制器。例如,Microchip 公司的 PIC16C67 内含两个 PWM 控制器,每一个都可以选择接通时间和周期。占空比是接通时间与周期之比;调制频率为周期的倒数。执行 PWM 操作之前,这种微处理器要求在软件中完成以下工作:

1)设置提供调制方波的片上定时器/计数器的周期;

2)在 PWM 控制寄存器中设置接通时间;

3)设置 PWM 输出的方向,这个输出可以使用通用 I/O 引脚;

4)启动定时器;

5)使能 PWM 控制器。

如今几乎所有市场上销售的单片机都有 PWM 模块功能,若没有(如早期的8051),也可以利用定时器及 GPIO 口来实现。一般的 PWM 模块控制流程:

1)使能相关的模块(PWM 模块以及对应引脚的 GPIO 模块)。

2)配置 PWM 模块的功能。

① 设置 PWM 定时器周期,该参数决定 PWM 波形的频率。

② 设置 PWM 定时器比较值,该参数决定 PWM 波形的占空比。

③ 设置死区(deadband),为避免电路桥臂的直通需要设置死区,一般较高档的单片机都有该功能。

④ 设置故障处理情况，一般故障是封锁输出，防止过电流损坏功率管，故障一般有比较器或 ADC 或 GPIO 检测。

⑤ 设定同步功能，该功能在多桥臂，即多 PWM 模块协调工作时尤为重要。

3）设置相应的中断，编写 ISR，一般用于电压电流采样，计算下一个周期的占空比，更改占空比。

4）使能 PWM 波形发生。

（二）程序流程图

根据控制过程编制程序流程图。主程序流程图如图 6-11 所示，循迹程序流程图如图 6-12 所示，中断服务程序流程图如图 6-13 所示。

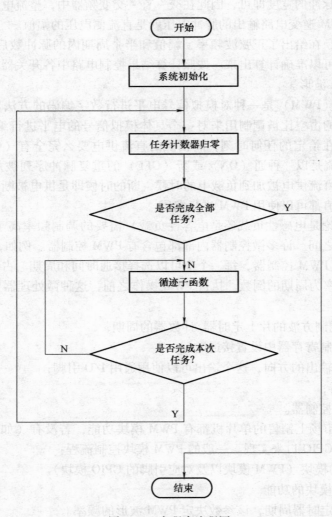

图 6-11　主程序流程图

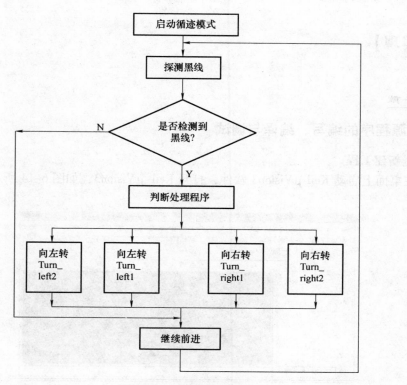

图 6-12　循迹程序流程图

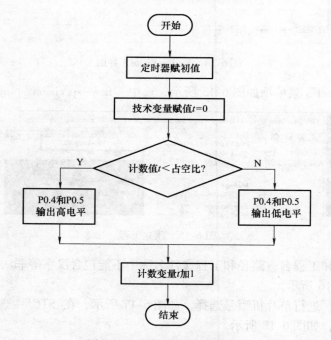

图 6-13　中断服务程序流程图

【项目实现】

做一做

一、源程序的编写、编译与调试

（一）新建工程

1）在桌面上启动 Keil μVision3 软件，打开 Keil μVision3，如图 6-14 所示。

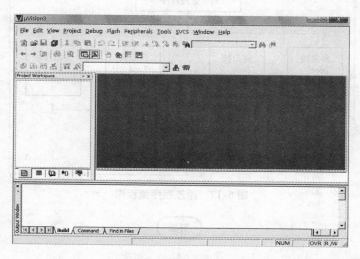

图 6-14　Keil μVision3 界面

2）选择"project"菜单项如图 6-15 所示，选中"new→μVision project"选项。

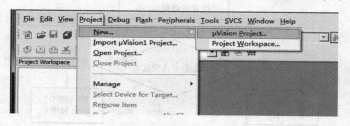

图 6-15　建立工程

　　选择保存路径和工程名，路径和工程文件名称中不能包含汉字等非法字符，否则文件将不能运行，如图 6-16 所示。

　　保存好工程后，进行单片机型号选择，如图 6-17 所示，在 STC 中选择 STC89C51 单击确定进入工程界面，如图 6-18 所示。

（二）新建 C 程序文件

1）单击图 6-19 中的新建文件的快捷按钮，会出现一个新的文字编辑窗口，如图 6-20 所示。这个操作也可以通过菜单"File→New"或快捷键 Ctrl + N 来实现。

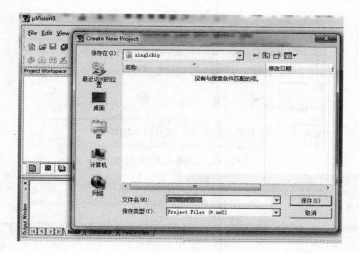

图 6-16　保存工程

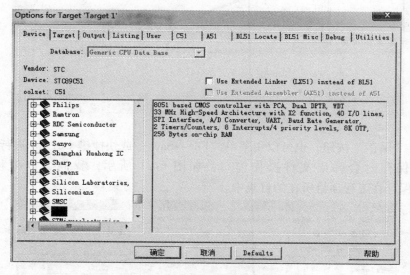

图 6-17　选择单片机型号

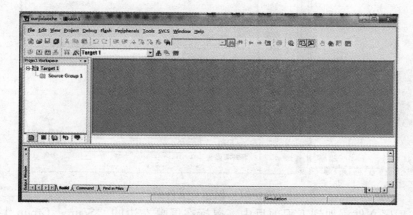

图 6-18　工程界面

195

图 6-19　新建 C 程序文件

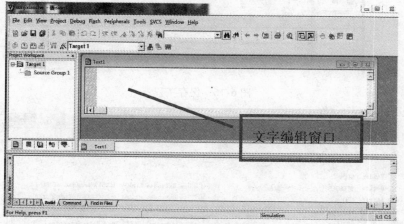

图 6-20　编程界面

2）单击"保存"按钮，也可以用菜单"File→Save"或快捷键 Ctrl + S 进行保存。因是新文件所以保存时会弹出文件操作窗口，如图 6-21 所示，我们可以把程序命名为"Test1.c"，保存在工程项目所在的目录中。

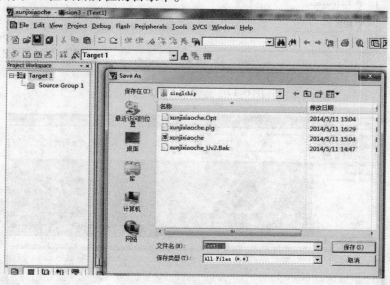

图 6-21　保存 C 文件窗口

3）将 C 程序文件添加到工程项目中。鼠标在屏幕左边的"Source Group 1"文件夹图标上右击弹出菜单，在菜单中可以进行增加、减少文件等操作，如图 6-22 所示。我们选择"Add File to Group'Source Group 1'"项，弹出添加文件窗口，如图 6-23 所示，在窗口中选择刚刚保存的文件"Test1. c"，按"ADD"按钮关闭窗口，程序文件就增加到项目中了。这时在"Source Group 1"文件夹图标左边出现了一个小"＋"号，说明文件组中有了文件，单击它可以展开查看，如图 6-24 所示。

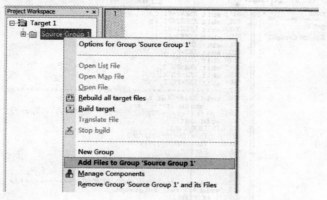

图 6-22　C 程序文件添加到工程项目中

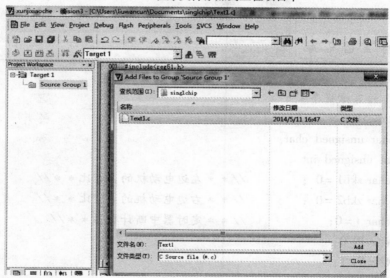

图 6-23　选择文件

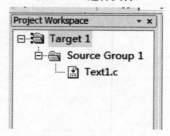

图 6-24　添加成功

（三）编写 C51 语言源程序

根据程序流程图编写控制工业循迹小车的 C 程序，并输入到 Keil 的文本编辑窗口中，会发现程序单词有了不同的颜色，说明 Keil 的 C 语法检查生效了。程序输入完成后如图 6-25 所示。

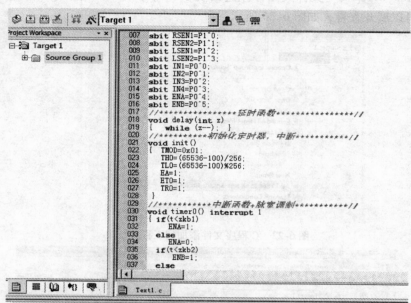

图 6-25　输入 C 语言源程序

```c
// * *C51 语言源程序 * *//
#include < reg51. h >
#define uchar unsigned char
#define uint unsigned int
unsigned char zkb1 = 0 ;              // * *左边电动机的占空比 * *//
unsigned char zkb2 = 0 ;              // * *右边电动机的占空比 * *//
unsigned char t = 0;                  // 单 * *定时器中断计数器 * *//
sbit RSEN1 = P1^0 ;
sbit RSEN2 = P1^1 ;
sbit LSEN1 = P1^2 ;
sbit LSEN2 = P1^3 ;
sbit IN1 = P0^0 ;
sbit IN2 = P0^1 ;
sbit IN3 = P0^2 ;
sbit IN4 = P0^3 ;
sbit ENA = P0^4 ;
sbit ENB = P0^5 ;
// * * * * * * * * * * * * * * * *延时函数* * * * * * * * * * * * * * * * * *//
void delay( int z)
```

```
{    while (z - -);    }
// * * * * * * * * * *初始化定时器, 中断* * * * * * * * * * * * *//
void  init( )
{    TMOD = 0x01;
     TH0 = (65536 - 100)/256;
     TL0 = (65536 - 100)%256;
     EA = 1;
     ET0 = 1;
     TR0 = 1;
}
// * * * * * * * * * *中断函数 + 脉宽调制* * * * * * * * * * * * *//
void  timer0( )  interrupt 1
{  if(t < zkb1)
       ENA = 1;
   else
       ENA = 0;
if(t < zkb2)
       ENB = 1;
   else
       ENB = 0;
          t + +;
if(t > = 100)
     {t = 0;}
}
// * * * * * * * * * * * * * * * * * *直行* * * * * * * * * * * * * * * * * * *//
void  qianjin( )
{  zkb1 = 30;
   zkb2 = 30;
}
// * * * * * * * * * * * * * *左转函数1* * * * * * * * * * * * * * * * * * *//
void  turn_left1( )
{  zkb1 = 0;
   zkb2 = 50;
}
// * * * * * * * * * * * * * *左转函数2* * * * * * * * * * * * * * * * * * *//
void  turn_left2( )
{  zkb1 = 0;
   zkb2 = 60;
}
```

```
// * * * * * * * * * * * * * 右转函数1 * * * * * * * * * * * * * * * * //
void  turn_right1( )
{ zkb1 = 50;
  zkb2 = 0;
}
// * * * * * * * * * * * * * 右转函数2 * * * * * * * * * * * * * * * * //
void  turn_right2( )
{ zkb1 = 60;
  zkb2 = 0;
}
// * * * * * * * * * * * * * 循迹函数 * * * * * * * * * * * * * * * * * * //
void  xunji( )
{ uchar flag;
  if( ( RSEN1 = = 1 ) && ( RSEN2 = = 1 ) && ( LSEN1 = = 1 ) && ( LSEN2 = = 1 ) )
     { flag = 0; }                 // * * * * * * * 直行 * * * * * * * * //
   else  if( ( RSEN1 = = 0 ) && ( RSEN2 = = 1 ) && ( LSEN1 = = 1 ) && ( LSEN2 = = 1 ) )
     { flag = 1; }                 // * * * 左偏1,右转1 * * * //
   else  if( ( RSEN1 = = 0 ) && ( RSEN2 = = 0 ) && ( LSEN1 = = 1 ) && ( LSEN2 = = 1 ) )
     { flag = 2; }                 // * * * 左偏2,右转2 * * * //
   else  if( ( RSEN1 = = 1 ) && ( RSEN2 = = 1 ) && ( LSEN1 = = 0 ) && ( LSEN2 = = 1 ) )
     { flag = 3; }                 // * * * 右偏1,左转1 * * * //
   else  if( ( RSEN1 = = 1 ) && ( RSEN2 = = 1 ) && ( LSEN1 = = 0 ) && ( LSEN2 = = 0 ) )
     { flag = 4; }                 // * * * 右偏2,左转2 * * * //
   switch  (flag)
      {   case  0: qianjin( );
                    break;
          case  1: turn_right1( );
                    break;
          case  2: turn_right2( );
                    break;
          case  3: turn_left1( );
                    break;
          case  4: turn_left2( );
                    break;
          default:  break;
      }
}
// * * * * * * * * * * * * * * * * 主程序 * * * * * * * * * * * * * * * * * * //
void  main( )
```

```
{init();
zkb1 = 30;
zkb2 = 30;
while(1)
    {  IN1 = 1;  //******给电动机加电起动******//
       IN2 = 0;
       IN3 = 1;
       IN4 = 0;
       ENA = 1;
       ENB = 1;
       while(1)
       {xunji();  //**********寻迹***********//
       }
    }
}
```

（四）编译程序

单击"▦"编译按钮后，可以在"output window"窗口中查看编译的错误信息和使用的系统资源信息，如图6-26所示。

```
*** WARNING L16: UNCALLED SEGMENT, IGNORED FOR OVERLAY PROCESS
    SEGMENT: ?PR?_DELAY?TEXT1
Program Size: data=12.0 xdata=0 code=402
创建 HEX 文件 "xunjixiaoche" ...
"xunjixiaoche" - 0 个错误，1 个警告。
```

◄ ◄ ► ►│ 创建 ╲ 命令 ╲ 在文件中查找 ╱

图 6-26　编译信息窗口

（五）生成 HEX 文件

HEX 文件格式是 Intel 公司提出的用来保存单片机或其他处理器的目标程序代码的文件格式，一般的编程器都支持这种格式。右击"target1"的文件夹，弹出项目功能菜单，选"Options for Target 'Target1'"项，如图6-27所示。弹出项目选项设置窗口如图6-28所示，

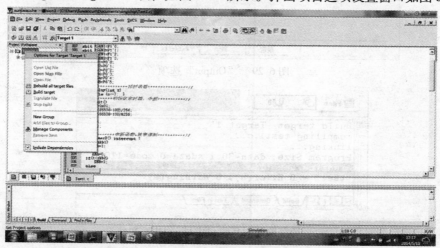

图 6-27　选择"Options for Target 'Target1'"

201

单片机控制技术

选择"Output"选项卡如图6-29所示，图中的1是选择编译输出的路径，2是设置编译输出生成的文件名，3则是决定是否要创建HEX文件，选中它就可以输出HEX文件到指定的路径中。重新编译一次，在编译信息窗口中就会显示HEX文件创建到指定的路径中，如图6-30所示。这样我们就可用自己的编程器所附带的软件去读取并烧到芯片了。

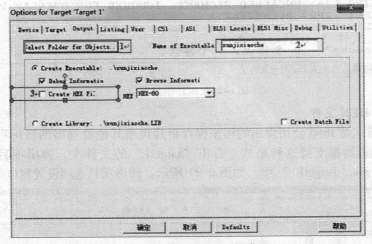

图6-28 Options for Target 'Target1' 窗口

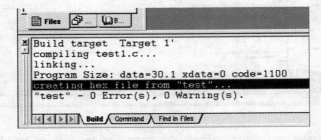

图6-29 "Output"选项

图6-30 编译信息窗口中显示HEX文件

202

（六）调试

编译通过后，连接 USB 连接线，将程序下载到 STC 单片机，然后就可以进行调试。

二、工业循迹小车的硬件电路仿真

学生根据硬件电路图采用单片机专用虚拟软件 Proteus，将元器件布置好，进行仿真操作。一般 Proteus 仿真电路图如图 6-31a 所示。在图 6-31a 所示的仿真电路图中，红外传感器并没有输入信号，所以无法产生实际的仿真效果。为验证程序是否正确，我们设计了图 6-31b 所示的仿真电路图。

图 6-31b 中用四个时钟脉冲信号发生器代替传感器模块产生的信号，从而可以准确地看到小车行驶过程中车轮的运动情况。设计过程如下：

在左侧的工具条中选择"Generator Mode"图标，如图 6-32 所示。在显示的菜单中，选择"DCLOCK"选项，会产生时钟脉冲信号。

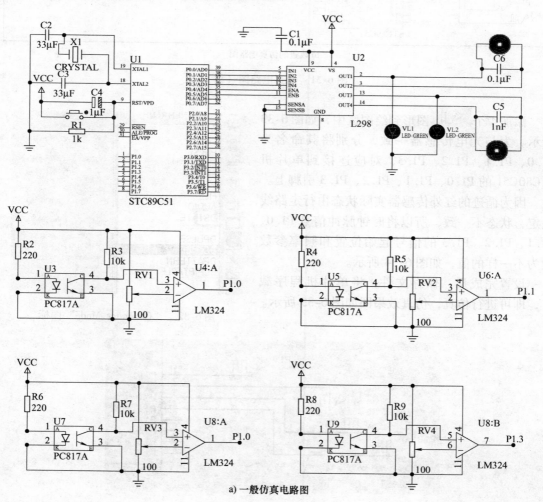

a) 一般仿真电路图

图 6-31 仿真电路图

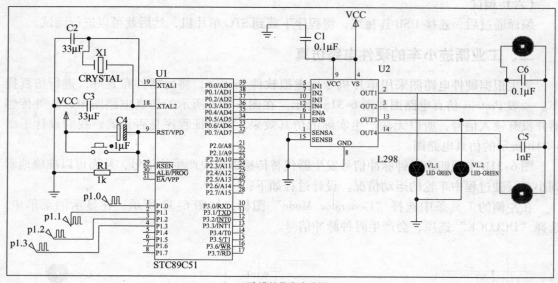

b) 改进的仿真电路图

图 6-31　仿真电路图（续）

添加 4 个 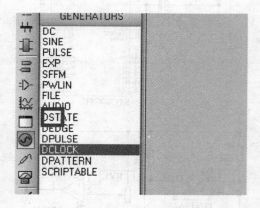 图形到绘图区中，如图 6-33 所示。为与光电传感器一致，分别将其命名为 P1.0、P1.1、P1.2、P1.3，对应连接到单片机 STC80C51 的 P1.0、P1.1、P1.2、P1.3 引脚上。

因为循迹的红外传感器实际状态由行走路线决定，状态不一致，所以将时钟脉冲信号 P1.0、P1.1、P1.2、P1.3 的信号起始位置和频率参数设为不一样的值，如图 6-34 所示。

设置完成后，保存文件，将单片机程序载入，即可进行仿真，仿真效果图如图 6-35 所示。

图 6-32　"Generator Mode" 图标

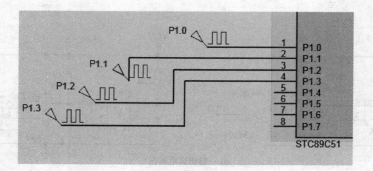

图 6-33　添加时钟脉冲信号

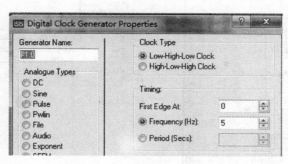

a) P1.0设置

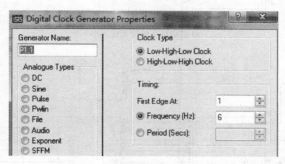

b) P1.1设置

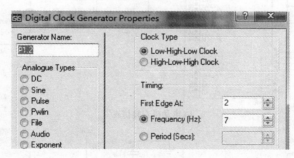

c) P1.2设置

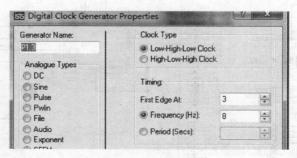

d) P1.3设置

图 6-34 时钟脉冲信号参数设置

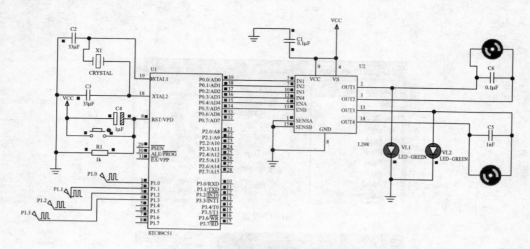

a) 电动机直线行走仿真

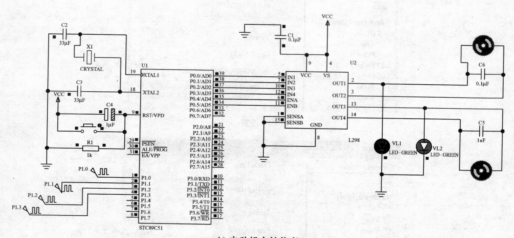

b) 电动机左转仿真

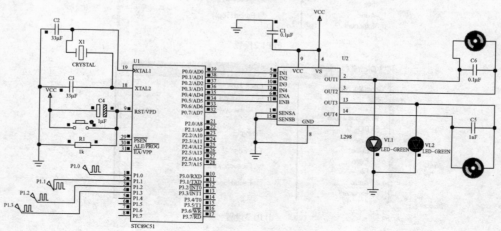

c) 电动机右转仿真

图6-35　循迹行走仿真图

三、实际硬件电路搭建及系统调试

当仿真调试结果达到设计要求时，学生可以进入项目实现阶段，用实际元器件搭建电路，电路的元器件清单见表6-3、表6-4、表6-5，实物如图6-36、图6-37、图6-38、图6-39所示。

表6-3 主控板元器件清单

元器件名称	参数	数量	元器件名称	参数	数量
单片机	STC89C51	1	双联开关	5V，2A	1
晶体振荡器	12MHz	1	按键开关	5V，1A	1
电源电平转换芯片	DS232A－N	1	接线端子	2p	1
IC插座	DIP40	1	接线端子	8p	4
瓷片电容	100pF	8	接线端子	10p	2
串口插座	9针	1	电阻	1kΩ	1
直流电源	5V，3A	1			

表6-4 电动机驱动板元器件清单

元器件名称	参数	数量	元器件名称	参数	数量
电动机驱动芯片	L298N	1	瓷片电容	100pF	2
接线端子	2p	6	瓷片电容	0.1μF	2
二极管	LED	8			

表6-5 循迹电路板元器件清单

元器件名称	参数	数量	元器件名称	参数	数量
光电传感器	TR5000	4	电阻	240Ω	4
比较器	LM339A	8	可调电阻	50kΩ	4
稳压管	9012	4	电阻	5kΩ	4
电阻	10kΩ	4	电阻	1kΩ	8

电路搭建完成后，使用仿真器连接计算机，运行单片机程序，进行联机调试。

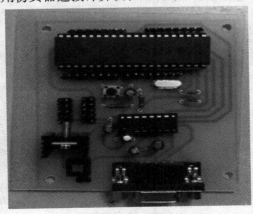

图6-36 主控板实物图

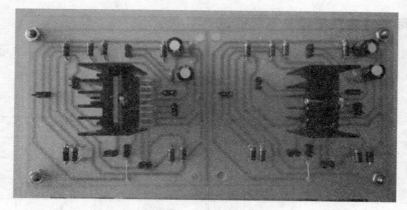

图 6-37　电动机驱动板实物图

图 6-38　传感器电路板实物图

图 6-39　小车实物图

认真观察并且记录项目实施情况，如实填写项目实施记录单，见表6-6。

表6-6　项目实施记录单

课程名称	单片机控制技术		总学时	84
项目六	工业循迹小车的设计与实现		学时	24
班级		团队负责人	团队成员	
项目概述				
工作结果				
相关资料及学习资源				
总结收获				
注意事项				
备注				

【项目运行】

整机焊接完毕，首先对硬件进行检查连线有无错误，再逐步对各模块进行调试。具体测试过程如下。

1. 电源测试过程

6V 电压输入，经稳压片 7805 之后的电压为 4.80V，因为系统要求电压在 4.8～5.2V 之间，所以该部分符合要求。

2. 驱动部分测试过程

将驱动部分与单片机正确连接之后，在单片机中写入电动机控制测试程序，控制其转动与停止，用万用表测试输出电压正常。

3. 黑线寻迹部分测试

首先，通过调每一路的电位器（50kΩ），使 9012 的 C 管脚输出电压为 4.7～4.8V，然后调节 10kΩ 的电位器，使其两端的电压为 2.9V 左右，作为阈值电压。设置好阈值电压之后，将电路板上有红外对管的那一面朝下，分别对着白纸和黑线，测每个红外对管的输出信号经电压比较器之后的电压，数据记录见表6-7。

由测量结果可知，每个红外对管检测到白纸和黑线的输出电压均位于阈值电压两侧，且相差较大，经反相器比较后可以立即发生高低电平的转换，符合要求。至此，这三部分硬件调试完毕。

表6-7 红外对管输出电压值

红外对管	白纸电压/V	黑带电压/V
最左边1	0.05	4.95
左边2	0.05	4.93
中间3	0.05	4.95
右边4	0.05	4.91

4. 整体综合调试

将所有模块连接，检查连接无误之后，写入程序，开始整体综合调试。

项目完成后，各小组推选一名主讲上台讲解任务的完成情况并演示项目成果，老师和每组组长填写评价表，对各组完成情况进行验收和评定，具体验收指标包括：

1）硬件设计；

2）软件设计；

3）程序调试；

4）整机调试。

项目评价见表6-8。

表6-8 评价表

序号	考核内容	考核要求	评分标准	配分	扣分	得分
1	单片机硬件设计	根据项目要求焊接电路板	（1）元器件摆放不整齐，扣10分 （2）走线不工整扣5分 （3）出现接触不良、脱焊等现象扣10分	25分		
2	单片机软件设计	根据控制要求编制源程序	（1）程序编制错误，扣10分 （2）程序繁琐，扣5分 （3）程序编译错误，扣10分	25分		
3	调试（程序调试和系统调试）	输入程序、编译调试；设备整机调试运行	（1）程序运行错误，调试无效果，扣10分 （2）整机调试一次不成功，扣5分 （3）整机调试二次不成功，扣10分	25分		
4	安全文明生产	按生产规程操作	违反安全文明生产规程，扣10~25分	25分		
项目名称				合计：		
项目负责人		评价人签字		年 月 日		

【知识拓展】

一、单片机系统总线

（一）总线概述

总线是单片机应用系统中，各部件之间传输信息的通路，为 CPU 和其他部件之间提供数据、地址以及控制信息。按总线所在位置可分为内部总线和外部总线，前者是指 CPU 系统内部各部件之间的通路，后者指 CPU 系统和其外围单元之间的通路，通常所说总线是指外部总线。按通路上传输的信息可分为数据总线、地址总线和控制总线。

1. 数据总线（Data Bus）

数据总线用于单片机与存储器之间或单片机与 I/O 口之间传输数据。数据总线的位数与单片机处理数据的字长一致，如 8051 单片机是 8 位字长，数据总线的位数也是 8 位。从结构上来说数据总线是双向的，即数据既可以从单片机送到 I/O 口，也可以从 I/O 口送到单片机。

2. 地址总线（Address Bus）

地址总线 AB 用于传送单片机送出的地址信号，以便进行存储单元和 I/O 口的选择。地址总线的位数决定了单片机可扩展存储容量的大小。如 8051 单片机地址总线为 16 位，其最大可扩展存储容量为 64KB。地址总线是单向的，因为地址信息是由 CPU 发出的。

3. 控制总线（Control Bus）

控制总线用来传输控制信号，其中包括 CPU 送往外围单元的控制信号，如读信号、写信号和中断响应信号等；还包括外围单元发送给 CPU 的信号，如时钟信号、中断请求信号以及准备就绪信号等。三总线的基本结构如图 6-40 所示。

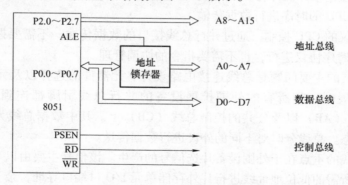

图 6-40　单片机的三总线结构

（二）扩展总线的实现

通常情况下，单片机采用最小应用系统时，最能发挥其体积小、功能全、价格低廉等优点。但在有些场合下，所选择的单片机无法满足应用系统要求，需要在其片外扩展所需的相应器件。单片机通常提供了可用于外部扩展的扩展总线。

89C51 系列总线型单片机中，由 P0 口做地址/数据复用口；P2 口做地址的高 8 位；P3

口的$\overline{RD}$、$\overline{WR}$和控制线$\overline{EA}$、ALE、$\overline{PSEN}$等组成控制总线。

1. 地址总线 A0~A15

地址总线的高 8 位是由 P2 口提供的，低 8 位是由 P0 口提供的。在访问片外存储器时，由地址锁存信号 ALE 的下降沿把 P0 口的低 8 位锁存到地址锁存器中，从而构成系统的 16 位地址总线。实际系统中，高位地址线并不是固定为 8 位的，需要用几位就从 P2 口中引出几位。

2. 数据总线 D0~D7

数据总线是由 P0 口提供的，因为 P0 口线既用作地址线，又用作数据线（分时使用），因此需要加一个 8 位锁存器。在实际应用时，先把低 8 位地址送锁存器暂存，然后再由地址锁存器给存储器提供低 8 位地址，而把 P0 口线作为数据线使用。

在读信号$\overline{RD}$与写信号$\overline{WR}$有效时，P0 口上出现的为数据信息。

3. 控制总线

系统控制总线共 12 根，即 P3 口的第二功能再加上 RST、$\overline{EA}$、ALE 和$\overline{PSEN}$。实际应用中的常用控制信号如下。

1）使用 ALE 作为地址锁存的选通信号，以实现低 8 位地址的锁存。

2）以$\overline{PSEN}$信号作为扩展程序存储器的选通信号。

3）以$\overline{EA}$信号作为内、外程序存储器的选择信号。

4）以$\overline{RD}$和$\overline{WR}$作为扩展数据存储器和 I/O 口的读、写选通信号。执行 MOVX 指令时，这两个信号分别自动有效。

4. 总线扩展的特性

（1）三态输出　总线在无数据传送时呈高阻态，可同时扩展多个并行接口器件，因此存在寻址问题。单片机通过控制信号来选通芯片，然后实现一对一的通信。

（2）时序交互　单片机并行扩展总线有严格的时序要求，该时序由单片机的时钟系统控制，严格按照 CPU 的时序进行数据传输。

（3）总线协议的 CPU 控制　通过并行总线接口的数据传输，不需要握手信号，双方都严格按照 CPU 的时序协议进行，也不需要指令的协调管理。

并行总线扩展的主要问题是总线连接电路设计、元器件的选择以及元器件内部的寻址等。并行总线扩展时，其所有的外围扩展设备的并行总线引脚都连到相同的数据总线（DB）、地址总线（AB）以及公共的控制总线（CB）上。其中数据总线为三态口，在不传送数据时为高阻态。总线分时对不同的外设进行数据传送。

总线连接方式的重点在于外围设备片选信号的产生。该信号主要由以下两种方法产生。

线选法：用所需的低位地址线进行片外存储单元 I/O 口端口寻址，余下的高位地址线输出各芯片的片选信号，当芯片对应的片选地址线输出有效电平时，该芯片选通操作。

译码法：该方法需要用到译码器，采用译码法时，仍由低位地址线作片外寻址，而高位地址线用于译码器的输入，译码器的输出信号作为各芯片的选通信号。

二、程序存储器扩展

（一）常用的程序存储器芯片

单片机外部扩展常用程序存储器芯片为 EPROM，其掉电后信息不会消失，且只有在紫外线的照射下，存储器的单元信息才可以擦除，用作扩展的主要是 27 系列，如 2716、2732、2764、27128、27256 等，其中高位数字 27 表示该芯片是 EPROM，低位数字表明存储容量，如 2716 表示该芯片有 16K 个存储位，即该芯片是字节容量为 2KB 的 EPROM。常用的还有 EEPROM，即 28 系列，如 2816、2832、2864 等，型号含义同上。常用的 EPROM 芯片引脚和封装如图 6-41 所示。EPROM 芯片采用双列直插式封装，各引脚定义如下。

- A0 ~ Ai：地址输入引脚，i = 12 ~ 15。
- D0 ~ Di：三态数据引脚，读或编程校验时为数据输出线，编程时为数据输入线，其余时间呈高阻态。
- PGM：编程脉冲输入引脚。
- OE：读出选通线，低电平有效。
- CE：片选引脚，低电平有效。
- VPP：编程电源引脚，其值因芯片及制作厂商而异。
- VCC：电源引脚，接 +5V 电源。
- GND：接地引脚。

27C512	27C128	27C64	2732A	2716	引脚		引脚	2716	2732A	27C64	27C128	27C512
A15	VPP	VPP			1		28			VCC	VCC	VCC
A12	A12	A12			2		27			$\overline{PGM}$	PGM	A14
A7	A7	A7	A7	A7	3		26	VCC	VCC	N. C.	A13	A13
A6	A6	A6	A6	A6	4		25	A8	A8	A8	A8	A8
A5	A5	A5	A5	A5	5		24	A9	A9	A9	A9	A9
A4	A4	A4	A4	A4	6		23	VPP	A11	A11	A11	A11
A3	A3	A3	A3	A3	7		22	$\overline{OE}$	OE/VPP	$\overline{OE}$	$\overline{OE}$	OE/VPP
A2	A2	A2	A2	A2	8		21	A10	A10	A10	A10	A10
A1	A1	A1	A1	A1	9		20	$\overline{CE}$	$\overline{CE}$	$\overline{CE}$	$\overline{CE}$	$\overline{CE}$
A0	A0	A0	A0	A0	10		19	O7	O7	O7	O7	O7
O0	O0	O0	O0	O0	11		18	O6	O6	O6	O6	O6
O1	O1	O1	O1	O1	12		17	O5	O5	O5	O5	O5
O2	O2	O2	O2	O2	13		16	O4	O4	O4	O4	O4
GND	GND	GND	GND	GND	14		15	O3	O3	O3	O3	O3

图 6-41　EPPOM 芯片引脚和封装

EPROM 的操作方式主要有以下几种。

- 编程方式：把程序代码固化到 EPROM 中。
- 编程校验方式：读出 EPROM 中的内容，校验编程操作的正确性。
- 读出方式：CPU 从 EPROM 中读出代码。
- 维持方式：数据端呈高阻态。
- 编程禁止方式：用于多片 EPROM 并行编程。

常用 EPROM 的操作方式见表 6-9、表 6-10、表 6-11。

表 6-9　2764 和 27128 的操作方式

方式＼引脚	$\overline{OE}$ (20)	$\overline{CE}$ (22)	$\overline{PGM}$ (27)	VPP (1)	VCC (28)	Q0 ~ Q7 (11 ~ 13　15 ~ 19)
读	V_{IL}	V_{IL}	V_{IH}	V_{CC}	5V	Dout
禁止输出	V_{IL}	V_{IH}	V_{IH}	V_{CC}	5V	高阻
维持	V_{IH}	X	X	V_{CC}	5V	高阻
编程	V_{IH}	V_{IH}	V_{IL}	*	* *	Din
编程校验	V_{IL}	V_{IL}	V_{IH}	*	* *	Dout
编程禁止	V_{IH}	X	X	*	* *	高阻

表 6-10　27256 的操作方式

方式＼引脚	$\overline{OE}$ (20)	$\overline{OE}$ (22)	VPP (1)	VCC (28)	Q0 ~ Q7 (11 ~ 13　15 ~ 19)
读	V_{IL}	V_{IL}	V_{CC}	5V	Dout
禁止输出	V_{IL}	V_{IH}	V_{CC}	5V	高阻
维持	V_{IH}	X	V_{CC}	5V	高阻
编程	V_{IL}	V_{IH}	*	* *	Din
编程校验	V_{IL}	V_{IL}	*	* *	Dout
编程禁止	V_{IH}	X	*	* *	高阻
选择编程校验	V_{IL}	V_{IL}	V_{CC}	* *	Dout

表 6-11　27512 的操作方式

方式＼引脚	$\overline{OE}$ (20)	$\overline{OE}$/VPP (22)	VCC (28)	Q0 ~ Q7 (11 ~ 13　15 ~ 19)
读	V_{IL}	V_{IL}	5V	Dout
禁止输出	V_{IL}	V_{IH}	V_{CC}	高阻
维持	V_{IH}	X	V_{CC}	高阻
编程	V_{IL}	12. 5V ± 0. 5V	6V	Din
编程校验	V_{IL}	V_{IL}	6V	Dout
编程禁止	V_{IH}	12. 5V ± 0. 5V	6V	高阻

注：X 代表任意状态；* 代表 VPP 的大小与型号和编程方式有关；* * 代表 VCC 的大小与型号和编程方式有关。

（二）程序存储器扩展实例

程序存储器与数据存储器以及其他外围设备的片外 64KB 扩展空间重叠，因为它们都并联挂接在外部系统总线上。哪个芯片选通操作，由控制信号和片选信号确定。

【例 6-8】　8051 扩展一片 2764 EPROM。

解：单片机与片外 ROM 的连接如图 6-42 所示。

图中 P2 口的 P2.0 ~ P2.4 与 EPROM 的高 5 位地址线及片选 CE 连接；P0 口经地址锁存器输出的地址线与 EPROM 的低 8 位地址线相连。同时 P0 口又与 EPROM 的数据线相连；单

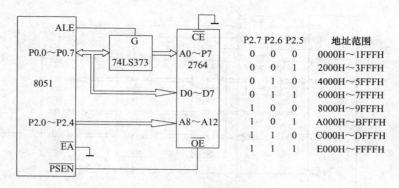

P2.7	P2.6	P2.5	地址范围
0	0	0	0000H～1FFFH
0	0	1	2000H～3FFFH
0	1	0	4000H～5FFFH
0	1	1	6000H～7FFFH
1	0	0	8000H～9FFFH
1	0	1	A000H～BFFFH
1	1	0	C000H～DFFFH
1	1	1	E000H～FFFFH

图 6-42　单片机与片外 ROM 的连接

片机 ALE 连接锁存器的锁存控制端；$\overline{PSEN}$ 接 EPROM 的输出允许 $\overline{OE}$；8051 的片内、片外存储器选择端 $\overline{EA}$ 接地。

扩展单片 EPROM，其片选 $\overline{CE}$ 直接接地即可。只要系统执行读片外程序存储器的指令，该 EPROM 就处于选通操作。P2 口的 P2.5～P2.7 未用，所以它们的状态与 2764 的寻址无关；P2.5～P2.7 有 8 种状态，2764 的寻址范围对应有 8 个映像区。

【例 6-9】　8051 扩展三片 2764 EPROM，对其寻址分别采用线选法和译码法。

解：当单片 EPROM 的容量不能满足需要时，就需要进行多片扩展。前面讲到总线扩展时，重点在于各个芯片的片选信号 $\overline{CE}$ 的处理，下面给出 8051 用线选法和译码法产生片选信号的三片 EPROM 扩展电路。

线选法是指用一根导线连接片选信号，如图 6-43 所示，ALE 有效时，P0 口的值被锁进 74LS373 中，构成地址的低 8 位供系统使用。线地址译码方式有可能产生地址重叠现象。因 CPU 连接存储器片选信号的译码线通常只有一根，有些不参与译码的线总会悬空。在这种情况下，存储单元地址可能就不唯一，出现重叠地区。1 号片的地址为 C0000H～DFFFH，2 号片的地址为 A000H～BFFFH，3 号片的地址为 6000H～7FFFH。

用线选法构成的系统，仅可用于一些简单的场合。

译码又称全地址译码，所有的地址线都参与译码，如图 6-44 所示。P2.7～P2.5 的值通过一个译码器来控制片选信号，其他的地址线也都参与了译码，1 号片的地址为 0000H～1FFFH；2 号片的地址为 2000H～3FFFH；3 号片的地址为 4000H～5FFFH。

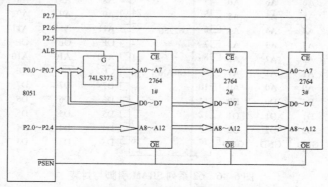

图 6-43　线选法扩展三片 EPROM

215

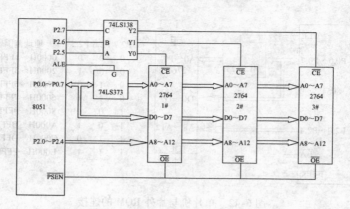

图 6-44　译码法扩展三片 EPROM

三、数据存储器扩展

（一）常用数据存储器芯片

数据存储器用于存储现场采集的原始数据，运算结果等。所以，外部数据存储器应该能够随机读写，通常由半导体静态随机读写存储器 RAM 组成，EPROM 芯片有时也会用作外部数据存储器，这里主要讲述静态 RAM。静态 RAM 主要有读出、写入、维持三种工作方式。

目前常用的静态 RAM 电路有 61 系列的 6116 以及 62 系列的 6264/62128/62256 等。6116 的引脚排列如图 6-45 所示。6264/62128/62256 的引脚如图 6-46 所示。

各引脚定义如下。

● A0 ~ Ai：地址输入线，i = 10（6116）、12（6264）、13（62128）、14（62256）。

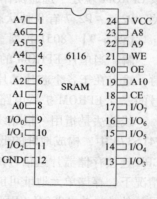

图 6-45　6116 引脚与封装

62256	62128	6264			6264	62128	62256
A14	NC	NC	1	28	VCC	VCC	VCC
A12	A12	A12	2	27	$\overline{VE}$	$\overline{VE}$	$\overline{VE}$
A7	A7	A7	3	26	CS1	A13	A13
A6	A6	A6	4	25	A8	A8	A8
A5	A5	A5	5	24	A9	A9	A9
A4	A4	A4	6	23	A11	A11	A11
A3	A3	A3	7	22	$\overline{OE}$	$\overline{OE}$	$\overline{OE}$
A2	A2	A2	8	21	A10	A10	A10
A1	A1	A1	9	20	$\overline{CE}$	$\overline{CE}$	$\overline{CE}$
A0	A0	A0	10	19	D7	D7	D7
D0	D0	D0	11	18	D6	D6	D6
D1	D1	D1	12	17	D5	D5	D5
D2	D2	D2	13	16	D4	D4	D4
GND	GND	GND	14	15	D3	D3	D3

图 6-46　62 系列 SRAM 引脚与封装

- D0 ~ Di：双向三态数据线（6116 为 I/O$_0$ ~ I/O$_7$）。
- $\overline{CE}$：片选信号输入端，低电平有效。
- $\overline{OE}$：读选通信号输入端，低电平有效。
- $\overline{WE}$：写允许信号输入端，低电平有效。
- VCC：工作电源，接 +5V 电压。
- GND：接地。

常见数据存储器静态 RAM 的操作方式见表 6-12。

表 6-12　静态 RAM 的操作方式

方式＼引脚	$\overline{CE}$	$\overline{OE}$	$\overline{WE}$	D0 ~ D7
读	0	0	1	Dout
写	0	1	0	Din
维持	1	X	X	高阻

（二）数据存储器扩展实例

片外数据存储器的寻址范围也是 64KB，并与外部 I/O 口统一编址。片外 RAM 和外部 I/O 口的读写控制信号为 $\overline{RD}$ 和 $\overline{WR}$，它们由 MOVX 指令产生。片外 RAM 在 64KB 范围内寻址时，地址指针为 DPTR。

【例 6-10】　8051 扩展三片 6116 静态 RAM。

解： 扩展静态 RAM 与扩展 ROM 相似，只是控制信号不同。图 6-47 所示为 8051 用线选法扩展 2KB 静态 RAM6116 连线图，单片机的 $\overline{RD}$ 接 EPROM 的输出允许 $\overline{OE}$；$\overline{WR}$ 接 EPROM 的输入允许 $\overline{WE}$。

P2 口的 P2.3 和 P2.4 未用，所以它们的状态与 2764 寻址无关；假设无关位 P2.3 和 P2.4 为 0，则 1 号片的地址为 C000H ~ C7FFH，2 号片的地址为 A000H ~ A7FFH，3 号片的地址为 6000H ~ 67FFH。

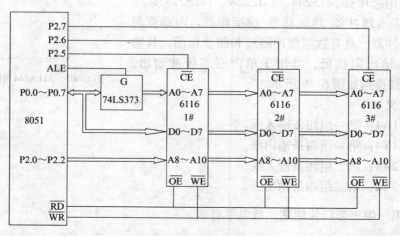

图 6-47　8051 扩展 RAM

【例 6-11】 8051 同时扩展一片 62256RAM 和一片 27256ROM。

解：用线选法同时扩展一片 62256RAM 和一片 27256ROM 逻辑电路图如图 6-48 所示。32KB EPROM 的地址为 0000H ~ 7FFFH，32KB RAM 的地址也为 0000H ~ 7FFFH；虽然片选信号同为 P2.7，两者的地址相同，但不会发生地址冲突；因为片外 RAM 的读写控制信号为 $\overline{RD}$ 和 $\overline{WR}$ 它们由 MOVX 指令产生，而片外 ROM 的读控制信号在 CPU 向片外 ROM 取指令时才产生，也就是说片外 RAM 的读写控制信号与片外 ROM 的读控制信号不会同时产生。

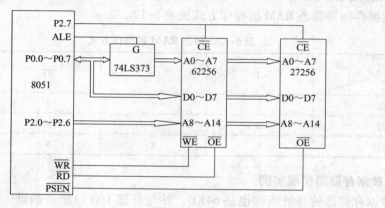

图 6-48　8051 扩展 ROM 与 RAM

四、简单并行 I/O 口扩展

（一）简单 I/O 口扩展常用芯片

简单 I/O 口扩展所用芯片为 74 系列的 TTL 电路，CMOS 电路也可作为 MCS－51 单片机的扩展 I/O 口。这些芯片结构简单，配置灵活方便，比较容易扩展，使系统降低了成本，缩小了体积，因此在单片机应用系统中经常被采用。其中常用芯片有 74LS244、74LS254、74LS273 等。

74LS244 是 8 缓冲器/线驱动器/线接收器，内部有两组 4 位三态缓冲器，具有数据缓冲隔离和驱动作用，其输入阻抗较高，输出阻抗低，常用于单向三态缓冲输出。74LS244 的引脚排列如图 6-49 所示。

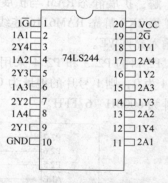

图 6-49　74LS244 引脚与封装

各引脚定义如下：

- 1A1 ~ 1A4：第一组四条输入线。
- 1Y1 ~ 1Y4：第一组四条输出线。
- 2A1 ~ 2A4：第二组四条输入线。
- 2Y1 ~ 2Y4：第二组四条输出线。

- $\overline{1G}$：第一组三态门使能端，低电平有效。

- $\overline{2G}$：第二组三态门使能端，低电平有效。

- VCC：工作电源，接 +5V 电源。

- GND：接地。

74LS244 的工作方式见表 6-13。

表 6-13　74LS244 的工作方式

输　入			输　出
$\overline{1G}$	$\overline{2G}$	A	Y
0	0	0	0
0	0	1	1
1	1	X	高阻

74LS273 是 8D 触发器，74LS273 的引脚与封装如图 6-50 所示。

各引脚定义如下

- D0 ~ D7：输入线。
- Q0 ~ Q7：输出线。
- CLK：时钟输入端，上升沿有效。
- CLR：清除控制端，接 +5V 电压。
- VCC：工作电源，接 +5V 电压。
- GND：接地。

74LS273 的工作方式见表 6-14。

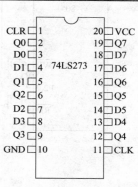

图 6-50　74LS273 引脚与封装

表 6-14　74LS273 的工作方式

输　入			输　出
CLR	CLK	D	Q
0	X	X	1
1	↑	0	0
1	↑	1	1
1	0	X	锁存

（二）简单并行 I/O 口扩展实例

【例 6-12】　用 74LS244 作为扩展输入，74LS273 作为扩展输出。

解：P0 口作为双向数据总线，用 74LS244 扩展 8 位输入，输入 8 只控制开关的控制信号；用 74LS273 扩展 8 位输出，输出信号控制 8 只发光二极管。编写控制程序，可使 8 只发光二极管分别受各自对应的控制开关的控制，扩展电路如图 6-51 所示。

只要 P2.7 为 0 就选中 74LS244 或 74LS273，其他位均无效，所以设 74LS244 和 74LS273 的地址均为 7FFFH，74LS244 和 74LS273 也可通过译码法实现片选，地址也可以不同；若通过译码，设两个芯片的地址分别为 8000H 和 9000H，则可按以下方法编写程序。

参考程序如下：

```
ORG              0000H
AJMP             MAIN
```

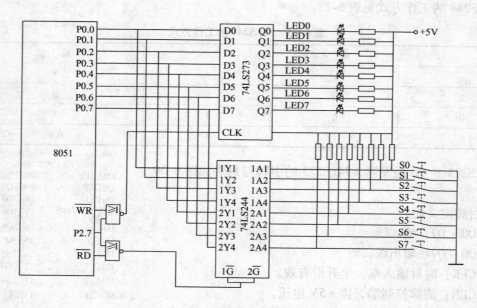

图 6-51　简单 I/O 口扩展电路

```
        ORG      0050H
MAIN：  MOV      DPTR，#8000H    ；置输入口地址
        MOVX     A，@DPTR        ；读输入口数据
        MOV      DPTR，#9000H    ；置输出口地址
        MOVX     @DPTR，A        ；写输出口数据
        SJMP     MAIN
        END
```

【工程训练】

 练一练

　　在较复杂的工作环境中，工业循迹智能搬运小车行驶的路径不是一条单独的轨迹，有时会出现交叉放置物品的现象，在行驶的过程中可能会遇到障碍物。为保证小车行走的安全性，可以给小车增加避障功能。根据要求，可确定如下方案：在现有循迹小车的基础上，加装超声波模块检测小车周边障碍物的实时情况。然后，超声波把数据返回给单片机，单片机发送相应的指令实现对电动小车的自动避障、运行方向的实时控制，从而达到利用单片机对小车智能控制、自动避障的目的。任务要求：

　　1）选择合适类型的避障传感器，并设计其工作电路；

　　2）设计单片机与避障电路板的连接；

　　3）编写避障系统控制程序。

提示：使用 AT89S51 单片机作为主控芯片，它通过超声波测距来获取小车距离障碍物的距离，并且用数码管实时显示出来，在小车与障碍物的距离小于安全距离（用软件设定）时，小车会发出"在距您车前方 x（数码显示的实时距离）米的地方有一障碍物，请您注意避让"的语音提示，并且拐弯，以避开障碍物，同时会点亮相应的发光二极管作为提示信号。在避开障碍物后，小车会沿直线前进。

（1）元器件清单　见表 6-15。

表 6-15　元器件清单

序号	元器件名称	元器件	数量	参数
1	AT89S51 单片机	U1	1	—
2	电解电容	C1	1	10μF
3	电解电容	C5、C7、C8、C10、C11、C16	6	4.7μF
4	瓷片电容	C2、C3	2	20pF
5	瓷片电容	C4、C6、C9、C12、C13、C14、C15	7	0.1μF
6	弹性按键	ERASE1、PLAY1、REC1、S1～S7、VOL1	11	—
7	ISD1760	U2	1	8550（2N3960）
8	电源插座	J1	1	PWR2.5
9	发光二极管	VL1、VL2、VL3、VL4、VL5、VL6	6	—
10	LED 数码管	U3	1	4 位共阳极
11	晶体管	VT1、VT2、VT3、VT4	4	8550（2N3960）
12	电阻	R1～R10、R14～R18	14	470kΩ
13	电阻	R19～R22	4	4.7kΩ
14	电阻	R10～R13	4	10kΩ
15	电阻	R23	1	80kΩ
16	ULN2803	U4	1	—
17	晶振	Y1	1	11.0592MHz
18	电动机接口	P1、P2	2	排针
19	超声波模块接口	P5	1	排针
20	驻极体接口	P3	1	排针
21	扬声器接口	P4	1	排针

（2）硬件电路图　如图 6-52 所示。

（3）程序流程图　如图 6-53 所示。

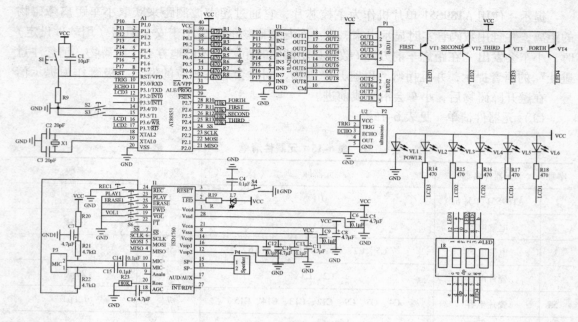

图 6-52　硬件电路图

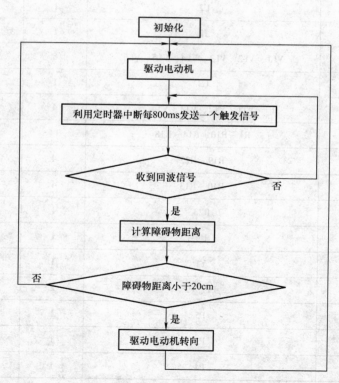

图 6-53　程序流程图

附录 A　单片机的产生与发展

一、电子计算机

电子计算机是一种能够按照事先存储的程序，自动、高速地进行大量数值计算和各种信息处理的现代化智能电子设备。它不仅可以进行数值计算，还可以进行逻辑计算，具有存储记忆功能。世界上第一台电子计算机于 1946 年 2 月在美国宾夕法尼亚大学莫尔电工学院诞生，取名为 ENIAC（读作"埃尼克"），即 Electronic Numerical Internal And Calculator 的缩写，用于计算弹道，它体积庞大，占地面积 170 多平方米，重量约 30t，电力消耗 100kW 以上，成本很高，使用不便；1956 年，第二代晶体管电子计算机诞生，只要几个大一点的柜子就可以将它装下，运算速度也大大地提高了；1959 年出现了第三代集成电路计算机；从 20 世纪 70 年代开始，电子计算机进入了第四代，由大规模集成电路和超大规模集成电路制成。电子计算机的产生和迅速发展是当代科学技术最伟大的成就之一，取得了令人瞩目的成就。计算机按性能、规模、速度和功能等可分为巨型机、大型机、中型机、小型机、微型机。

（一）巨型机

研究巨型机是现代科学技术，尤其是国防尖端技术发展的需要。巨型机的特点是运算速度快、存储容量大。目前世界上只有少数几个国家能生产巨型机，我国研发的银河、神威、曙光等系列超级计算机均属于巨型机。巨型机主要用于核武器、空间技术、大范围天气预报、石油勘探等领域。

（二）大型机

大型机的特点表现在通用性强、具有很强的综合处理能力、性能覆盖面广等，主要应用在公司、银行、政府部门、社会管理机构和制造厂家等单位，通常人们称大型机为企业计算机。大型机在未来将被赋予更多的使命，如大型事务处理、企业内部的信息管理与安全保护、科学计算等。

（三）中型机

中型机是介于大型机和小型机之间的一种机型。

（四）小型机

小型机规模小，结构简单，设计周期短，便于及时采用先进工艺。这类机器由于可靠性高，对运行环境要求低，易于操作且便于维护。小型机符合部门性的要求，为中小型企事业单位所常用。它具有规模较小、成本低、维护方便等优点。

（五）微型机

微型机又称个人计算机（Personal Computer，PC），它是日常生活中使用最多、最普遍的计算机，具有价格低廉、性能强、体积小、功耗低等特点。现在微型计算机已进入到千家万户，成为人们工作和生活的重要工具。

二、微型计算机

微型计算机简称微型机、微机，是由大规模集成电路组成的、体积较小的电子计算机，由于其具备人脑的某些功能，所以也称其为微电脑。微机初期在香港商人之间被称为电脑，后引入国内成为大众最熟悉的名字。微型计算机由硬件系统与软件系统两部分共同构成。硬件系统是指以中央处理器为基础，配以内存储器及输入/输出（I/O）接口电路和相应的辅助电路而构成的裸机。软件系统是指对能使计算机硬件系统顺利和有效工作的程序集合的总称。程序总是要通过某种物理介质来存储和表示的，它们是磁盘、磁带、程序纸、穿孔卡等，但软件并不是指这些物理介质，而是指那些看不见、摸不着的程序本身。可靠的计算机硬件如同一个人的强壮体魄，有效的软件如同一个人的聪颖思维，两者相辅相成，缺一不可，如图 A-1 所示。

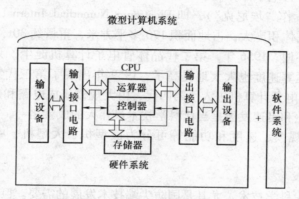

图 A-1　微型计算机组成

（一）硬件系统

硬件系统是指构成微机系统的实体和装置，是指在计算机中看得见、摸得着的有形实体。在计算机的发展史上做出杰出贡献的著名应用数学家冯·诺依曼与其他专家为改进 ENIAC，提出了一个全新的存储程序的通用电子计算机方案。这个方案规定了新机器通常由 5 个部分组成：运算器、控制器、存储器、输入设备和输出设备等组成，并描述了这 5 个部分的职能和相互关系。这个方案与 ENIAC 相比，有两个重大改进：一是采用二进制；二是提出了"存储程序"的设计思想，即用记忆数据的同一装置存储执行运算的命令，使程序的执行可自动地从一条指令进入到下一条指令。这个概念被誉为计算机史上的一个里程碑。计算机的存储程序和程序控制原理被称为冯·诺依曼原理。按照上述原理设计制造的计算机称为冯·诺依曼机。其中，运算器和控制器一般做在一个集成芯片上，统称中央处理单元（Central Processing Unit，CPU），是微机的核心部件。CPU 配上存放程序和数据的存储器、输入/输出（Input/Output，简称 I/O）接口电路以及外部设备即构成微机的硬件系统。

1. 中央处理单元（CPU）

CPU 是计算机的核心部件，它完成计算机的运算和控制功能。运算器又称算术逻辑部件（Arithmetical Logic Unit，ALU），主要功能是完成对数据的算术运算、逻辑运算和逻辑判断等操作，计算机的数据运算和处理都在这里进行。控制器（Control Unit，CU）是整个计算机的指挥中心，根据事先给定的命令，发出各种控制信号，指挥计算机各部分自动、协调地工作。它的工作过程是负责从内存储器中取出指令并对指令进行分析与判断，然后根据指令发出控制信号，使计算机的有关设备协调工作，在程序的作用下，保证计算机能自动、连续地工作。

2. 存储器

存储器（Memory）是计算机存储信息的"仓库"。所谓"信息"，是指计算机系统所要处理的数据和程序。程序是一组指令的集合。存储器是有记忆能力的部件，用来存储程序和数据。现代计算机中内存普遍采取半导体器件，按其工作方式不同，可分为动态随机存储器（DRAM）、静态随机存储器（SRAM）、只读存储器（ROM）。对存储器存入信息的操作称为写入（Write），从存储器取出信息的操作称为读出（Read）。执行读出操作后，原来存放的信息并不改变，只有执行了写入操作，写入的信息才会取代原先存入的内容。RAM 中存放的信息可随机地读出或写入，通常用来存入用户输入的程序和数据等。计算机断电后，RAM 中的内容随之丢失。DRAM 和 SRAM 两者都叫随机存储器，断电后信息会丢失，不同的是，DRAM 存储的信息要不断刷新，而 SRAM 存储的信息不需要刷新。ROM 中的信息只可读出而不能写入，通常用来存放一些固定不变的程序。计算机断电后，ROM 中的内容保持不变，当计算机重新接通电源后，ROM 中的内容仍可被读出。为了便于对存储器内存放的信息进行管理，整个存储器被划分成许多存储单元，每个存储单元都有一个编号，此编号称为地址（Address）。通常计算机按字节编址。地址与存储单元为一对一的关系，是存储单元的唯一标志。存储单元的地址、存储单元和存储单元的内容是 3 个不同的概念。地址相当于旅馆的房间编号，存储单元相当于旅馆的房间，存储单元的内容相当于房间中的旅客。在存储器中，CPU 对存储器的读写操作都是通过地址来进行的。

3. 外部设备

输入设备是将外界的各种信息（如程序、数据、命令等）送入到计算机内部的设备。常用的输入设备有键盘、鼠标、扫描仪、条形码读入器等。输出设备是将计算机计算或加工处理后的信息以人们能够识别的形式（如文字、图形、数值、声音等）进行显示和输出的设备。常用的输出设备有显示器、打印机、绘图仪等。由于输入/输出设备大多是机电装置，有机械传动或物理移位等动作过程，相对而言，输入/输出设备是计算机系统中运转速度最慢的部件。通常把输入设备和输出设备合在一起称之为计算机的外部设备，简称"外设"。

（二）软件系统

软件系统是微机系统所使用的各种程序的总称。人们通过它对整机进行控制，并实现与微机系统进行信息交换，使微机按照人的意图完成预定的任务。软件是计算机的灵魂，是发挥计算机功能的关键。有了软件，人们不需要过多地去了解机器本身的结构与原理，就可以方便灵活地使用计算机，从而使计算机有效地为人类工作、服务。随着计算机应用的不断发展，计算机软件在不断积累和完善的过程中，形成了极为宝贵的软件资源。它在用户和计算机之间架起了桥梁，给用户的操作带来极大的方便。在计算机的应用过程中，软件开发是个艰苦的脑力劳动过程，软件生产的自动化水平还很低。所以，许多国家投入大量人力从事软件开发工作。正是有了内容丰富、种类繁多的软件，使用户面对的不仅是一部实实在在的计算机，而且是包含了许多软件的抽象的逻辑计算机，因此人们可以采用更加灵活、方便、有效的手段使用计算机。从这个意义上说，软件是用户与计算机的接口。

1. 软件分类

软件可分为两大类：一类是系统软件，另一类是应用软件。系统软件是管理、监控和维护计算机资源的软件，是用来扩大计算机的功能，提高计算机的工作效率，方便用户使用计算机的软件，系统软件是计算机正常运转所不可缺少的，是硬件与软件的接口。应用软件是为了解决计算机各类问题而编写的程序，分为应用软件包与用户程序。它是在硬件和系统软件的支持下，面向具体问题和具体用户的软件。随着计算机应用的广泛深入，各种应用软件的数量不断增加，质量日趋完善，使用更加方便灵活，通用性越来越强。有些软件已逐步标准化、模块化，形成了解决某类典型问题的较通用的软件，这些软件称为应用软件包（Package），它们通常是由专业软件人员精心设计的，为广大用户提供方便、易学、易用的应用程序，帮助用户完成各种各样的工作，目前常用的软件包有字处理软件、表处理软件、会计电算化软件、绘图软件等。用户程序则是用户为了解决特定的具体问题而开发的软件。

2. 计算机编程语言

计算机编程语言包括机器语言、汇编语言和高级语言三大类。计算机中的数据都是用二进制表示的，机器指令也是用一串由"0"和"1"不同组合的二进制代码表示的，机器语言是直接用机器指令作为语句与计算机交换信息的语言，不同的机器，指令的编码不同，含有的指令条数也不同，因此机器指令是面向机器的，指令的格式和含义是设计者规定的，一旦规定好之后，硬件逻辑电路就严格根据这些规定设计和制造，所以制造出的机器也只能识别这种二进制信息，用机器语言编写的程序，计算机能识别，可直接运行，但程序容易出错。汇编语言是由一组与机器语言指令一一对应的符号指令和简单语法组成的，是一种符号语言，它将难以记忆和辨认的二进制指令码用有意义的英文单词（或缩写）作为助记符，使之比机器语言编程前进了一大步。例如"ADD A，B"表示将 A 与 B 两个寄存器中的数据相加后的结果再存入 A 中，它能与机器语言指令的一组16位0、1代码直接对应，汇编语言与机器语言的指令一一对应，仍需紧密依赖硬件，程序的可移植性差。高级语言比较接近日常用语，对机器依赖性低，是适用于各种机器的计算机语言，其表达方式更接近于被描述的问题，更易被人们掌握和书写。

三、单片微型计算机

单片微型计算机（Single Chip Microcomputer）是大规模集成电路技术发展的产物，它将中央处理器（CPU）、存储器（ROM/RAM）、输入/输出接口、定时器/计数器等主要计算机部件集成在一个芯片上，又称为单片机或微控制器。目前单片机是计算机家族中重要的一员。单片机配上适当的外围设备和软件，便可构成一个单片机应用系统。单片机具有集成度高、体积小、功耗低、控制功能强、扩展灵活、微型化、使用方便、价格低和抗干扰能力强等特点，被广泛应用于工农业生产、国防、科研及日常生活等各个领域。

（一）单片机技术的发展

1974 年，美国 Fairchild 公司研制出世界上第一台由两块集成电路芯片组成的单片微型计算机 F8，从此单片机开始迅速发展。自20 世纪70 年代开始，从4 位机和8 位机到现在的16 位机和32 位机，单片机的功能越来越强大，应用范围也越来越广泛。单片机的发展历程通常可以分为以下几个阶段：

1. 第一代单片机（1974—1975 年）

这是单片机发展的起步阶段。在这个时期生产的单片机属于 4 位机型，集成度低。典型的代表产品有 Intel 公司的 4004 四位单片机，主要应用于家用电器领域中。

2. 第二代单片机（1976—1978 年）

这是单片机的发展阶段。这个时期生产的单片机属于低、中档 8 位机型，片内集成有 CPU、输入/输出接口、定时器和 ROM 等功能部件，是 8 位机的早期产品，存储器容量小，性能低，目前已很少应用。典型的产品有 Intel 公司的 MCS－48 系列单片机。

3. 第三代单片机（1979—1981 年）

这一代单片机的存储容量和寻址范围都有扩大，而且增加了中断系统、并行 I/O 口和定时器/计数器的个数，集成了全双工串行通信接口电路。代表产品有 Intel 公司的 MCS－51 系列单片机。

4. 第四代单片机（1982—1989）

这是 16 位单片机和 8 位高性能单片机并行发展的时代。16 位单片机的特点是工艺先进、集成度高和内部功能强，代表产品有 Intel 公司的 MCS－96 系列单片机等。

5. 第五阶段（1990—至今）

单片机的全面发展阶段。随着单片机在各个领域全面、深入的发展和应用，国内外生产厂家不仅推出了很多适合不同领域要求的、高速的、大存储容量的、强运算能力的 8 位/16 位/32 位通用型单片机，也不断涌现出大量的、用于单一领域的、廉价的专用型单片机。

（二）单片机的特点

单片机是微型计算机的一个重要分支，应用面很广，发展很快。自单片机诞生至今，已发展有上百种系列的近千个机种，单片机已成为工控领域、日常生活中最广泛使用的计算机。单片机的重要特点主要体现在以下几个方面。

1. 可靠性高

单片机采用三总线结构，抗干扰能力强，可靠性高。

2. 控制功能强

单片机具有判断和处理能力，可以直接对 I/O 口进行各种操作（输入输出、位操作以及算术逻辑操作等），运算速度快，实时控制功能强。

3. 体积小、功耗低

由于单片机包含了运算器等基本功能部件，具有较高的集成度，因此由单片机组成的应用系统结构简单、体积小、功能全，电源单一，功耗低。

4. 使用方便

由于单片机内部功能强，系统扩展方便，因此应用系统的硬件设计非常简单。

5. 易于产品化

单片机具有功能强、价格便宜、体积小、插接件少、安装调试简单等特点，使单片机应用系统的性能价格比高，同时单片机开发工具很多，这些开发工具都具有很强的软硬件调试功能，使单片机的应用开发极为方便，大大缩短了产品研制的周期，并使单片机应用系统易于产品化。

（三）单片机的分类

单片机的种类繁多，一般按单片机数据总线的位数进行分类，主要分为 4 位、8 位、16

位和 32 位单片机。

1. 4 位单片机

4 位单片机结构简单，价格便宜，非常适合用于控制单一的小型电子类产品，如 PC 用的输入装置（鼠标、游戏杆）、电池充电器、遥控器、电子玩具、小家电等。

2. 8 位单片机

8 位单片机是目前品种最为丰富、应用最为广泛的单片机，目前 8 位单片机主要分为 51 系列及和非 51 系列单片机。51 系列单片机以其典型的结构，众多的逻辑位操作功能，以及丰富的指令系统，堪称一代"名机"，目前，主要生产厂商有 Atmel（爱特梅尔）、Philips（飞利浦）、Winbond（华邦）等。非 51 系列单片机在中国应用较广的有 Microchip（微芯）的 PIC 单片机、Atmel 的 AVR 单片机、义隆 EM78 系列单片机和 Motorola（摩托罗拉）的 68HC05/11/12 系列单片机等。

3. 16 位单片机

16 位单片机操作速度及数据吞吐能力在性能上比 8 位机有较大提高。目前，应用较多的有 TI 的 MSP430 系列、凌阳 SPCE061A 系列、Motorola 的 68HC16 系列和 Intel 的 MCS – 96 系列等。

4. 32 位单片机

与 16 位单片机相比，32 位单片机运行速度和功能大幅提高，随着技术的发展以及价格的下降，将会得到越来越广泛的应用。32 位单片机主要由 ARM 公司研制，因此，提及 32 位单片机，一般均指 ARM 单片机。严格来说，ARM 不是单片机，而是一种 32 位处理器内核（主要有 ARM7、ARM9、ARM9E、ARM10 等），它由英国 ARM 公司开发，但 ARM 公司自己并不生产芯片，而是由授权的芯片厂商如 Samsung（三星）、Philips、Atmel、Intel（英特尔）等制造，芯片厂商可以根据自己的需要进行结构与功能的调整，因此，实际中使用的 ARM 芯片有很多型号，常见的 ARM 芯片主要有飞利浦的 LPC2000 系列、三星的 S3C/S3F/S3P 系列等。

（四）单片机的发展趋势

随着大规模集成电路及超大规模集成电路的发展，单片机将向着更深层次发展，主要体现在以下几个方面。

1. 高集成度

一片单片机内部集成的 ROM/RAM 容量增大，增加了电闪存储器，具有掉电保护功能。

2. 引脚多功能化

随着芯片内部功能的增强和资源的丰富，一脚多用的设计方案日益显示出其重要地位。

3. 高性能

更高的性能将会使单片机应用系统设计变得更加简单、可靠，高性能始终是单片机发展所追求的主要目标。

4. 低功耗

随着单片机集成度的不断提高，由单片机构成的系统体积越来越小，低功耗将是设计单片机产品时首先考虑的指标，也是未来单片机发展所追求的一个目标。

（五）单片机的应用

1. 在智能仪表中的应用

采用单片机制作测量和控制仪表，简化了仪器仪表的硬件结构，增强了控制功能，提高了测量速度和测量精度，使仪表向数字化、智能化、多功能化、柔性化发展，并使监测、处理、控制等功能一体化，减轻了仪表的重量，使其便于携带和使用，同时降低成本，提高了性价比，典型的实例有数字式 RLC 测量仪、智能转速表、计时器等。

2. 在机电一体化中的应用

机电一体化产品集机械技术、电子技术、自动化技术和计算机技术于一身，是机械工业发展的方向。将单片机应用于机械行业，发挥它的体积小、可靠性高、功能强和安装方便等优点，提高了机器的自动化和智能化程度，促进了机电一体化的发展。

3. 在实时控制中的应用

控制系统，特别是工业控制系统的工作环境恶劣，各种干扰很强，并且往往要求其能够进行实时控制，因此对于控制系统的要求是工作稳定、可靠、抗干扰能力强，单片机被广泛应用于各种实时控制系统中，例如对工业生产过程中温度、湿度、流量和压力等参数的测量和控制等。

4. 在分布式测控系统中的应用

分布式测控系统的主要特点是系统中有多个处理单元，各自完成特定的任务，可通过网络通信相互联系、协调工作，具有功能强、可靠性高的特点。单片机可作为一个处理单元应用于分布式测控系统中。

5. 在智能计算机外设中的应用

在计算机应用系统中，除通用外部设备（键盘、显示器、打印机）外，还有许多用于外部通信、数据采集、多路分配管理、驱动控制等方面的接口。如果这些外部设备和接口全部由主机管理，会造成主机负担过重、运行速度降低，并且无法提高对各种接口的管理能力。采用单片机专门对接口进行控制和管理，主机和单片机就能并行工作，这不仅大大提高系统的运算速度，而且单片机还可对接口信息进行预处理，以减少主机和接口间的通信密度，提高接口控制管理的能力，典型的示例有绘图仪控制器，磁带机、打印机的控制器等。

6. 在日常生活中的应用

由于单片机价格低廉、体积小、逻辑判断及控制功能强，因此被广泛应用于日常生活的各个方面，如洗衣机、电冰箱、电子玩具、立体声音响和家用防盗系统等。

附录 B　信息的表示与存储

人类用文字、图表、数字表达和记录着世界上各种各样的信息，便于人们用来处理和交流。现在可以把这些信息都输入到计算机中，由计算机来保存和处理。前面提到，当代冯·诺依曼型计算机都使用二进制来表示数据，这里所要讨论的就是用二进制来表示这些数据。

一、计算机中的数据

经过收集、整理和组织起来的数据，能成为有用的信息。数据是指能够输入计算机并被计算机处理的数字、字母和符号的集合。平常所看到的景象和听到的事实，都可以用数据来描述。可以说，只要计算机能够接受的信息都可叫数据。在计算机内部，数据都是以二进制的形式存储和运算的。计算机数据的表示经常用到以下几个概念。

（1）位　二进制数据中的一个位（bit）简写为 b，音译为比特，是计算机存储数据的最小单位。一个二进制位只能表示 0 或 1 两种状态，要表示更多的信息，就要把多个位组合成一个整体，一般以 8 位二进制组成一个基本单位。

（2）字节　字节是计算机数据处理的最基本单位，并主要以字节为单位解释信息。字节（Byte）简记为 B，规定一个字节为 8 位，即 1B = 8bit。每个字节由 8 个二进制位组成。一般情况下，一个 ASCII 码占用一个字节，一个汉字国际码占用两个字节。

（3）字　一个字通常由一个或若干个字节组成。字（Word）是计算机进行数据处理时，一次存取、加工和传送的数据长度。由于字长是计算机一次所能处理信息的实际位数，所以，它决定了计算机数据处理的速度，是衡量计算机性能的一个重要指标，字长越长，性能越好。

（4）数据的换算关系　1B = 8bit，1KB = 1024B，1MB = 1024KB，1GB = 1024MB。

计算机型号不同，其字长是不同的，常用的字长有 8、16、32 和 64 位。一般情况下，IBM PC/XT 的字长为 8 位，80286 微机字长为 16 位，80386/80486 微机字长为 32 位，Pentium 系列微机字长为 64 位。

【例1】　一台微机，内存为 256MB，硬盘容量为 80GB，计算它们实际的存储字节数。

解：内存、硬盘容量分别为：

内存容量 256MB = 256 × 1024 × 1024B = 268 435 456B

硬盘容量 80GB = 80 × 1024 × 1024 × 1024B = 85 899 345 920B

二、进位计数制

如何表示正负和大小，在计算机中采用什么计数制，是学习计算机的一个重要问题。数据是计算机处理的对象，在计算机内部，各种信息都必须通过数字化编码后才能进行存储和处理。由于技术原因，计算机内部一律采用二进制，而人们在编程中经常使用十进制，有时为了方便还采用十六进制。理解不同计数制及其相互转换是非常重要的。二进制不符合人们的使用习惯，但是计算机内部却采用二进制表示信息，其主要原因有如下四点：

（1）电路简单　在计算机中，若采用十进制，则要求处理 10 种电路状态，相对于两种状态的电路来说，是很复杂的。而用二进制表示，则逻辑电路的通、断只有两个状态。例如：开关的接通与断开，电平的高与低等。这两种状态正好用二进制的 0 和 1 来表示。

（2）工作可靠　在计算机中，用两个状态代表两个数据，数字传输和处理方便、简单、不容易出错，因而电路更加可靠。

（3）简化运算　在计算机中，二进制运算法则很简单。例如：相加减的速度快，求积规则有 3 个，求和规则也只有 3 个。

（4）逻辑性强　二进制只有两个数码，正好代表逻辑代数中的"真"与"假"，而计算机工作原理是建立在逻辑运算基础上的，逻辑代数是逻辑运算的理论依据。用二进制计算具有很强的逻辑性。

用若干数位（由数码表示）的组合去表示一个数，各个数位之间是什么关系，即逢"几"进位，这就是进位计数制的问题，也就是数制问题。数制，即进位计数制，是人们利用数字符号按进位原则进行数据大小计算的方法。通常是以十进制来进行计算的。另外，还有二进制和十六进制等。在计算机的数制中，要掌握 3 个概念，即数码、基数和位权。

数码：一个数制中表示基本数值大小的不同数字符号。例如，十进制有 10 个数码：0、1、2、3、4、5、6、7、8、9。

基数：一个数制所使用数码的个数。例如，十进制的基数为 10，二进制的基数为 2。

位权：一个数制中某一位上的 1 所表示数值的大小。例如，十进制的 123，1 的位权是 100，2 的位权是 10，3 的位权是 1。

（一）十进制（Decimal notation）

1）有 10 个数码：0、1、2、3、4、5、6、7、8、9。

2）基数：10。

3）逢十进一（加法运算），借一当十（减法运算）。

4）按权展开式。对于任意一个 n 位整数和 m 位小数的十进制数 D，均可按权展开为

$$D = D_{n-1} \cdot 10^{n-1} + D_{n-2} \cdot 10^{n-2} + \cdots + D_1 \cdot 10^1 + D_0 \cdot 10^0 + D_{-1} \cdot 10^{-1} - + \cdots + D_{-m} \cdot 10^{-m}$$

【例2】　将十进制数 756.23 写成按权展开式。

解：该数按权展开式为

$$756.23 = 7 \times 10^2 + 5 \times 10^1 + 6 \times 10^0 + 2 \times 10^{-1} + 3 \times 10^{-2}$$

（二）二进制（Binary notation）

1）有两个数码：0、1。

2）基数：2。

3）逢二进一（加法运算），借一当二（减法运算）。

4）按权展开式。对于任意一个 n 位整数和 m 位小数的二进制数 D，均可按权展开为

$$D = B_{n-1} \cdot 2^{n-1} + B_{n-2} \cdot 2^{n-2} + \cdots + B_1 \cdot 2^1 + B_0 \cdot 2^0 + B_{-1} \cdot 2^{-1} + \cdots + B_{-m} \cdot 2^{-m}$$

【例3】　把 $(11010.101)_2$ 写成按权展开式。

解：该数按权展开式为

$$(11010.101)_2 = 1 \times 2^4 + 1 \times 2^3 + 0 \times 2^2 + 1 \times 2^1 + 0 \times 2^0 + 1 \times 2^{-1} + 0 \times 2^{-2} + 1 \times 2^{-3}$$

（三）十六进制（Hexadecimal notation）

1）有 16 个数码：0、1、2、3、4、5、6、7、8、9、A、B、C、D、E、F。

2）基数：16。

3）逢十六进一（加法运算），借一当十六（减法运算）。

4）按权展开式。对于任意一个 n 位整数和 m 位小数的十六进制数 D，均可按权展开为

$$D = H_{n-1} \cdot 16^{n-1} + \cdots + H_1 \cdot 16^1 + H_0 \cdot 16^0 + H_{-1} \cdot 16^{-1} + \cdots + H_{-m} \cdot 16^{-m}$$

在 16 个数码中，A、B、C、D、E 和 F 这 6 个数码分别代表十进制的 10、11、12、13、14 和 15，这是国际上通用的表示法。

【例4】　把十六进制数 $(4C5E.8)_{16}$ 写成按权展开式。

解：该数按权展开式为

$$(4C5E.8)_{16} = 4 \times 16^3 + C \times 16^2 + 5 \times 16^1 + E \times 16^0 + 8 \times 16^{-1}$$

二进制数与其他数制之间的对应关系见表 B-1。

表 B-1　三种常用进制之间的对应关系

十　进　制	二　进　制	十　六　进　制
0	0000	0
1	0001	1
2	0010	2
3	0011	3
4	0100	4
5	0101	5
6	0110	6
7	0111	7
8	1000	8
9	1001	9
10	1010	A
11	1011	B
12	1100	C
13	1101	D
14	1110	E
15	1111	F

三、常用计数制之间的转换

不同进制数之间进行转换应遵循转换原则。转换原则是：两个有理数如果相等，则有理数的整数部分和小数部分一定分别相等。也就是说，若转换前两数相等，转换后仍必须相等，数制的转换要遵循一定的规律。

（一）二、十六进制数转换为十进制数

1. 二进制数转换成十进制数

将二进制数转换成十进制数，只要将二进制数用计数制通用形式表示出来，计算出结果，便得到相应的十进制数。即以 2 为基数按权展开并相加。

2. 十六进制数转换为十进制数

与二进制数转换成十进制数方法类似，方法是以 16 为基数按权展开并相加。

（二）十进制数转换为二进制数

1. 整数部分的转换

整数部分的转换采用的是除 2 取余倒序法。其转换原则是：将该十进制数除以 2，得到一个商和余数（K_0），再将商除以 2，又得到一个新商和余数（K_1），如此反复，直到得到的商是 0 时得到余数（K_{n-1}），然后将所得到的各位余数，以最后余数为最高位，最初余数为最低位依次排列，即 $K_{n-1}K_{n-2}\cdots K_1K_0$，这就是该十进制数对应的二进制数。

【例5】　将 $(126)_{10}$ 转换成二进制数。

解：

```
2 | 126 …… 余 0  (K₀) 低
2 | 63  …… 余 1  (K₁) ↑
2 | 31  …… 余 1  (K₂)
2 | 15  …… 余 1  (K₃)
2 | 7   …… 余 1  (K₄)
2 | 3   …… 余 1  (K₅)
2 | 1   …… 余 1  (K₆) 高
    0
```

结果为：$(126)_{10} = (1111110)_2$

2. 小数部分的转换

小数部分的转换采用乘 2 取整顺序法。其转换原则是：将十进制数的小数乘以 2，取乘积中的整数部分作为相应二进制数小数点后最高位 K_{-1}，反复乘 2，逐次得到 K_{-2}、K_{-3}、…、K_{-m}，直到小数部分的位数达到精确度要求为止。然后把每次乘积的整数部分由上而下依次排列起来（$K_{-1}K_{-2}\cdots K_{-m}$），即是所求的二进制数。

【例 6】　将十进制数 $(0.534)_{10}$ 转换成相应的二进制数。

解：

```
    0.5 3 4
×       2
─────────────
    1.0 6 8  ……………………………… 1  (K₋₁) 高
×       2
─────────────
    0.1 3 6  ……………………………… 0  (K₋₂)
×       2
─────────────
    0.2 7 2  ……………………………… 0  (K₋₃)
×       2
─────────────
    0.5 4 4  ……………………………… 0  (K₋₄)
×       2
─────────────
    1.0 8 8  ……………………………… 1  (K₋₅) 低
```

结果为：$(0.534)_{10} = (0.10001)_2$

【例 7】　将 $(48.125)_{10}$ 转换成二进制数。

解：对于这种既有整数又有小数部分的十进制数，可将其整数和小数分别转换成二进制数，然后再把两者连接起来即可。

因为 $(48)_{10} = (110000)_2$，$(0.125)_{10} = (0.001)_2$

所以 $(48.125)_{10} = (110000.001)_2$

（三）二进制数与十六进制数的相互转换

1. 二进制数转换成十六进制数

二进制数转换成十六进制数的转换原则是"四位并一位"，即以小数点为界，整数部分从右向左每 4 位为一组，若最后一组不足 4 位，则在最高位前面添 0 补足 4 位，然后从左边第一组起，将每组中的二进制数按权数相加得到对应的十六进制数，并依次写出即可；小数部分从左向右每 4 位为一组，最后一组不足 4 位时，尾部用 0 补足 4 位，然后按顺序写出每组二进制数对应的十六进制数。

【例 8】　将 $(1111101101.0001101)_2$ 转换成十六进制数。

解：0011　1110　1101 · 0001　1010
　　　↓　　↓　　↓　 ↓　　↓
　　　3　　E　　D · 1　　A

结果为：$(1111101100.0001101)_2 = (3ED.1A)_{16}$

2. 十六进制数转换成二进制数

十六进制数转换成二进制数的转换原则是"一位拆四位"，即把 1 位十六进制数写成对应的 4 位二进制数，然后按顺序连接即可。

【例9】　将 $(C51.BA7)_{16}$ 转换为二进制数。

解：
```
  C    5    1  ·  B    A    7
  ↓    ↓    ↓      ↓    ↓    ↓
1100 0101 0001 · 1011 1010 0111
```

结果为：$(C51.BA7)_{16} = (110001010001.101110100111)_2$

（四）数制书写约定

在书写计算机程序时，一般不用基数作为下标来区分各种进制，而是用相应的英文字母作后缀来表示各种进制的数。

二进制数在数字后面加字母 B（Binary），如 1100101B。

十进制数在数字后面加字母 D（Decimal），如 6859D。一般 D 可省略，即无后缀的数字为十进制数，如 6859。

十六进制数在数字后面加字母 H（Hexadecimal），如 9FE7BH。

四、二进制数的运算

二进制数的运算包括算术运算和逻辑运算。

（一）二进制数的算术运算

二进制数的算术运算包括加法、减法、乘法和除法运算。

1. 二进制数的加法运算

二进制数的加法运算法则是：$0+0=0$，$0+1=1$，$1+0=1$，$1+1=10$（向高位进位）。

【例10】　求 $(101101.10101)_2 + (1011.11001)_2$ 的值。

解：
```
    1 0 1 1 0 1 . 1 0 1 0 1
  +     1 0 1 1 . 1 1 0 0 1
  ─────────────────────────
    1 1 1 0 0 1 . 0 1 1 1 0
```

结果为：$(101101.10101)_2 + (1011.11001)_2 = (111001.01110)_2$

总结：从以上加法的过程可知，当两个二进制数相加时，每一位是 3 个数相加，即把本位被加数、加数和来自低位的进位相加（进位可能是 0，也可能是 1）。

2. 二进制数的减法运算

二进制数的减法运算法则是：$0-0=0$，$0-1=1$（借 1 当 2），$1-0=1$，$1-1=0$。

【例11】　求 $(110000.11)_2 - (1111.01)_2$ 的值。

解：
```
    1 1 0 0 0 0 . 1 1
  -     1 1 1 1 . 0 1
  ───────────────────
    1 0 0 0 0 1 . 1 0
```

结果为：$(110000.11)_2 - (1111.01)_2 = (100001.1)_2$

总结：从以上运算过程可知，当两数相减时，有的位会发生不够减的情况，要向相邻的高位借 1 当 2。所以，在做减法时，除了每位相减外，还要考虑借位情况，实际上每位有 3 个数参加运算。

3. 二进制数的乘法运算

二进制数的乘法运算法则是：$0 \times 0 = 0$，$0 \times 1 = 0$，$1 \times 0 = 0$，$1 \times 1 = 1$。

【例12】 求 $(1010)_2 \times (1011)_2$ 的值。

解：
```
        1 0 1 0
    ×   1 0 1 1
    ───────────
        1 0 1 0
      1 0 1 0
    0 0 0 0
  + 1 0 1 0
  ─────────────
  1 1 0 1 1 1 0
```

结果为：$(1010)_2 \times (1011)_2 = (1101110)_2$

总结：由以上运算过程可知，当两数相乘时，每个部分积都取决于乘数。乘数的相应位为 1 时，该次的部分积等于被乘数；为 0 时，部分积为 0。每次的部分积依次左移一位，将各部分积累加起来，就得到了最终结果。

4. 二进制数的除法运算

二进制数除法运算规则是：$0 \div 0 = 0$，$0 \div 1 = 0$，$1 \div 0$ 无意义，$1 \div 1 = 1$。

【例13】 求 $(111101)_2 \div (1100)_2$ 的值。

解：
```
              1 0 1
      ┌─────────────
  1100 │ 1 1 1 1 0 1
      - 1 1 0 0
      ─────────────
          1 1 0 1
        - 1 1 0 0
        ─────────────
                  1
```

结果：商为 101，余数为 1。

总结：在计算机内部，二进制的加法是基本运算，利用加法可以实现二进制数的减法、乘法和除法运算。在计算机的运算过程中，应用了"补码"进行运算。

（二）二进制数的逻辑运算

在计算机中，除了能表示正负、大小的"数量数"以及相应的加、减、乘、除等基本算术运算外，还能表示事物逻辑判断，即"真"、"假"、"是"、"非"等"逻辑数"的运算。能表示这种数的变量称为逻辑变量。在逻辑运算中，都是用"1"或"0"来表示"真"或"假"，由此可见，逻辑运算是以二进制数为基础的。

计算机的逻辑运算区别于算术运算的主要特点是：逻辑运算是按位进行的，位与位之间不像加减运算那样有进位或借位的关系。逻辑运算主要包括的运算有：逻辑加法（又称"或"运算）、逻辑乘法（又称"与"运算）和逻辑"非"运算，此外还有"异或"运算。

1. 逻辑与运算（乘法运算）

逻辑与运算常用符号"×"、"∧"或"&"来表示。如果 A、B、C 为逻辑变量，则 A 和 B 的逻辑与可表示成 $A \times B = C$、$A \wedge B = C$ 或 $A \& B = C$，读作"A 与 B 等于 C"。一位二进制数的逻辑与运算规则见表 B-2。

表 B-2　逻辑与运算规则

A	B	A∧B (C)
0	0	0
0	1	0
1	0	0
1	1	1

由表 B-2 可知,逻辑与运算表示只有当参与运算的逻辑变量都取值为 1 时,其逻辑乘积才等于 1,即"一假必假,两真才真"。这种逻辑与运算在实际生活中有许多应用,例如,计算机的电源要想接通,必须把实验室的电源总闸、插排电源开关以及计算机机箱的电源开关都接通才行。这些开关是串在一起的,它们按照"与"逻辑接通。为了书写方便,逻辑与运算的符号可以略去不写(在不致混淆的情况下),即 $A×B=A∧B=AB$。

【例 14】　设 $A=1110010$,$B=1010101$,求 $A∧B$。

解:

```
  1 1 1 0 0 1 0
∧ 1 0 1 0 1 0 1
  1 0 1 0 0 0 0
```

结果为:$A∧B=1010000$。

2. 逻辑或运算(加法运算)

逻辑或运算通常用符号"+"或"∨"来表示。如果 A、B、C 为逻辑变量,则 A 和 B 的逻辑或可表示成 $A+B=C$ 或 $A∨B=C$,读作"A 或 B 等于 C"。一位二进制数的逻辑或运算规则见表 B-3。

表 B-3　逻辑或运算规则

A	B	A∨B (C)
0	0	0
0	1	1
1	0	1
1	1	1

由表 B-3 可知,逻辑或运算是在给定的逻辑变量中,A 或 B 只要有一个为 1,其逻辑或的值为 1;只有当两者都为 0 时,逻辑或才为 0,即"一真必真,两假才假"。这种逻辑或运算在实际生活中有许多应用,例如,房间里有一盏灯,装了两个开关,这两个开关是并联的。显然,任何一个开关接通或两个开关同时接通,电灯都会亮。

【例 15】　设 $A=11001110$,$B=10011010$,求 $A∨B$。

解:

```
  1 1 0 0 1 1 1 0
∨ 1 0 0 1 1 0 1 0
  1 1 0 1 1 1 1 0
```

结果为:$A∨B=11011110$。

3. 逻辑非运算（逻辑否定、逻辑求反）

设 A 为逻辑变量，则 A 的逻辑非运算记作 $\overline{A}$。逻辑非运算的规则为：如果逻辑变量是 0，求反后唯一的可能性就是 1；反之亦然。逻辑非运算的真值表见表 B-4。

表 B-4　逻辑非运算规则

A	$\overline{A}$
0	1
1	0

由表 B-4 可知，逻辑非运算是如果给定的逻辑变量 A 为 0，其逻辑非的值为 1；逻辑变量 A 为 1，其逻辑非的值为 0。例如室内的电灯不是亮，就是灭，按动控制开关后只有这两种可能性。

【例 16】 设 A = 111011001，B = 110111101，求 $\overline{A}$、$\overline{B}$。

解： $\overline{A}$ = 000100110，$\overline{B}$ = 001000010。

4. 逻辑异或运算（半加运算）

逻辑异或运算符为"⊕"。如果 A、B、C 为逻辑变量，则 A 和 B 的逻辑异或可表示成 A⊕B = C，读作"A 异或 B 等于 C"。逻辑异或的运算规则见表 B-5。

表 B-5　逻辑异或的运算规则

A	B	A⊕B（C）
0	0	0
0	1	1
1	0	1
1	1	0

由表 B-5 可知，在给定的两个逻辑变量中，两个逻辑变量取值相同，则异或运算的结果就为 0；取值相异时，结果就为 1。即"一样时为 0，不一样才为 1"。

【例 17】 设 A = 11010011，B = 10110110，求 A⊕B。

解：
```
      1 1 0 1 0 0 1 1
  ⊕   1 0 1 1 0 1 1 0
      0 1 1 0 0 1 0 1
```

结果为：A⊕B = 01100101。

当两个变量之间进行逻辑运算时，只在对应位之间按上述规律进行逻辑运算，不同位之间没有任何关系，当然，也就不存在算术运算中的进位或借位问题。

五、数值数据的表示

（一）机器数和真值

在计算机中，只能使用二进制数 0、1 形式来存储数值。一个数在计算机中的表示形式称为机器数。机器数所对应的原来的数值称为真值。因为要采用二进制形式存储有符号数，所以必须把符号数字化，通常是用机器数的最高位作为符号位，用来表示数据的正负号。若该位为 0，则表示正数；若该位为 1，则表示负数。机器数也有不同的表示法，常用的有 3

单片机控制技术

种：原码、补码和反码。

机器数的表示法：用机器数的最高位代表符号（若为 0，则代表正数；若为 1，则代表负数），其数值位为真值的绝对值。假设用 8 位二进制数表示一个数，如图 B-1 所示。

1	0	0	1	1	1	0	0

符号位 ◄————————— 数值位 —————————►

图 B-1 用 8 位二进制表示一个数

在数的表示中，机器数与真值的区别是：真值带符号如 −0011100，机器数不能带正负号，所以设最高位为符号位，如 10011100，其中最高位 1 代表符号位。即真值数为 −0111001，其对应的机器数为 10111001，其中最高位为 1，表示该数为负数。

（二）原码、反码、补码的表示

在计算机中，符号位和数值位都是用 0 和 1 表示，在对机器数进行处理时，必须考虑到符号位的处理，这种考虑的方法就是对符号和数值的编码方法。常见的编码方法有原码、反码和补码 3 种方法。在计算机中有符号数一般用补码表示，无论是加法还是减法都可采用加法运算，而且是连同符号位一起进行的，运算的结果仍为补码。

1. 原码的表示

一个数 X 的原码表示为：符号位用 0 表示正，用 1 表示负；数值部分为 X 的绝对值的二进制形式。记 X 的原码表示为 [X]$_原$。

当 X = +1100100 时，则 [X]$_原$ = 01100100。

当 X = −1110001 时，则 [X]$_原$ = 11110001。

在原码中，0 有两种表示方式：

当 X = +0000000 时，则 [X]$_原$ = 00000000。

当 X = −0000000 时，则 [X]$_原$ = 10000000。

2. 反码的表示

一个数 X 的反码表示方法为：若 X 为正数，则其反码和原码相同；若 X 为负数，在原码的基础上，符号位保持不变，数值位各位取反。记 X 的反码表示为 [X]$_反$。

当 X = +1100100 时，则 [X]$_原$ = 01100100，[X]$_反$ = 01100100。

当 X = −1110001 时，则 [X]$_原$ = 11110001，[X]$_反$ = 10001110。

在反码表示中，0 也有两种表示形式：

当 X = +0000000 时，则 [X]$_补$ = 00000000。

当 X = −0000000 时，则 [X]$_反$ = 11111111。

3. 补码的表示

一个数 X 的补码表示方式为：当 X 为正数时，则 X 的补码与 X 的原码相同；当 X 为负数时，则 X 的补码，其符号位与原码相同，其数值位取反加 1。记 X 的补码表示为 [X]$_补$。

当 X = +1110100 时，则 [X]$_原$ = 01110100，[X]$_补$ = 01110100。

当 X = −1110001 时，则 [X]$_原$ = 11110001，[X]$_补$ = 10001111。

在补码中，0 只有一种表示方式：

当 X = +0000000 时，则 [X]$_补$ = 00000000。

238

当 X = – 0000000 时，则 ［X］$_{补}$ = 00000000。

（三）BCD 码

用二进制编码表示的十进制数称为二—十进制数，简称 BCD（Binary Coded Decimal）码。BCD 码保留了十进制的权，用四位二进制数对 0 ~ 9 这 10 个数字进行编码。BCD 码种类较多，如有 8421 码、2421 码和余 3 码等。最常用的是 8421BCD 码（以下简称 BCD 码），组成它的 4 位二进制数码的权分别是 8、4、2、1。8421BCD 码与十进制数的对应关系见表 B-6。

表 B-6　BCD 码和十进制数的对照表

十进制数	0	1	2	3	4	5	6	7	8	9
BCD 码	0000	0001	0010	0011	0100	0101	0110	0111	1000	1001

十进制数 765 用 BCD 码表示的二进制数形式为：0111　0110　0101。

BCD 码的加减法运算与十进制运算规则相同，加法为逢十进一、减法为借一为十。由于计算机只能进行二进制加法，每四位采用逢十六进一的运算规则，因此计算机在进行 BCD 码加减法运算时，必须对运算结果进行修正。BCD 码加法运算的修正原则：若和的低 4 位大于 9 或低 4 位向高 4 位有进位，则低 4 位加 6；若高 4 位大于 9 或高 4 位向前有进位，则高 4 位加 6。BCD 码减法运算的修正原则：若差的低 4 位大于 9 或低 4 位向高 4 位有借位，则低 4 位减 6；若高 4 位大于 9 或高 4 位向前有借位，则高 4 位减 6。

六、非数值数据的表示

计算机中使用的数据分为数值数据和非数值数据两大类。数值数据用于表示数量意义；非数值数据又称为符号数据，包括字母和符号等。计算机除处理数值信息外，大量处理的是字符信息。例如，将用高级语言编写的程序输入到计算机时，人与计算机通信时所用的语言就不再是一种纯数字语言而是字符语言。由于计算机中只能存储二进制数，这就需要对字符进行编码，建立字符数据与二进制代码之间的对应关系，以便于计算机识别、存储和处理。这里介绍两种符号数据的表示。

（一）字符数据的表示

计算机中用得最多的符号数据是字符，它是用户和计算机之间的桥梁。用户使用计算机的输入设备，通过敲击键盘上的字符键向计算机内输入命令和数据，计算机把处理后的结果也以字符的形式输出到屏幕或打印机等输出设备上。对于字符的编码方案有很多种，但使用最广泛的是 ASCII 码（American Standard Code for Information Interchange）。ASCII 码是美国国家信息交换标准字符码，现在被采纳为一种国际通用的信息交换标准代码。

ASCII 码由 0 ~ 9 这 10 个数字，52 个大、小写英文字母，32 个符号及 34 个计算机通用控制符组成，共有 128 个符号。因为 ASCII 码总共为 128 个符号，故用二进制编码表示需用 7 位。任意一个符号由 7 位二进制数表示，从 0000000 到 1111111 共有 128 种编码，可用来表示 128 个不同的字符。ASCII 码表的查表方式是：先查列（高三位），后查行（低四位），然后按从左到右的书写顺序完成，如 B 的 ASCII 码为 1000010。在 ASCII 码进行存放时，由于它的编码是 7 位，但计算机中常用的存储单位是 1 个字节（8 位），故仍以 1 字节来存放 1 个 ASCII 字符，每个字节中多余的最高位取 0。7 位 ASCII 字符编码表见表 B-7。

表 B-7　ASCII 字符编码表

$d_6 d_5 d_4$ / $d_3 d_2 d_1 d_0$	000	001	010	011	100	101	110	111
0000	NUL	DEL	SP	0	@	P	、	p
0001	SOH	DC1	!	1	A	Q	a	q
0010	STX	DC2	”	2	B	R	b	r
0011	EXT	DC3	#	3	C	S	c	s
0100	EOT	DC4	$	4	D	T	d	t
0101	ENQ	NAK	%	5	E	U	e	u
0110	ACK	SYN	&	6	F	V	f	v
0111	BEL	ETB	,	7	G	W	g	w
1000	BS	CAN	(	8	H	X	h	x
1001	HT	EM	)	9	I	Y	i	y
1010	LF	SUB	*	:	J	Z	j	z
1011	VT	ESC	+	;	K	[	k	{
1100	FF	FS	,	<	L	\	l	⊥
1101	CR	GS	−	=	M	]	m	}
1110	SD	RS	.	>	N	∧	n	~
1111	SI	US	/	?	O	_	o	DEL

由表 B-7 可知，ASCII 码字符可分为两大类：

1）打印字符：即从键盘输入并显示的 95 个字符，如大小写英文字母等。表中数字 0 ~ 9 这 10 个数字字符的高 3 位编码（D6D5D4）为 011，低 4 位为 0000 ~ 1001。当去掉高 3 位时，低 4 位正好是二进制形式的 0 ~ 9。

2）不可打印字符：共 33 个，其编码值为 0 ~ 31（0000000 ~ 0011111）和 127（1111111），不对应任何可印刷字符。不可打印字符通常为控制符，用于计算机通信中的通信控制或对设备的功能控制。如编码值为 1111111，是删除控制 DEL 码，它用于删除光标之后的字符。

ASCII 码字符的码值可用 7 位二进制代码或 2 位十六进制来表示。例如字母 D 的 ASCII 码值为 1000100B 或 44H，数字 4 的码值为 0110100B 或 34H 等。

（二）汉字的存储与编码

英语文字是拼音文字，所有文字均由 26 个字母拼组而成，所以使用一个字节表示一个字符足够了。但汉字是象形文字，汉字的计算机处理技术比英文字符复杂得多，一般用两个字节表示一个汉字。由于汉字有一万多个，常用的也有六千多个，所以编码采用两字节的低 7 位共 14 个二进制位来表示。汉字交换码主要是用作汉字信息交换的。以国家标准局 1980 年颁布的《信息交换用汉字编码字符集基本集》（代号为 GB 2312—1980）规定的汉字交换码作为国家标准汉字编码，简称国标码。国标 GB 2312—1980 规定，所有的国际汉字和符号组成一个 94 × 94 的矩阵。在该矩阵中，每一行称为一个"区"，每一列称为一个"位"，这样就形成了 94 个区号（01 ~ 94）和 94 个位号（01 ~ 94）的汉字字符集。国标码中有 6763 个汉字和 682 个其他基本图形字符，共计 7445 个字符，其中规定一级汉字 3755 个，二级汉字 3008 个，图形符号 682 个。一个汉字所在的区号与位号简单地组合在一起就构成了该汉字的"区位码"。

附录 C　CDIO 项目报告书模板

哈尔滨职业技术学院

单片机控制技术

CDIO 项目报告书

项目名称：

专业：

班级及组号：

组长姓名：

组员姓名：

指导老师：

时间：

1. 项目目的与要求

2. 项目计划

3. 项目内容

4. 心得体会

5. 主要参考文献

参 考 文 献

[1] 朱蓉. 单片机技术与应用 [M]. 北京：机械工业出版社，2011.

[2] 尹毅峰，刘龙江. 单片机原理及应用 [M]. 北京：北京理工大学出版社，2010.

[3] 张国锋. 单片机原理及应用 [M]. 北京：机械工业出版社，2009.

[4] 邹显圣. 单片机原理与应用项目式教程 [M]. 北京：机械工业出版社，2010.

[5] 谢维成，杨加国. 单片机原理与应用及 C51 程序设计 [M]. 北京：清华大学出版社，2006.

[6] 肖龙，屈芳升. 单片机应用系统设计与制作 [M]. 北京：机械工业出版社，2011.

[7] 刘卫民，马玉志. 单片机原理与应用 [M]. 武汉：武汉大学出版社，2011.

[8] 张旭涛，曾现峰. 单片机原理与应用 [M]. 北京：北京理工大学出版社，2007.

[9] 王静霞. 单片机应用技术（C 语言版）[M]. 北京：电子工业出版社，2009.

[10] 李萍，田红彬. 单片机应用技术项目教程 [M]. 北京：人民邮电出版社，2012.

[11] 王岳圆，孙梅. 单片机 C 语言实训教程 [M]. 北京：北京交通大学出版社，2011.

[12] 王曙霞. 单片机实验与实训指导 [M]. 西安：西安电子科技大学出版社，2007.

[13] 李精华. 单片机原理与应用 [M]. 北京：高等教育出版社，2010.

[14] 赵亮，侯国锐. 单片机 C 语言编程与实例 [M]. 北京：人民邮电出版社，2003.

[15] 毕万新. 单片机原理与接口技术 [M]. 2 版. 大连：大连理工大学出版社，2005.

[16] 龚运新，朱芙菁. 单片机技术与应用 [M]. 南京：南京大学出版社，2009.

[17] 彭伟. 单片机 C 语言程序设计实训 100 例——基于 8051 + Proteus 仿真 [M]. 北京：电子工业出版社，2009.